★知识串讲
★图文解析
★真题演练

全国二级建造师
执业资格考试辅导用书

建工笔记之懒人宝典

机电工程管理与实务

云笔记文化教育编写委员会 编写

武汉大学出版社

建工笔记组委会

委　员	李文飞	曾　飞	袁登祥	陈剑名	王家新
	王　君	朱家武	郑洪舟	谭世章	

编写委员会

主　编	陈剑名				
副主编	佟红燕	荆　伟	王　喜	吕小兵	张　湧
委　员	陈剑名	佟红燕	荆　伟	王　喜	吕小兵
	张　湧	马巧珍	李娅萍	王　惠	刘　洋
	蒋启珍	胡圣刚	顾肖伟	周会会	任润超
	杜　妮	张斯靓	高　顺	赵　洁	王小江
	冯先正	刘国象	张朝江	叶博古	边　颖
	郑芳雄	李永钢	邓惠玲	王春尧	孙　娜
	冯现顺	张广辉	杜雪娟	曾　涛	

前　言

各位二级建造师机电专业的学员们,大家好!请问大家还在为机电实务教材全书的纯文字版而觉得学习枯燥无味吗?还在为非专业、零基础而感到无从下手吗?还在为不知道哪些是重点、考点、难点而束手无策吗?还在为面对纷乱驳杂的知识点而烦恼吗?如果有,请您在百忙之中翻翻这本"懒人宝典"二级机电实务的教材辅导书,它用知识框架图的形式为您掀开二级机电实务神秘的面纱,用大量的图片向您展示教材里所提到的一些专业设备、工艺各自不同的风采,通过一些记忆技巧及配图解析相应的知识点,为您增添学习的趣味,让您在最短的时间里轻松地了解、熟悉并掌握全书的重点、考点、难点,从而为您开启一扇机电实务通关之门!

如今,建造师考试越来越难,实务学习更是难上加难,而考试用书中,大篇幅的段落、枯燥的文字让不少人望而却步。因此,建工笔记团队竭尽全力为各位学员编写一本形象直观、极具应试效果的辅导用书。这是我们应尽的责任。经验告诉我们,图片比文字更容易让人理解和记忆,于是我们站在考生的立场,颠覆了传统的考试用书编写形式,扔掉了厚厚的教科书,改变了学习者的复习方法。建工笔记团队经过长期研究、摸索、整理,汇集了有多年考试经验、教学经验及实践经验的考生、老师、项目经理参与编写,通过压缩、精简、归纳书本内容,采取图、文、表混合的方式,将知识点进行浓缩,形成这本"懒人宝典"。我们的目标就是要打造一套考生想要的辅导书籍,当您翻开第一页的时候,便会喜欢上它,会有一种感觉——这就是我要的东西,有了它,再不用担心建造师考试了。

本册宝典参考二级历年真题(2006—2014)和一级真题(2006—2014),根据新版的考试大纲,将重点、考点、难点进行标注,编者根据相关的专业知识与学习机电实务前辈总结的一些精华,以及编者的学习方法和技巧,对一些重要的知识点进行解析,循序渐进、化难为易、各个击破、深刻总结,让无基础、非专业、入门级的学员,能尽快上手,打好基础,并通过模拟练习的方式掌握知识点,顺利通过考试。

最后,希望本书对大家有帮助,也祝愿大家在新的一轮考试中一次性通过!本书虽然经过了较充分的准备、征求意见、讨论并修改,但仍难免存在不足之处,殷切希望大家多提出宝贵意见和建议,以便进一步修改并完善。

编　者

2015 年 1 月

【历年分值统计】

2010—2013 年二级机电工程管理与实务的分值统计

知识点分布	2013年 单选	2013年 多选	2013年 案例	2012年 单选	2012年 多选	2012年 案例	2011年 单选	2011年 多选	2011年 案例	2010年 单选	2010年 多选	2010年 案例
机电工程专业技术	4			6	2		6	2	5	6	2	20
建筑机电工程施工技术	5	6	17	2	10	5	2	10		2	10	15
工业机电工程施工技术	8	6	10	1			8	4	10	8	4	5
机电工程项目投标与合同管理			10			10			10			
机电工程项目施工组织设计			5						10			
机电工程项目施工资源管理						10			10			
施工进度控制在机电工程中的应用			5						5			
机电工程项目施工质量控制			5						10			5
建筑安装工程项目施工质量验收						10						15
工业安装工程项目施工质量验收												
机电工程项目试运行管理												5
机电工程项目施工技术管理						20						
机电工程项目施工安全管理									5			
机电工程项目施工现场管理			10			5			10			5
施工成本控制在机电工程中的应用												
机电工程项目竣工验收												
施工结算在机电工程中的应用												
机电工程项目回访与保修												
机电工程项目施工风险管理												
机电工程相关法规	2	2	5	2	2	5	2	2	15	2	2	
机电工程相关规定	1	4		2			2	2		2	2	

2014 年二级机电工程管理与实务的分值统计

知识点分布	2014 年			知识点分布	2014 年		
	单选	多选	案例		单选	多选	案例
项目常用材料		2		施工招标投标管理			10
常用工程设备		2		项目合同管理			10
测量技术	1			施工组织设计			
起重技术	1			施工资源管理			5
焊接技术	1		5	施工技术管理			5
机械设备	1	2		施工进度管理			
电气装置	1	2		施工质量管理			5
工业管道	1	2		试运行管理			5
动力设备	1		10	安全管理			
静置设备		2		现场管理			
自动化仪表	1			成本管理			
防腐蚀绝热	1	2		结算与竣工验收			
工业炉窑砌筑	1			保修回访			
建筑管道	1						
建筑电气	1	2	5	计量法	1		
通风与空调	1			电力法	1		
建筑智能化	1			特种设备安全法	1		
建筑消防		2		工业质量验收		2	
电梯工程	1		20	建筑质量验收	1		
第一章各种题型所占的分值	15	18	40	执业管理	1		
第一章所占的分值	73				5	2	40

3

目 录

2H310000 机电工程施工技术 ··· 1
  2H311000 机电工程常用材料及工程设备 ··· 2
    2H311010 机电工程常用材料 ·· 2
    2H311020 机电工程常用工程设备 ·· 18
  2H312000 机电工程专业技术 ·· 28
    2H312010 机电工程测量技术 ··· 28
    2H312020 机电工程起重技术 ··· 37
    2H312030 机电工程焊接技术 ··· 48
  2H313000 工业机电工程施工技术 ··· 55
    2H313010 机械设备安装工程施工技术 ··· 56
    2H313020 电气装置安装工程施工技术 ··· 69
    2H313030 工业管道工程施工技术 ··· 80
    2H313040 动力设备安装工程施工技术 ··· 93
    2H313050 静置设备及金属结构制作安装工程施工技术 ················ 105
    2H313060 自动化仪表工程施工技术 ··· 114
    2H313070 防腐蚀与绝热工程施工技术 ··· 118
    2H313080 工业炉窑砌筑工程施工技术 ··· 127
  2H314000 建筑机电工程施工技术 ··· 134
    2H314010 建筑管道工程施工技术 ··· 134
    2H314020 建筑电气工程施工技术 ··· 145
    2H314030 通风与空调工程施工技术 ··· 154
    2H314040 建筑智能化工程施工技术 ··· 166
    2H314050 消防工程施工技术 ··· 175
    2H314060 电梯工程施工技术 ··· 184

2H320000 机电工程项目施工管理 ··· 194
  2H320010 机电工程施工招标投标管理 ··· 194
  2H320020 机电工程施工合同管理 ··· 199
  2H320030 机电工程施工组织设计 ··· 207
  2H320040 机电工程施工资源管理 ··· 213
  2H320050 机电工程施工技术管理 ··· 223

2H320060	机电工程施工进度管理	228
2H320070	机电工程施工质量管理	235
2H320080	机电工程项目试运行管理	241
2H320090	机电工程施工安全管理	248
2H320100	机电工程施工现场管理	258
2H320110	机电工程施工成本管理	264
2H320120	机电工程施工结算与竣工验收	270
2H320130	机电工程保修与回访	275

2H330000　机电工程项目施工相关法规与标准　281
  2H331000　机电工程施工相关法规　282
    2H331010　《计量法》相关规定　282
    2H331020　《电力法》相关规定　289
    2H331030　《特种设备安全法》相关规定　297
  2H332000　机电工程施工相关标准　308
    2H332010　工业安装工程施工质量验收统一要求　308
    2H332020　建筑安装工程施工质量验收统一要求　316
  2H333000　二级建造师(机电工程)注册执业管理规定及相关要求　320

 机电工程施工技术

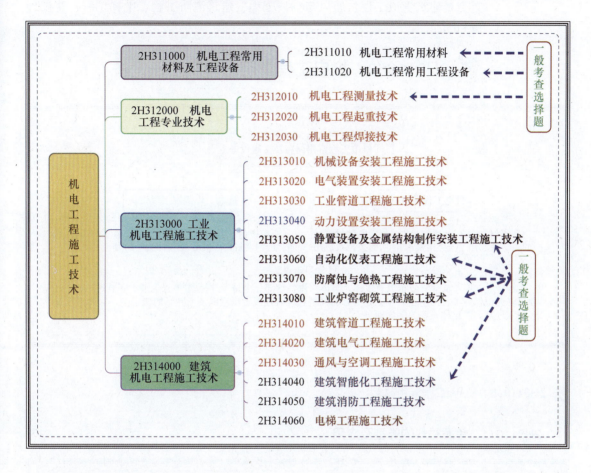

本章主要讲述了教材中几乎所有涉及施工技术的内容，以及施工或安装过程中所需要的相应的设备、材料和专业技术。从2010—2014年的分值统计中可以看出，2014年所占的总分值为73分，其中案例分析就有40分；2013年所占的总分值为56分，其中案例分析就有27分；2010年高达72分，其中案例分析就有40分。这个分值在最高省份及格分数线以上（2013年北京市二级机电的及格线是72分），可见，本章内容为重点考试内容，涉及选择题和案例题，而且案例部分逐渐增多。所以本章既是重点也是难点，难就难在其所需要掌握的专业技术太多，不仅需要理解，还需要大量的记忆。

【复习建议】

1. 2H311000 机电工程常用材料及工程设备，此部分为历年非重点考试内容，一般考查选择题，但是2014年的一级机电实务考试真题中，在金属材料这个知识点出了一个案例的简答题，加强记忆即可。

2. 2H312000　机电工程专业技术，此部分为历年重点考试内容，考选择题和案例题，既要理解也要记忆。

3. 2H313000　工业机电工程施工技术，此部分为历年重点考试内容，考选择题和案例题，尤其是机械设备、电气工程、管道工程这三个施工技术属于传统考点，年年考，建议理解+记忆。

4. 2H314000　建筑机电工程施工技术，此部分为历年重点考试内容，考选择题和案例题，重点是建筑管道工程、通风与空调工程、建筑消防工程、电梯工程，建议理解+记忆。

2H311000　机电工程常用材料及工程设备

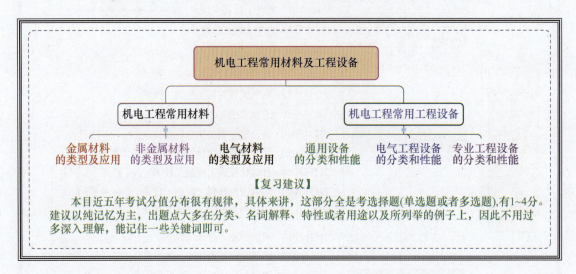

▶ 2H311010　机电工程常用材料

2H311011　金属材料的类型及应用

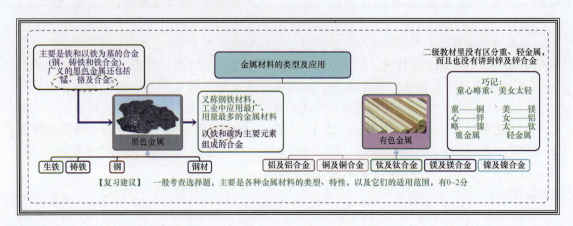

【解析】 主要考查选择题,纯记忆,不用深究,常考分类,例如:

真题1 【12单 二级真题】机电工程常用的黑色金属是( )。
A. 铝 B. 铸铁
C. 紫铜 D. 钛合金
【答案】 B

模拟题1 金属材料分为( )两大类。
A. 重金属和轻金属 B. 黑色金属和重金属
C. 黑色金属和有色金属 D. 有色金属和轻金属
【答案】 C

模拟题2 按广义的黑色金属的概念,下列金属中属于黑色金属材料的是( )。
A. 锰 B. 铅
C. 锌 D. 镍
【答案】 A

模拟题3 钢铁材料都是以铁和( )为主要元素组成的合金。
A. 硅 B. 硫
C. 碳 D. 磷
【答案】 C

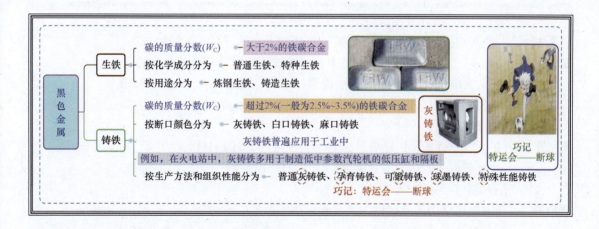

【解析】 选择题考点,纯记忆,不用深究,例如:

模拟题1 铸铁的含碳量一般为( )。
A. 0.05%~1.5% B. 2.5%~3.5%
C. 1.5%~2.5% D. 3.5%~4.5%
【答案】 B

模拟题2 在火电站中,多用于制造低中参数汽轮机的低压缸和隔板的铸铁是( )。
A. 白口铸铁 B. 麻口铸铁
C. 灰铸铁 D. 可锻铸铁
【答案】 C

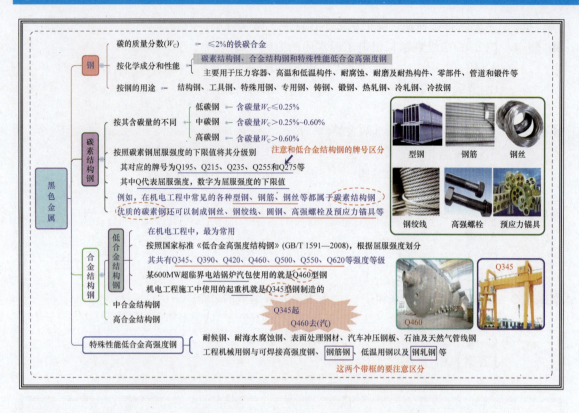

【解 析】 一般考选择题，不用深入研究，直接背下来就可以了，例如：

真 题 1 【14多 二级真题】下列钢材中，属于按化学成分和性能分类的有（　　）
    A. 碳素结构钢 B. 合金结构钢 C. 冷轧钢 D. 热轧钢
    E. 耐候钢
    【答案】AB

真 题 2 【07单 一级真题】碳质量分数小于且接近2%的钢材是（　　）。
    A. 低碳钢 B. 中碳钢 C. 高碳钢 D. 纯铁
    【答案】C

模拟题 1 碳素结构钢中的低碳钢，其含碳量小于等于（　　）。
    A. 0.25% B. 0.35% C. 0.45% D. 0.60%
    【答案】A

模拟题 2 在机电工程中常见的各种型钢、钢筋、钢丝等都属于（　　）。
    A. 低合金结构钢 B. 碳素结构钢 C. 中合金结构钢 D. 高合金结构钢
    【答案】B

模拟题 3 在机电工程中常见的预应力锚具是用（　　）制成的。
    A. 低合金结构钢 B. 优质的碳素钢 C. 中合金结构钢 D. 高合金结构钢
    【答案】B

模拟题 4 在机电工程中，最为常用的合金结构钢是（　　）。
    A. 低合金结构钢 B. 碳素结构钢 C. 中合金结构钢 D. 高合金结构钢
    【答案】A

模拟题 5 机电工程施工中使用的起重机是（　　）型钢制造的。

A. Q345　　　　　B. Q460　　　　　C. Q195　　　　　D. Q275

【答案】A

★ 关于屈服强度的示意图

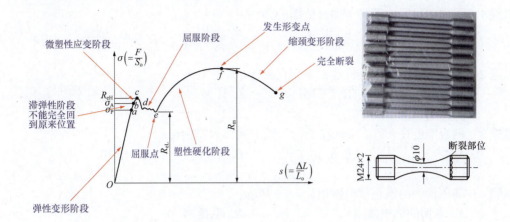

【解析】图中的 e 点就是屈服点，即屈服强度的下限值。Q235（A3 钢）即屈服强度的下限值是 235MPa。在大于此极限的外力作用之下，将会产生永久变形，小于该极限值时，还会恢复原来的样子。简单比喻一下，用劲拉开一个弹簧，当使的劲不是很大时，一松手，弹簧会自动缩回原来的形状；当使的劲特别大时，一松手，发现拉直了，钢丝回不去原形了，那么，弹簧变成钢丝的临界点就是屈服点。

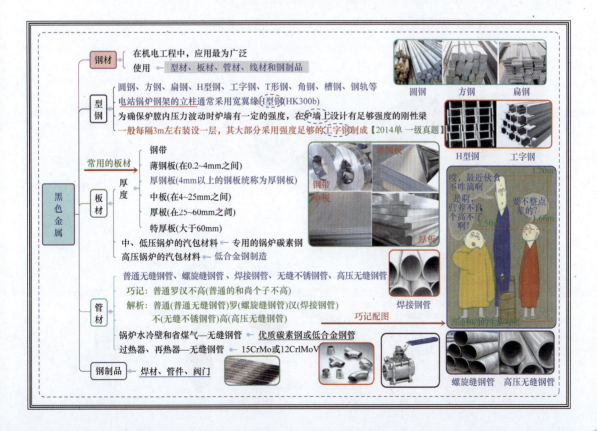

【解析】一般考选择题，不用深入研究，直接背下来就可以了，例如：

真 题 1　【14 单 一级真题】电站锅炉炉壁上型钢制作的刚性梁通常采用(　　)
　　　　　A. 工字型钢　　　B. T 型钢　　　C. 角钢　　　D. 槽钢
　　　　【答案】A

模拟题 1　下列钢材中，不属于型材范围的是(　　)。
　　　　　A. 螺纹钢　　　　B. 扁钢　　　　C. 角钢　　　D. 钢轨
　　　　【答案】A

模拟题 2　电站锅炉钢架的立柱通常采用宽翼缘(　　)。
　　　　　A. 方钢　　　　　B. T 型钢　　　C. H 型钢　　D. 工字钢
　　　　【答案】C

模拟题 3　钢板厚度在(　　)mm 以上，工程上通称为厚钢板。
　　　　　A. 4　　　　　　B. 6　　　　　　C. 8　　　　　D. 10
　　　　【答案】A

模拟题 4　高压锅炉的汽包材料常用(　　)制造。
　　　　　A. 专用的锅炉碳素钢　　　　　　B. 不锈钢
　　　　　C. 普通碳素钢　　　　　　　　　D. 低合金钢
　　　　【答案】D

模拟题 5　在机电工程中常用的钢管有(　　)等。
　　　　　A. 低压无缝钢管　B. 螺旋缝钢管　C. 焊接钢管　D. 无缝不锈钢管
　　　　　E. 高压无缝钢管
　　　　【答案】BCDE　巧记：普通罗汉不高。

模拟题 6　锅炉水冷壁和省煤器使用的无缝钢管一般采用(　　)钢管。
　　　　　A. 优质碳素钢管　B. 15CrMo　　　C. 低合金钢管　D. 不锈钢
　　　　　E. 12Cr1MoV
　　　　【答案】AC

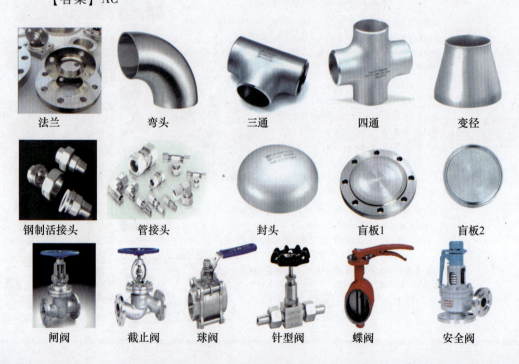

法兰　　　弯头　　　三通　　　四通　　　变径

钢制活接头　　管接头　　封头　　盲板1　　盲板2

闸阀　　截止阀　　球阀　　针型阀　　蝶阀　　安全阀

2H310000 机电工程施工技术

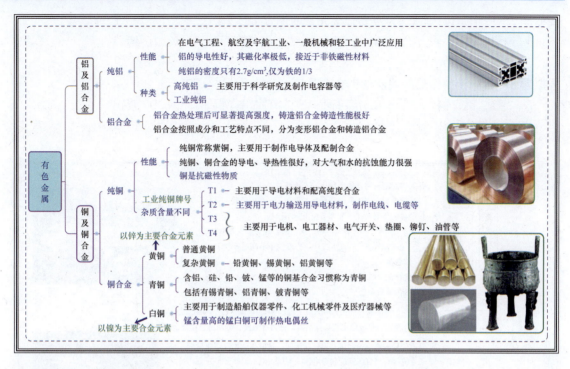

【解析】 选择题的考点，建议直接记忆，不用深究，例如：

模拟题1 密度 $2.7g/cm^3$，磁化率极低，且在航空及宇航工业及电气工程应用最多的有色金属是(　　)。

A. 铝　　　　B. 镁　　　　C. 铜　　　　D. 钛

【答案】A

模拟题2 纯铝按纯度可分为(　　)和工业纯铝两类。

A. 高纯铝　　B. 铝合金　　C. 铝型材　　D. 铸铝

【答案】A

模拟题3 铝合金热处理后可显著提高(　　)。

A. 导电性　　B. 塑性　　C. 强度　　D. 导热性

【答案】C

模拟题4 牌号为T2的工业纯铜常用来做(　　)。

A. 电工器材　　B. 电气开关　　C. 电线　　D. 油管

E. 电缆

【答案】CE

模拟题5 铜合金一般分(　　)三大类。

A. 黄铜　　B. 青铜　　C. 铜板　　D. 白铜

E. 铜棒

【答案】ABD

模拟题6 黄铜是以(　　)为主要合金元素的铜合金。

A. 镍　　　　B. 锌　　　　C. 镁　　　　D. 锰

【答案】B

模拟题7 白铜是以( )为主要合金元素的铜合金。
A. 镍　　　　　　B. 锌　　　　　　C. 镁　　　　　　D. 锰
【答案】A

模拟题8 常用于制作热电偶丝的铜合金是( )。
A. 铝青铜　　　　B. 锰白铜　　　　C. 锡青铜　　　　D. 紫铜
【答案】B

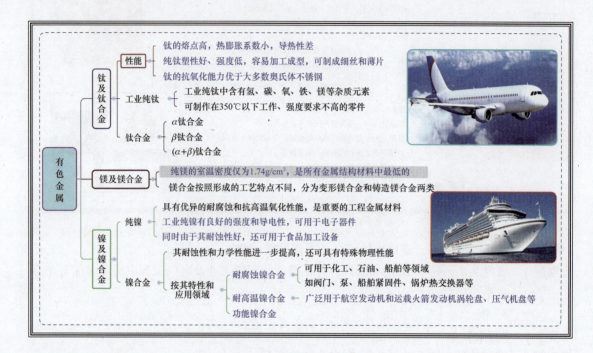

【解析】选择题的考点，建议直接记忆，不用深究，例如：

模拟题1 下列描述错误的是( )。
A. 钛的熔点高、热膨胀系数小、导热性差
B. 纯钛塑性好、强度低，容易加工成型
C. 纯钛的密度是所有金属结构材料中最低的
D. 钛的抗氧化能力优于大多数奥氏体不锈钢
【答案】C

模拟题2 金属机构材料中，室温密度最低的是( )。
A. 纯镍　　　　　B. 纯钛　　　　　C. 纯镁　　　　　D. 纯铜
【答案】C

模拟题3 航空发动机和运载火箭发动机涡轮盘采用的合金是( )。
A. 铝合金　　　　B. 钛合金　　　　C. 铜合金　　　　D. 镍合金
【答案】D

2H311012 非金属材料的类型及应用

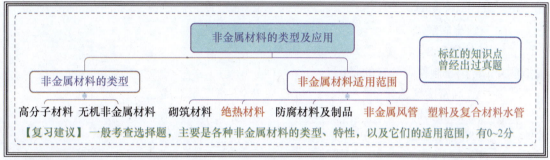

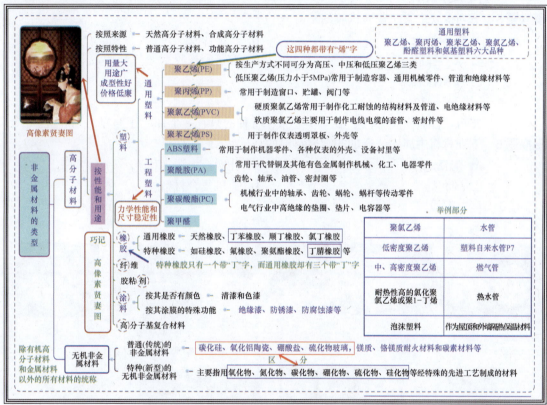

【解 析】 注意非金属材料所包含种类的分类以及用途,选择题考点,建议直接记忆,不用深入研究,例如:

模拟题1 高分子材料按特性分为( )。

　　A. 纤维　　　　　　　　　　B. 胶粘剂
　　C. 涂料　　　　　　　　　　D. 无机复合材料
　　E. 橡胶
【答案】ABCE　　巧记:高像素贤妻图

模拟题2 目前我国民用建筑普遍采用的塑料管道及电线电缆的套管是( )。

　　A. 聚乙烯　　　　　　　　　B. 聚丙烯
　　C. 聚苯乙烯　　　　　　　　D. 聚氯乙烯

【答案】D

模拟题3 常用于代替铜及其他有色金属制作齿轮、轴承、油管的工程塑料是(　　)。

A. ABS 塑料　　　　　　　　B. 聚酰胺
C. 聚碳酸酯　　　　　　　　D. 聚甲醛

【答案】B

模拟题4 常用于制作煤气管的是(　　)。

A. 高密度聚乙烯　　　　　　B. 中密度聚乙烯
C. 低密度聚乙烯　　　　　　D. 氯化聚氯乙烯
E. 聚氯乙烯

【答案】AB

模拟题5 下列橡胶中属于普通橡胶的是(　　)。

A. 丁苯橡胶　　　　　　　　B. 顺丁橡胶
C. 天然橡胶　　　　　　　　D. 聚氨酯橡胶
E. 丁腈橡胶

【答案】ABC

技巧：普通橡胶有三个带"丁"字，特种的只有一个带"丁"字。

模拟题6 下列材料中属于普通的非金属材料的是(　　)。

A. 陶瓷　　　　　　　　　　B. 硅酸盐水泥
C. 碳化硅　　　　　　　　　D. 无机复合材料

【答案】C

PE　　　　　PP　　　　　硬质PVC　　　　　软质PVC　　　　　PS

ABS　　　　　PA　　　　　PC轴承　　　　　PC电容器

橡胶轮胎　　　　　密封圈　　　　　涂料　　　　　防锈漆

【解析】 一般考查选择题，主要考应用，例如：

真题1　【11单 二级真题】机电工程常用的绝热材料是（　　）。
　　A. 涂料　　　　　　　　　B. 聚氨酯复合板
　　C. 岩棉　　　　　　　　　D. 钢板
　　【答案】C

模拟题1　在机电安装工程中，（　　）常用于保温、保冷的各类容器、管道、通风空调管道等绝热工程。
　　A. 橡胶　　　　　　　　　B. 陶瓷
　　C. 塑料　　　　　　　　　D. 泡沫塑料
　　【答案】D

模拟题2　下列非金属材料中，可用做绝热材料的有（　　）。
　　A. 沥青毡　　　　　　　　B. 玻璃棉
　　C. 微孔硅酸壳　　　　　　D. 环氧树脂
　　E. 泡沫塑料
　　【答案】BCE

模拟题3　在机电安装工程中，主要用于防腐蚀工程中的制品是（　　）。
　　A. 橡胶制品　　　　　　　B. 陶瓷制品
　　C. 塑料制品　　　　　　　D. 玻璃钢制品
　　【答案】B

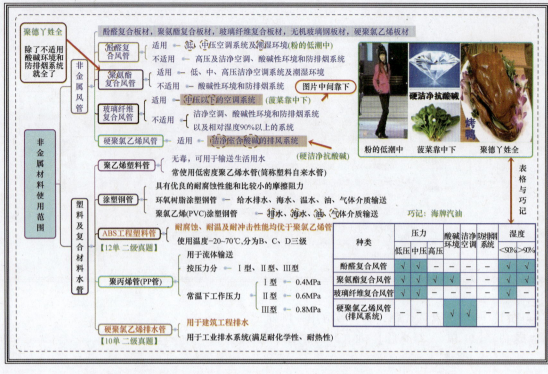

【解析】 一般考查选择题，不用深入研究，直接背下来就可以了，例如：

真题1　【11单 一级真题】玻璃纤维复合风管适用于（　　）。
　　A. 洁净空调系统　　　　　　　　B. 酸性环境空调系统
　　C. 有机溶剂空调系统　　　　　　D. 中压以下空调系统
　　【答案】D

真题2　【13单 二级真题】同时具备耐腐蚀、耐温及耐冲击的塑料水管是（　　）。
　　A. 聚乙烯管　　B. 聚丙烯管　　C. ABS管　　D. 聚氯乙烯管
　　【答案】C

真题3　【11单 一级真题】常用的建筑排水管是（　　）材料。
　　A. 聚四氟乙烯　　B. 聚丙烯　　C. 硬聚氯乙烯　　D. 高密度聚乙烯
　　【答案】C

模拟题1　适用于含酸碱的排风系统的风管有（　　）。
　　A. 硬聚氯乙烯风管　　　　　　　B. 玻璃纤维复合风管
　　C. 聚氨酯复合风管　　　　　　　D. 酚醛复合风管
　　【答案】A

模拟题2　可用于输送生活用水的是（　　）。
　　A. ABS工程塑料管　B. 聚丙烯管　　C. 聚氯乙烯管　　D. 聚乙烯塑料管
　　【答案】D

模拟题3　适用于排水及海水、油、气体等介质的输送的是（　　）。
　　A. 环氧树脂涂塑钢管　　　　　　B. 聚氯乙烯涂塑钢管
　　C. 硬聚氯乙烯钢管　　　　　　　D. 聚丙烯钢管

【答案】B

2H311013　电气材料的类型及应用

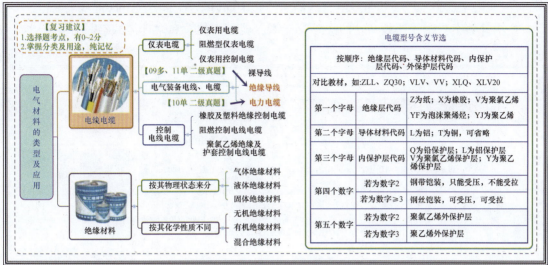

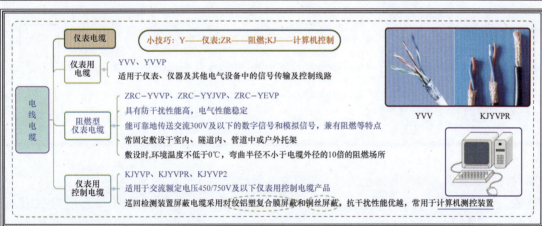

【解　析】选择题考点，直接记忆，不用深究，例如：

模拟题1　下列电缆中，属于阻燃型仪表电缆的是(　　)电缆。

A. YVV　　　　　B. ZRC-YVVP　　　　C. KJYVP　　　　D. YVVP

【答案】C　小技巧：ZRC-YVVP、ZRC-YYJVP、ZRC-YEVP，其中 ZR 是"阻燃"两个字拼音的第一个字母

模拟题2　阻燃型仪表电缆除阻燃特点外，还有(　　)。

A. 耐高压　　　B. 防干扰　　　C. 电气性能稳定　　　D. 适宜移动

E. 耐低温

【答案】BC

模拟题3　计算机测控装置屏蔽控制电缆，采用的屏蔽材料有(　　)。

A. 对绞铝塑复合膜　　　　　　B. 玻璃纤维布

C. 铜丝　　　　　　　　　　　D. 聚苯乙烯透明板

E. 树脂复合材料

【答案】AC

模拟题4 下列仪表电缆中,常用于计算机测控装置的是( )。

A. YVV B. ZRC-YVVP C. KJYVP D. YVVP

【答案】C 小技巧:KJ 从字面上看,就是"控"和"计"的第一个字母

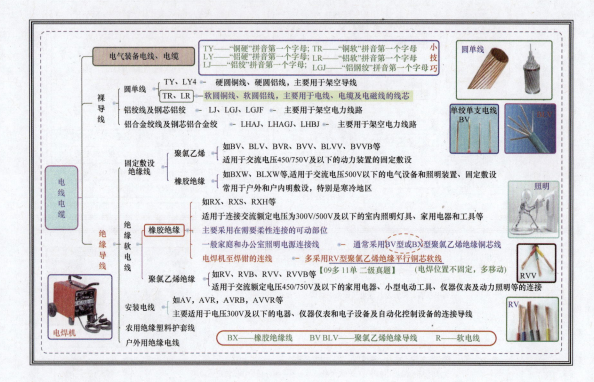

【解析】 选择题考点,直接记忆,不用深究,例如:

真题1 【11单 二级真题】机电工程现场焊接时,电焊机至焊钳的连接电线宜选用( )。

A. 橡皮绝缘铜芯线 B. 塑料绝缘铝芯电线
C. 塑料护套铜芯线 D. 塑料绝缘铜芯软线

【答案】D

真题2 【09多 二级真题】现场中电焊机至焊钳的连线一般不采用( )型的导线。

A. YJV B. BX C. RV D. KVV
E. RLX

【答案】ABDE

模拟题1 下列导线中,常用于电磁线的线芯的是( )。

A. 软圆铝线 B. 铝合金圆线 C. 铝绞线 D. 铝合金绞线

【答案】A

模拟题2 下列导线中,主要用于架空电力线路的金属裸导线有( )。

A. 软圆铜线 B. 软圆铝线 C. 铜芯铝线 D. 铝合金绞线
E. 钢芯铝合金绞线

【答案】CDE

【解析】除了 TR、LR（软圆铜线、软圆铝线）主要用于电线、电缆及电磁线的线芯外，其余的圆单线都可以用于架空电线线路。小技巧：

TY——"铜硬"两字的第一个字母，故是硬圆铜线；

TR——"铜软"两字的第一个字母，故是软圆铜线；

LY——"铝硬"两字的第一个字母，故是硬圆铝线；

LR——"铝软"两字的第一个字母，故是软圆铝线；

LJ——"铝绞"两字的第一个字母，故是铝绞线；

LGJ——"铝钢绞"三字的第一个字母，故是铝钢绞线

模拟题 3　办公室照明通常采用(　　)聚氯乙烯绝缘铜芯线作为电源连接线。

A. RV 型　　　　B. BV 型　　　　C. BX 型　　　　D. BLX 型

E. BVV 型

【答案】BC

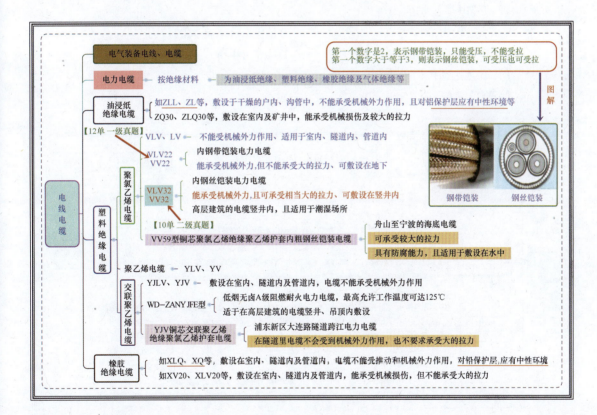

【解析】选择题考点，直接记忆，不用深究，例如：

真题 1　【10单 二级真题】能承受机械外力作用，且可承受相当大的拉力的电缆型号是(　　)。

A. VLV32　　　　B. VLV22　　　　C. VLV　　　　D. VV

【答案】A

真题 2　【12单 一级真题】直接埋地敷设的照明电缆，应选用(　　)型电缆。

A. VV　　　　　B. VV22　　　　　C. VV32　　　　　D. YJV32

【答案】B　VLV22、VV22等，能承受机械外力作用，但不能承受大的拉力，可敷设在地下。

模拟题1 电力电缆按绝缘材料可分为(　　)。
A. 油浸纸绝缘电缆　　　　　　　　B. 塑料绝缘电缆
C. 涂料绝缘电缆　　　　　　　　　D. 橡胶绝缘电缆
E. 气体绝缘电缆

【答案】ABDE

模拟题2 限于对铝的保护，对中性环境要求的电力电缆是(　　)。
A. 塑料绝缘电缆　　　　　　　　　B. 油浸纸绝缘电缆
C. 橡胶绝缘电缆　　　　　　　　　D. 气体绝缘电缆

【答案】B

模拟题3 舟山至宁波的海底电缆使用的是VV59型铜芯聚氯乙烯绝缘聚氯乙烯护套内粗钢丝铠装电缆，是因为可以(　　)。
A. 承受较大的拉力　　　　　　　　B. 不要求承受大的拉力
C. 具有防腐蚀能力　　　　　　　　D. 适用于敷设在水中
E. 不会受到机械外力

【答案】ACD

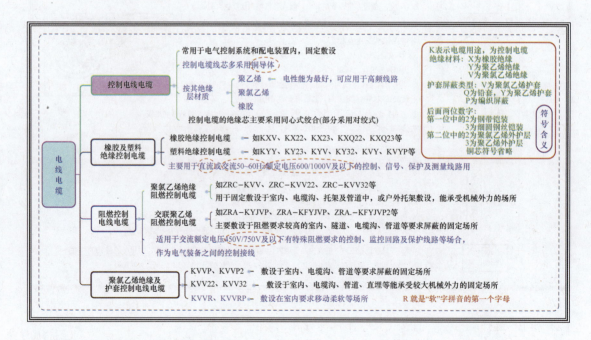

【解析】选择题考点，直接记忆，例如：

模拟题1 控制电缆线芯多采用(　　)导体。
A. 铝　　　　　　　　　　　　　　B. 铝合金
C. 铜　　　　　　　　　　　　　　D. 铜合金

【答案】C

模拟题2 控制电线电缆绝缘层通常采用的材质有(   )。
　　A. 聚乙烯　　　　　　　　B. 聚氯乙烯
　　C. 树脂　　　　　　　　　D. 橡胶
　　E. 聚丙烯
　　【答案】ABD

模拟题3 用于敷设在室内要求移动柔软等场所的控制电缆是(   )。
　　A. 橡胶绝缘控制电缆　　　　B. 塑料绝缘控制电缆
　　C. 阻燃控制电线电缆　　　　D. 聚氯乙烯绝缘电缆
　　【答案】D

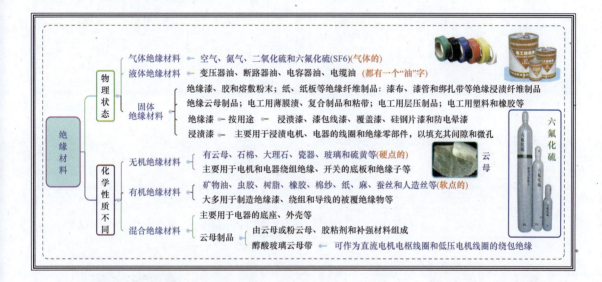

【解　析】选择题考点，直接记忆，例如：

模拟题1 下列气体中，可用做气体绝缘材料的有(   )。
　　A. 二氧化碳　　　　　　　B. 二氧化硫
　　C. 空气　　　　　　　　　D. 五氧化二磷
　　E. 六氟化硫
　　【答案】BCE

模拟题2 下列绝缘材料中，属于有机绝缘材料的有(   )。
　　A. 矿物油　　　　　　　　B. 硫黄
　　C. 橡胶　　　　　　　　　D. 棉纱
　　E. 石棉
　　【答案】ACD

模拟题3 常用做低压电机线圈的绕组绝缘材料属于(   )。
　　A. 有机复合绝缘材料　　　　B. 混合绝缘材料
　　C. 有机绝缘材料　　　　　　D. 无机绝缘材料
　　【答案】D

2H311020 机电工程常用工程设备

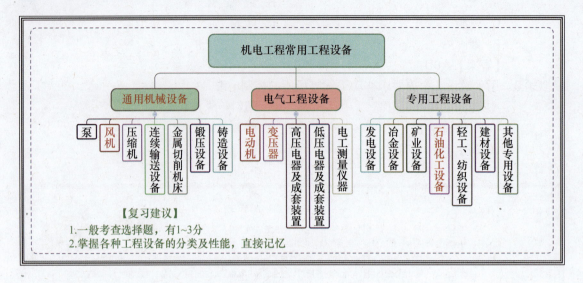

2H311021 通用工程设备的分类和性能

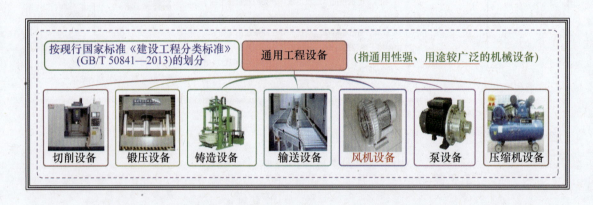

【解析】主要考查通用机械设备的概念和种类有哪些,建议纯记忆,不用深究,例如:

真题1 【09多 一级真题】根据《机械设备安装工程施工及验收试用规范》规定通用规范的适用范围是(　　)。

A. 风机　　　　　　　　B. 车床
C. 泵　　　　　　　　　D. 铣床
E. 压缩机
【答案】ACD

真题2 【11单 一级真题】下列设备中,属于机械通用设备的是(　　)。

A. 压缩机　　　　　　　B. 桥式起重机
C. 锅炉　　　　　　　　D. 汽轮机
【答案】A

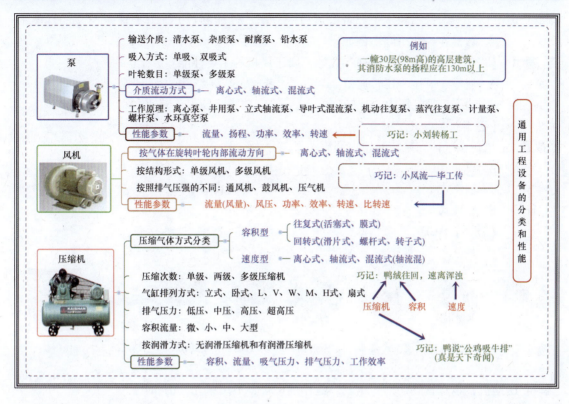

【解析 泵】 一般考选择题，主要考查泵的分类、性能参数以及所举的例子，建议纯记忆，不用深究，例如：

模拟题1 扬程是（ ）的性能参数。
A. 风机　　　　B. 压缩机　　　　C. 泵　　　　D. 压气机
【答案】C

模拟题2 泵的性能由其工作参数加以表述，包括（ ）。
A. 流量　　　　B. 功率　　　　C. 比转速　　　　D. 效率
E. 转速
【答案】ABDE　比转速属于风机的性能参数。

模拟题3 一幢30层的高层建筑，其消防水泵的扬程应在（ ）m以上。
A. 80　　　　B. 100　　　　C. 120　　　　D. 140
【答案】B

【解析 风机】一般考选择题，主要考查风机的分类、性能参数，尤其要注意与泵的性能参数混在一块出题，例如：

真 题 1 【12单 一级真题】下列参数中，属于风机的主要性能参数是(　　)。
　　A. 流量、风压、比转速　　　　　B. 流量、吸气压力、转速
　　C. 功率、吸气压力、比转速　　　D. 功率、扬程、转速
　　【答案】A

模拟题 1 风机按气体在旋转叶轮内部流动方向分为(　　)。
　　A. 离心式　　　　　　　　　　B. 向心式
　　C. 轴流式　　　　　　　　　　D. 混流式
　　E. 旋转式
　　【答案】ACD

离心式风机　轴流式风机　混流式风机　单级风机　多级风机　通风机　鼓风机　压气机

【解析 压缩机】以选择题的形式出题，建议纯记忆，不用深究，例如：

模拟题 1 压缩机按压缩气体的方式可以分为容积型和(　　)两大类。
　　A. 转速型　　　　　　　　　　B. 轴流型
　　C. 速度型　　　　　　　　　　D. 螺杆型
　　【答案】C

模拟题 2 容积型回转式压缩机包括(　　)。
　　A. 滑片式　　　　　　　　　　B. 活塞式
　　C. 转子式　　　　　　　　　　D. 螺杆式
　　E. 膜式
　　【答案】ACD

模拟题 3 速度型压缩机可分为(　　)。
　　A. 滑片式　　　　　　　　　　B. 轴流式
　　C. 混流式　　　　　　　　　　D. 螺杆式
　　E. 离心式
　　【答案】BCE

模拟题 4 以下属于压缩机的性能参数是(　　)。
　　A. 效率　　　　　　　　　　　B. 容积
　　C. 吸气压力　　　　　　　　　D. 流量
　　E. 转速
　　【答案】BCD

2H310000 机电工程施工技术

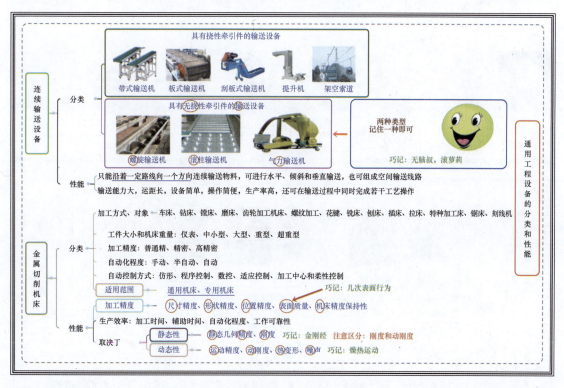

【解析 连续输送设备】 一般考选择题,建议纯记忆,不用深究,主要考查输送机的分类,例如:

模拟题1 具有挠性牵引件的输送设备包括( )。
　　A. 螺旋输送机　　B. 滚柱输送机　　C. 气力输送机　　D. 带式输送机
　　【答案】D

模拟题2 单台连续输送机的性能是沿着一定路线( )连续输送物料。
　　A. 同一方向　　　　　　　　　　B. 多个方向

C. 在平面内多方向　　　　　　　　D. 在立体内任何方向

【答案】A

【解析 金属切削机床】目前没有单独出过考题，属于了解内容，假如要出题也是选择题，直接记忆，例如：

模拟题1　按金属切削机床的适用范围分类可分为(　　)。
A. 精密机床和专用机床　　　　　B. 通用机床和专用机床
C. 通用机床和精密机床　　　　　D. 仿形机床和专用机床

【答案】B

模拟题2　金属切削机床的加工精度包括被加工工件的(　　)。
A. 尺寸精度　　B. 形状精度　　C. 位置精度　　D. 表面质量
E. 尺寸公差

【答案】ABCD

模拟题3　金属切削机床的静态特性包括(　　)。
A. 运动精度　　B. 热变形　　C. 刚度　　D. 噪声

【答案】C

车床　　钻床　　镗床　　磨床　　齿轮加工机床　　花键加工机床　　铣床　　刨床

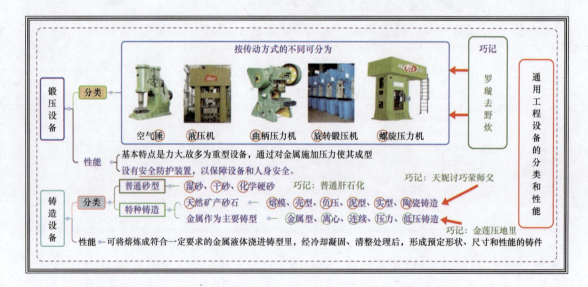

【解析 锻压设备】此部分要出也是选择题，直接记忆，不用深究，例如：

模拟题1　锻压设备按传动方式的不同，分为(　　)。
A. 直线压力机　　B. 锤　　C. 曲柄压力机　　D. 旋转锻压机
E. 螺旋压力机

【答案】BCDE　　巧记：罗璇去野炊

模拟题2　为保障设备和人身安全，故锻压设备上都设有(　　)。
　　　　　A. 自动进料装置　　　　　　B. 安全显示装置
　　　　　C. 事故警戒装置　　　　　　D. 安全防护装置
　　　　【答案】D

【解析 铸造设备】此部分考查选择题，直接记忆，不用深究，主要考查分类，例如：

模拟题1　普通砂型铸造设备包括(　　)。
　　　　　A. 湿砂型　　　　　　　　　B. 海砂型
　　　　　C. 干砂型　　　　　　　　　D. 山砂型
　　　　　E. 化学硬化砂型
　　　　【答案】ACE　　　巧记：普通肝石化

模拟题2　铸造设备中负压铸造设备属于(　　)。
　　　　　A. 特种铸造设备　　　　　　B. 普通砂型铸造设备
　　　　　C. 特种湿砂型铸造设备　　　D. 化学硬化砂型铸造设备
　　　　【答案】A　　　巧记：天妮讨巧荣师父

2H311022　电气工程设备的分类和性能

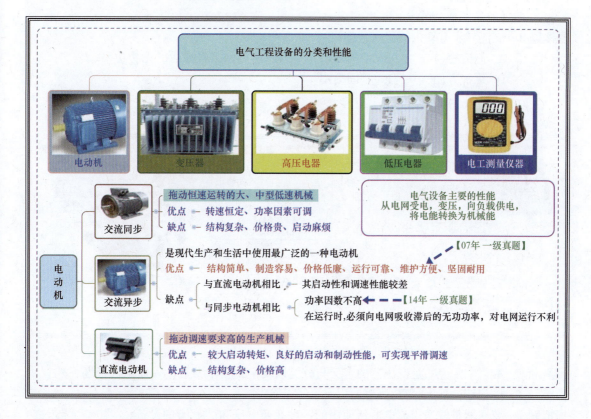

【解析】本节讲述机电工程有哪些常用的电气设备及其主要性能，2014年二级新增内容，建议直接记忆，不必深究。例如，各种电机的用途及优缺点比较，可出单选题或者多选题。

真题1　【07单　一级真题】结构简单、坚固耐用、运行可靠、维护方便、启动容易、成本低，但调速困难、功率因数偏低的电动机应是(　　)。

A. 同步电动机　　　　　　　　B. 直流电动机

C. 单相电动机　　　　　　　　D. 异步电动机

【答案】D

真题2【14单 一级真题】异步电动机与同步电动机相比，其缺点是(　　)。

A. 结构复杂　　　　　　　　　B. 功率因数低

C. 价格较贵　　　　　　　　　D. 启动麻烦

【答案】B

模拟题1 机电工程常用的电气设备的主要性能包括(　　)。

A. 从电网受电　　　　　　　　B. 变压

C. 向负载供电　　　　　　　　D. 将电能转换为机械能

E. 改变输电方向

【答案】ABCD

模拟题2 直流电动机常用于对(　　)较高的生产机械的拖动。

A. 调速要求　　　　　　　　　B. 启动电流限制要求

C. 启动力矩　　　　　　　　　D. 转速恒定要求

【答案】A

模拟题3 交流异步电动机的优点包括(　　)。

A. 制造容易　　B. 结构复杂　　C. 向电网吸收滞后的无功功率

D. 维护方便　　E. 坚固耐用

【答案】ADE

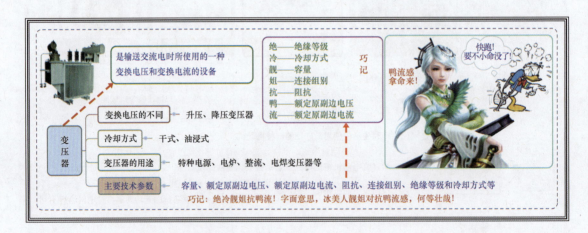

【解析】本节主要说的是变压器的定义与分类以及主要技术参数，一般出选择题，建议直接记忆，不用深究，例如：

模拟题1 变压器是输送交流电时所使用的一种变换电压和(　　)的设备。

A. 变换功率　　　　　　　　　B. 变换频率

C. 变换初相　　　　　　　　　D. 变换电流

【答案】D

模拟题2 变压器根据冷却方式可分为(　　)。

A. 干式变压器　　　　　　　　B. 升压变压器
C. 油浸式变压器　　　　　　　D. 电焊变压器
E. 整流变压器

【答案】AC

模拟题3　变压器的主要技术参数有(　　)。
A. 冷却方式　　　　　　　　　B. 连接组别
D. 绝缘等级　　　　　　　　　C. 阻抗
E. 功率

【答案】ABCD

升压变压器　降压变压器　干式变压器　油浸式变压器　电炉变压器　整流变压器　电焊变压器

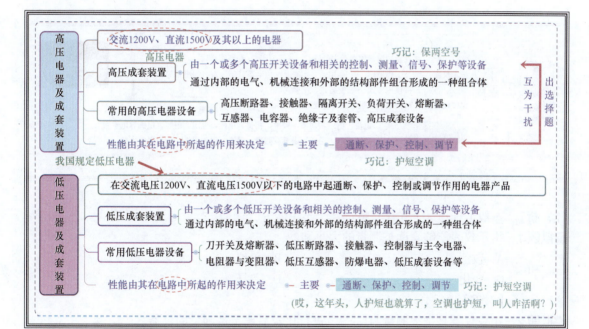

【解析】主要说的是高（低）压电器和高（低）压成套装置的定义及其性能，建议直接记忆，不用深究，考查方式是选择题，例如：

模拟题1　高压电器是指交流电压(　　)、直流电压1500V及其以上的电器。
A. 1000V　　　　　　　　　　B. 1100V
C. 1200V　　　　　　　　　　D. 1300V

【答案】C　交流电压1200V、直流电压1500V的电器均属于高压电器。

模拟题2　高压成套装置是指由一个或多个高压开关设备和相关的(　　)等设备组成的组合体。

A. 控制 B. 测量
C. 信号 D. 指挥
E. 保护

【答案】ABCE 巧记：保两空号。

【解析】保（保护）两（测量）空（控制）号（信号）。

模拟题3 高压电器及成套装置的性能包括( )。

A. 通断 B. 通信
C. 控制 D. 调节
E. 保护

【答案】ACDE 巧记：护短空调。

【解析】护（保护）短（通断）空（控制）调（调节）。

模拟题4 我国规定低压电器是指交流电压1200V、直流电压( )及以下的电器。

A. 1900V B. 1700V
C. 1300V D. 1500V

【答案】D 交流电压1200V、直流电压1500V的电器不属于低压电器。

【解析】一般考选择题，建议直接记忆，不用深究，例如：

模拟题1 指示仪表能够直读被测量的大小和( )。

A. 数值 B. 单位
C. 变化 D. 差异

【答案】B

模拟题2 比较仪器是把被测量与( )进行比较后确定被测量的仪器。

A. 预定值 B. 控制器
C. 度量器 D. 采样器

【答案】C

模拟题3 指示仪表按工作原理分为( )。

A. 气动系 B. 磁电系
C. 电动系 D. 感应系
E. 静电系

【答案】BCDE

2H311023 专用工程设备的分类和性能

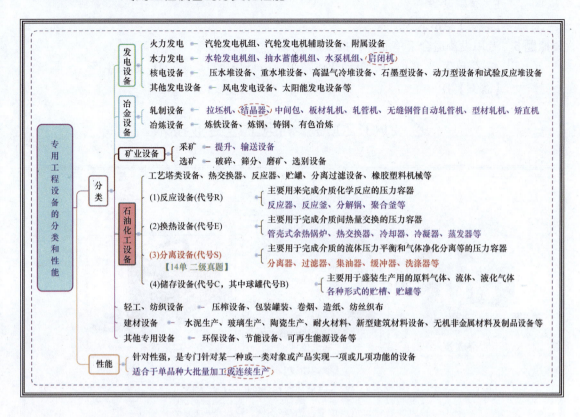

【解析】 注意专用设备包含的种类,防止混淆作为干扰选项,建议纯记忆,不做深究,一般出选择题,例如:

真题1 【2014 多 二级真题】下列石油化工专用设备中,属于分离设备的有( )。
A. 分解锅　　B. 集油器　　C. 蒸发器　　D. 洗涤器
E. 冷凝器
【答案】BD

模拟题1 启闭机是( )设备。
A. 火力发电　　B. 水力发电　　C. 核电设备　　D. 风力发电
【答案】B

模拟题2 下列设备中,属于专用设备的有( )。
A. 压力机　　B. 轧管机　　C. 电梯　　D. 反应釜
E. 分解锅
【答案】BDE

模拟题3 冶金设备中的轧机设备包括( )。
A. 拉坯机　　B. 结晶器　　C. 中间包设备　　D. 矫直机
E. 选矿设备
【答案】ABCD

模拟题4 矿业设备中的选矿设备包括( )。

A. 破碎设备　　　　B. 选别设备　　　C. 筛分设备　　　D. 输送设备
E. 磨矿设备
【答案】ABCE

模拟题5　专用设备适合于单品种大批量加工或(　　)。
A. 简单生产　　　　B. 自动化生产　　C. 订单生产　　　D. 连续生产
【答案】D

2H312000　机电工程专业技术

> 2H312010　机电工程测量技术

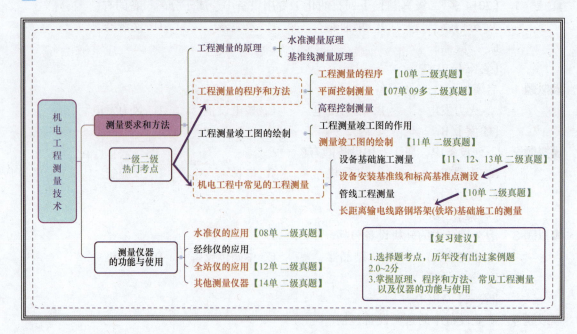

2H312011 测量要求和方法

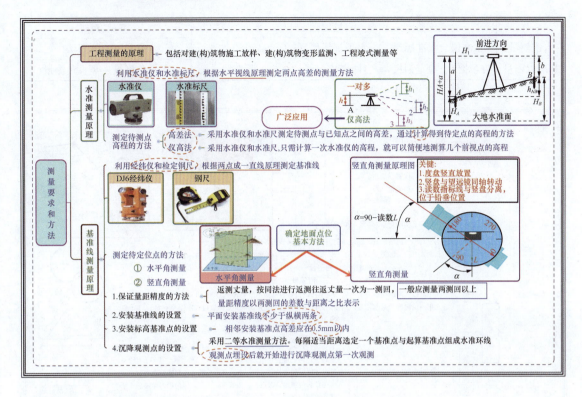

【解　析】此部分考查选择题，直接记忆，不用深究，例如：

模拟题1 水准仪测量原理是根据(　　)原理测量两点高差的测量方法。

　A. 水平视线　　B. 平行　　C. 等高　　D. 高差

【答案】A

模拟题2 某项目部安装钳工小组在同一车间同时测量多台设备基础的高程，他们应该选用(　　)。

　A. 高差法　　B. 仪高法　　C. 水准仪测定法　　D. 经纬仪测定法

【答案】B

模拟题3 在工程测量中，被广泛应用的高程测量法是(　　)。

　A. 高差法　　B. 仪高法　　C. 水准仪测定法　　D. 经纬仪测定法

【答案】B

模拟题4 相邻安装基准点高差应控制在(　　)mm以内。

　A. 0.1　　B. 0.2　　C. 0.5　　D. 1.0

【答案】C

模拟题5 沉降观测点第一次观测应在(　　)进行。

　A. 设备投料运行前　　　　　　B. 设备无负荷试运前

　C. 设备底座一次灌浆前　　　　D. 观测点埋设后

【答案】D

【列表对比记忆】

名称	测量仪器	测量原理	测量内容	测量方法
水准测量	水准仪、水准标尺	水平视线原理	高程、高差	高差法、仪高法
基准线测量	经纬仪、检定钢尺	两点成一线	基准线	水平角测量、竖直角测量

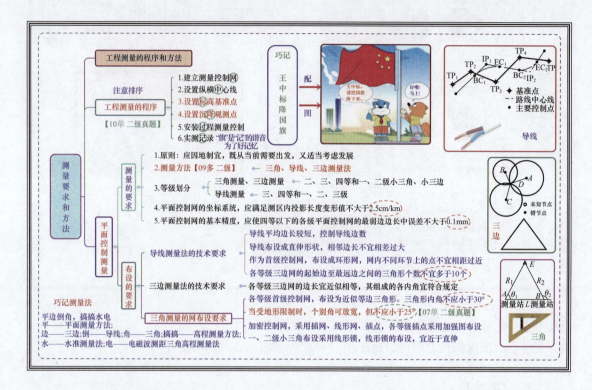

【解 析】选择题考点，注意程序的排序，以及平面控制网的测量方法和各自的要求，特别是混在一起做选项时，例如：

真题1【10单 二级真题】在工程测量的程序中，设置标高基准点后，下一步应该进行的程序是（　　）。

A. 安装过程测量控制　　　　B. 建立测量控制网

C. 设置沉降观测点　　　　　D. 设置纵横中心线

【答案】C　　巧记：王中标降国旗　　字面意思，王中标这个人降国旗。

真题2【09多 二级真题】建立平面控制网的测量方法有（　　）。

A. 三角测量法　B. 水准测量法　C. 导线测量法　D. 高程测量法

E. 三边测量法

【答案】ACE　巧记：平角倒边，搞搞水电：结合高程控制网的测量方法一起记忆；平——平面控制网；角——三角测量法；倒——导线测量法；边——三边测量法；搞搞——高程控制网；水——水准测量法；电——电磁波测距三角高程测量法

真题3【07单 二级真题】采用三角测量法测量，其三角形的内角在任何情况下不应小于（　　）。

A. 20°　　　　　B. 25°　　　　　C. 30°　　　　　D. 35°
【答案】B

模拟题 1　工程测量程序中，安装过程测量控制的紧前程序是(　　)。
A. 设置沉降观测点　　　　　　B. 设置标高基准点
C. 设置纵横中心线　　　　　　D. 建立测量控制网
【答案】A

模拟题 2　以下测量方法不符合导线测量法主要技术要求的是(　　)。
A. 当导线平均边长较短时，不应控制导线边数
B. 导线宜布置成直伸形状，相邻边长不宜相差过大
C. 当导线网用做首级控制时，应布设成环形网
D. 环形网内部同环节上的点，不宜相距过近
【答案】A

模拟题 3　三角测量的网（锁）布设、各等级的首级控制网，宜布设为近似(　　)的网。
A. 直角三角形　　　　　　　　B. 等边三角形
C. 等腰三角形　　　　　　　　D. 等腰直角三角形
【答案】B

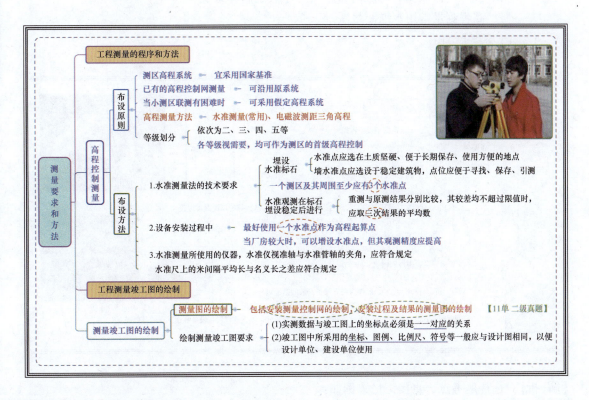

【解析】选择题的考点，纯记忆，例如：

真题 1　【11单 二级真题】机电工程测量竣工图的绘制包括安装(　　)的绘制、安装过程及结果的测量图的绘制。
A. 测量控制网　　B. 测量基准点　　C. 测量感测点　　D. 过程测量点
【答案】A

真 题 2 【10单 一级真题】高程控制网的测量方法有(　　)。
　　A. 导线测量、三角测量
　　B. 水准测量、电磁波测距三角高程测量
　　C. 电磁波测距三角高程测量、三边测量
　　D. 三边测量、水准测量
【答案】B　巧记：平角倒边，搞搞水电；结合平面控制网的测量方法一起记忆；平——平面控制网；角——三角测量法；倒——导线测量法；边——三边测量法；搞搞——高程控制网；水——水准测量法；电——电磁波测距三角高程测量法

模拟题1　水准测量法要求，一个测区及其周围至少应有(　　)个水准点。
　　A. 2　　　　　　B. 3　　　　　　C. 5　　　　　　D. 1
【答案】B

模拟题2　高程控制点布设的原则有(　　)。
　　A. 高程控制测量的各个等级，视需要均可作为测区的首级高程控制
　　B. 测区的高程系统，宜采用国家高程基准
　　C. 已有高程控制网的地区，应重新测量校核
　　D. 当小测区联测有困难时，不可采用假定高程系统
　　E. 高程测量常用水准测量法
【答案】ABE

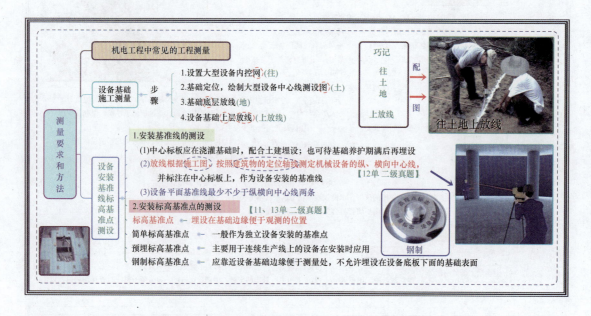

【解析】选择题考点，直接记忆，例如：
真 题 1 【12单 二级真题】设备安装基准线应按(　　)来测定。
　　A. 设备中心线　　　　　　　　B. 建筑基础中心线
　　C. 建筑物的定位轴线　　　　　D. 设备基础中心线
【答案】C

真 题 2 【11单 二级真题】设备安装标高基准点一般埋设在(　　)且便于观测的位置。

A. 基础中心　　B. 基础边缘　　C. 基础表面　　D. 基础外面

【答案】B

真题3 【13单 二级真题】安装标高基准点一般设置在设备基础的(　　)。

A. 最高点　　B. 最低点　　C. 中心标板上　　D. 边缘附近

【答案】D

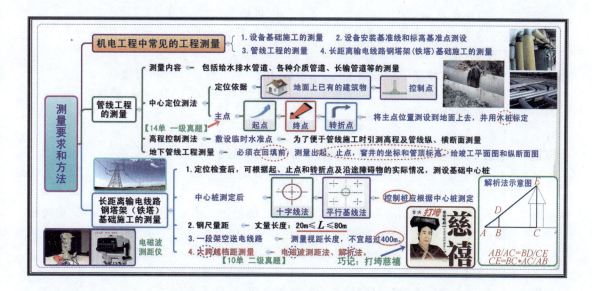

【解析】此部分容易出选择题，建议以记忆为主，不深入研究，例如：

真题1 【14单 一级真题】下列测量中，不属于管线定位主点的是(　　)。

A. 中点　　B. 起点　　C. 终点　　D. 转折点

【答案】A

真题2 【10单 二级真题】长距离输电线路钢塔架基础施工中，大跨越档距的测量通常采用(　　)。

A. 十字线法　　B. 平行基线法　　C. 电磁波测距法　　D. 钢尺量距法

【答案】C　巧记：打垮慈禧。

【解析】打——大;垮——跨;慈——磁,即电磁波测距法;禧——析,即解析法

模拟题1 机电工程中常见的工程测量有(　　)。

A. 隧道测量　　　　　　B. 设备基础施工测量
C. 安装基准线测设　　　D. 管线工程测量
E. 输电线路钢塔架基础施工测量

【答案】BCDE

模拟题2 管线中心定位测量时，管线的(　　)称为管道的主点。

A. 起点　　B. 终点　　C. 观察井位置　　D. 沉降观察点
E. 转折点

【答案】ABE

模拟题3 为了便于管线施工时引测高程及管线纵、横断面测量，应按管线敷设临时(　　)。

A. 水准点　　B. 终点　　C. 转折点　　D. 沉降观察点

【答案】A

模拟题4 地下管线工程测量必须回填前,测量出( )。
　　A. 起点　　　B. 终点　　　C. 窨井　　　D. 管顶标高
　　E. 转折点
　　【答案】AD

模拟题5 长距离输电线路定位并经检查后,可根据起、止点和转折点及( ),测设钢塔架基础中心。
　　A. 铁塔的几何形状　　　　　　　B. 铁塔的高度
　　C. 沿途障碍物的实际情况　　　　D. 沿途参照物的实际情况
　　【答案】C

模拟题6 长距离输电线路中心桩测定后,一般采用( )或( )进行控制。
　　A. 头尾控制法　　B. 三角法　　C. 十字线法　　D. 菱形控制法
　　E. 平行基线法
　　【答案】CE

模拟题7 长距离输电线路钢塔架的控制桩是根据( )测量。
　　A. 相邻桩　　　B. 中心桩　　　C. 首尾桩　　　D. 折点处桩
　　【答案】B

模拟题8 长距离输电线路钢塔架(铁塔)基础施工测量中,当采用钢尺丈量时,其丈量长度不宜大于( )m,同时不宜小于( )m。
　　A. 80；40　　　B. 60；20　　　C. 80；20　　　D. 60；40
　　【答案】C

模拟题9 一段架空输电线路,其测量视距长度不宜超过( )。
　　A. 100m　　　B. 200m　　　C. 300m　　　D. 400m
　　【答案】D

2H312012　测量仪器的功能与使用

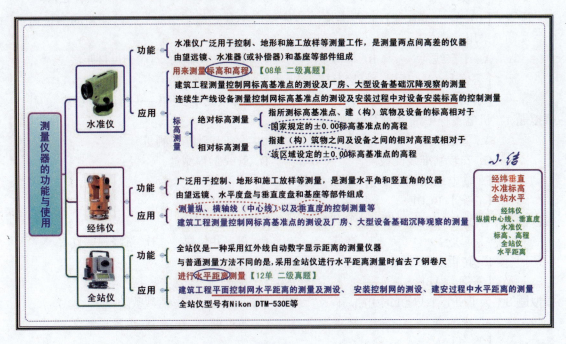

【解析】 掌握三种测量仪器的主要功能以及用途,对选择题的考点,直接记忆,例如:

真题1 【12单 二级真题】安装控制网水平距离的测设常用测量仪器是( )。
A. 光学经纬仪　　B. 全站仪　　　C. 光学水准仪　　D. 水平仪
【答案】B

真题2 【08单 二级真题】锅炉钢架安装时,通常采用( )对其标高进行控制测量。
A. 经纬仪　　　　B. 全站仪　　　C. 水准仪　　　　D. 准直仪
【答案】C

模拟题1 用来测量标高的常用仪器是( )。
A. 水准仪　　　　B. 全站仪　　　C. 经纬仪　　　　D. 激光准直仪
【答案】A

模拟题2 光学水准仪在机电设备安装中主要用于( )。
A. 立柱垂直度的测量　　　　　　B. 控制网标高基准点
C. 纵横中心线的偏差控制　　　　D. 设备安装标高的控制
E. 大型设备基础沉降观察
【答案】BDE

模拟题3 设备安装标高测量时,测点的绝对标高是指测点相对于( )高程。
A. 基础上的基准点　　　　　　　B. 国家规定的±0.00标高基准点
C. 本车间设定的±0.00标高基准点　D. 本台设备最低表面基准点
【答案】B

模拟题4 光学经纬仪主要是用于机电设备安装中的( )测量。
A. 中心线　　　　B. 水平度　　　C. 垂直度　　　　D. 标高
E. 水平距离
【答案】AC

模拟题5 采用全站仪进行水平距离测量,主要应用于( )。
A. 建筑工程平面控制网水平距离的测量及测设
B. 安装控制网的测设
C. 建筑安装过程中水平距离的测量
D. 建筑物铅垂度的测量
E. 大地高程的测量
【答案】ABC

除上述测量仪器以外,常见的激光测量仪器有:激光准直仪和激光指向仪、激光垂线仪、激光经纬仪、激光水准仪、激光平面仪。

名　称	图　片	应用范围
电磁波测距仪		1. 应用电磁波运载测距信号测量距离的仪器 2. 电磁波测距仪已广泛用于控制、地形和施工放样等测量中,成倍地提高了外业工作效率和量距精度

续表

名 称	图 片	应 用 范 围
激光准直仪		1. 激光准直仪和激光指向仪，两者构造相近，用于沟渠、隧道或管道施工、大型机械安装、建筑物变形观测 2. 目前激光准直精度已达 $10^{-5} \sim 10^{-6}$
激光指向仪		
激光垂线仪		1. 将激光束置于铅直方向以进行竖向准直的仪器 2. 用于高层建筑、烟囱、电梯等施工过程中的垂直定位及以后的倾斜观测，精度可达 0.5×10^{-4}
激光经纬仪		1. 激光经纬仪用于施工及设备安装中的定线、定位和测设已知角度 2. 通常在200m内的偏差小于1cm
激光水准仪		1. 除具有普通水准仪的功能外，还可做准直导向之用 2. 如在水准尺上装自动跟踪光电接收靶，即可进行激光水准测量
激光平面仪		适用于提升施工的滑模平台、网形屋架的水平控制和大面积混凝土楼板支模、灌注及抄平工作，精确方便、省力省工

【解析】 此部分为教材心中内容，主要掌握仪器的种类以及各自的用途，一般考查选择题，纯记忆，例如：

真 题 1 【14单 二级真题】常用于设备安装定线定位和测设已知角度的仪器是（　　）。
A. 激光准直仪　　B. 激光经纬仪　　C. 激光指向仪　　D. 激光水准仪
【答案】B

模拟题 1 常用于高层建筑、烟囱、电梯的倾斜观察的激光测量仪器是（　　）。
A. 激光经纬仪　　B. 激光垂线仪　　C. 激光指向仪　　D. 激光准直仪
【答案】B

2H312020 机电工程起重技术

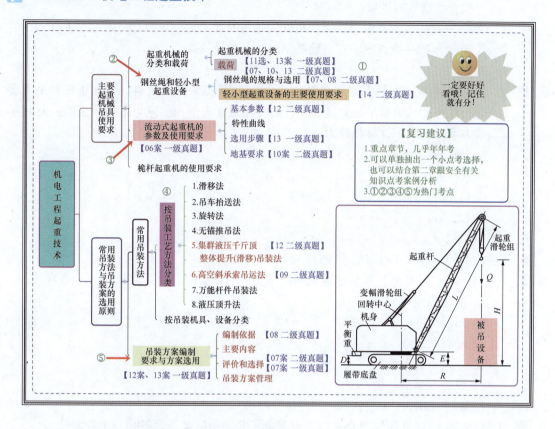

2H312021 主要起重机械与吊具的使用要求

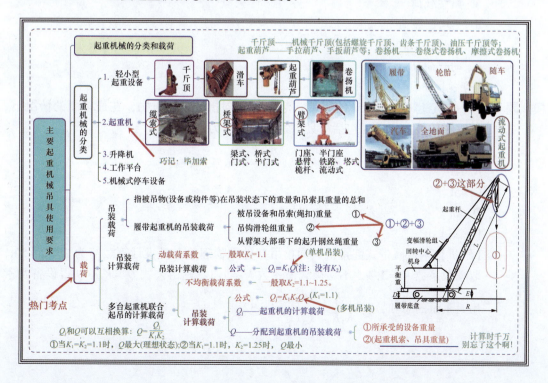

【解析】①如果出计算题，可以根据公式 $Q_j = K_1 K_2 Q$ 正反出题，即求 Q_j 或 Q；还应注意 Q 包含吊索具的重量；

②K_2 只有在两台及两台以上多机共同抬吊时才考虑，单台起吊不考虑 K_2 的影响；

③2013 年的一级真题中有一题是用这个公式计算的。

例如：

真题1 【13单 二级真题】某设备重量85t，施工现场拟采用两台自行式起重机抬吊方案进行就位，其中索吊具重量3t，自制专用抬梁重量5t，风力影响可忽略。制定吊装方案时，最小计算载荷为（   ）。

A. 106.48t

B. 108.90t

C. 112.53t

D. 122.76t

【答案】C

【解析】$Q_j = 1.1 \times 1.1 \times (3+5+85) = 112.53t$

真题2 【10多 二级真题】多台起重机同时吊装一台设备时，计算载荷与（   ）有关。

A. 起重机回转半径

B. 吊装高度

C. 动载荷系数

D. 不均衡载荷系数

E. 设备及吊具重量

【答案】CDE

真题3 【07单 二级真题】只是在由多台起重机共同抬吊某一设备时，才考虑（   ）。

A. 惯性载荷

B. 不均衡载荷

C. 风载荷

D. 动载荷

【答案】B

模拟题1 两台额定起重量为25t的履带式起重机共同抬吊一件重物，在最理想的情况下，其重物的最大重量（包括吊具、索具重量）为（   ）。

A. 37.8t

B. 41t

C. 45t

D. 50t

【答案】B

【解析】两台履带式起重机共同抬吊一件重物理论上最大计算载荷为 $25 \times 2 = 50t$，取动载系数 $K_1 = 1.1$，不均衡载荷系数 $K_2 = 1.1$，则由公式 $Q_j = K_1 K_2 Q$ 得设备及索吊具重量的总和，$Q = \dfrac{Q_j}{K_1 K_2} = \dfrac{50}{1.12} = 41.32$。

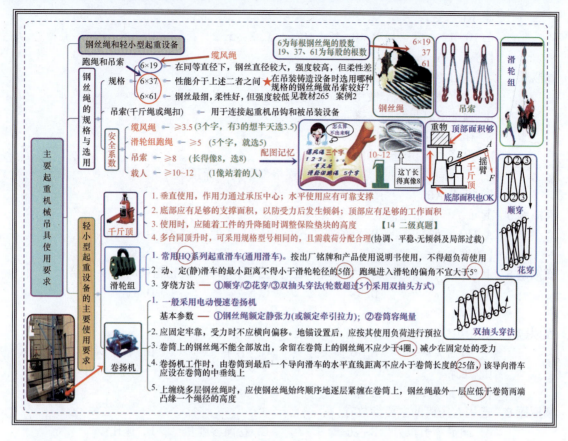

【解析】 一般考查选择题，直接记忆，不用深究，例如：

真 题 1 【08 单 二级真题】做吊索用的钢丝绳，其安全系数一般不小于( )。
A. 3.5　　　　B. 5.0　　　　C. 8.0　　　　D. 10.0
【答案】C

真 题 2 【07 单 二级真题】做吊装球磨机的钢丝绳，其安全系数一般不小于( )。
A. 3.5　　　　B. 5　　　　C. 8　　　　D. 10
【答案】C

真 题 3 【14 单 二级真题】关于千斤顶使用要求的说法，错误的是( )
A. 垂直使用时，作用力应通过承压中心
B. 水平使用时，应有可靠的支撑
C. 随着工件的升降，不得调整保险垫块的高度
D. 顶部应有足够的工作面积
【答案】C

模拟题 1 6×19 规格的钢丝绳吊装作业中宜作为( )。
A. 滑轮组跑绳　　B. 缆风绳　　C. 吊索　　D. 起重机卷筒吊装绳
【答案】B

模拟题 2 钢丝绳用在滑轮组跑绳，其安全系数一般不小于( )。
A. 3　　　　B. 3.5　　　　C. 8　　　　D. 5
【答案】D

模拟题 3 钢丝绳用于载人的安全系数不小于( )；用做吊索的钢丝绳其安全系数一般不

小于( )。
A. 10~12；8　　B. 10~12；10　　C. 8；5　　D. 3.5；10
【答案】A

模拟题4 千斤顶的使用要求包括( )。
A. 垂直使用，水平使用时应支撑牢固
B. 顶部应有足够的支撑面积
C. 作用力应通过承压中心
D. 升降时不得随时调整保险垫块高度
E. 多台同时顶升时，可采用各种规格型号的千斤顶
【答案】ABC

模拟题5 起重工程中常用的是( )起重滑车。
A. HQ 系列　　B. Y 系列　　C. 工系列　　D. M 系列
【答案】A

模拟题6 起重滑车吊装时，动、定滑轮的最小距离不得小于滑轮轮径的( )倍。
A. 2　　B. 3　　C. 5　　D. 8
【答案】C

模拟题7 滑轮组穿绕跑绳的方法有( )。
A. 多抽头穿　　B. 双抽头穿　　C. 花穿　　D. 顺穿
E. 逆穿
【答案】BCD

模拟题8 选用卷扬机的主要参数有( )。
A. 额定牵引拉力　B. 功率　　C. 卷筒容绳量　　D. 速比
E. 钢丝绳直径
【答案】AC

模拟题9 使用卷扬机吊装时，余留在卷筒上的钢丝绳不得少于( )圈。
A. 2　　B. 3　　C. 4　　D. 5
【答案】D

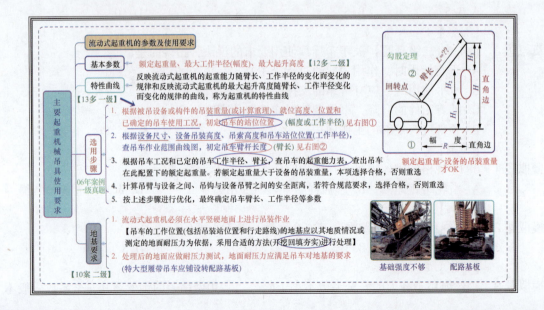

【解析】（1）基本参数一般选择题的考点；（2）选用步骤和地基处理既可以考选择题，也可以是案例分析题。例如：

真题1　【13多 一级真题】吊装某台设备，依据起重机特性曲线确定其臂长时，需考虑的因素有(　　)。
A. 设备重量
B. 设备尺寸
C. 设备就位高度
D. 吊索长度
E. 吊车工作幅度
【答案】BCDE

真题2　【10案 二级真题】2. 起重机的站立位置的地基应如何处理？
【解析】应做耐压力测试，地面耐压力应满足吊车对地基的要求。

真题3　【06案 一级真题】针对汽车吊试吊中出现倾斜事件，根据汽车吊特性曲线，应如何进行调整？
【解析】因为提到了特性曲线，所以出现倾斜事件后，调整就是按照"选用步骤"1～5重选。

模拟题1　流动式起重机的基本参数包括(　　)。
A. 最大变幅
B. 额定起重量
C. 回转和起吊速度
D. 最大工作半径
E. 最大起升高度
【答案】BDE

模拟题2　选用流动式起重机时，主要是根据(　　)。
A. 起重机的吊装特性曲线图表
B. 起重机卷扬的最大功率
C. 起重机的行走方式
D. 起重机吊臂的结构形式
【答案】D

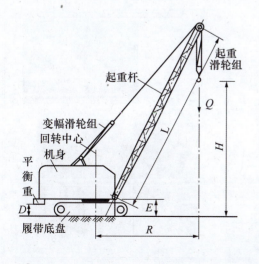
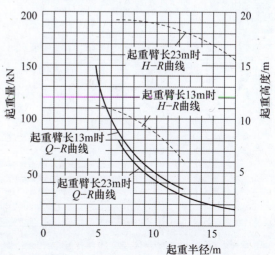

流动式起重机的特性曲线

吊车的起重能力表

序号	制造厂商	型号	最大起重量 t	最大回转半径 m	外形尺寸 全长 m	外形尺寸 全宽 m	外形尺寸 全高 m	最小臂长 m	主臂全长 m	主+副臂长 m
1	中国上建厂	W1001	15	225	5.3025	32	4.17	13	30	
2	日本日立建机	KH100	30	30	5.705	3.25	4.55	10	37	31+9
3	日本日立建机	KH180	50	34	6.745	4.3	5.47	13	52	43+15.25
4	中国抚顺	KH180-3	50	34	7.0	4.3	5.2	13	52	43+15.25
5	日本日立建机	KH300	80	38	6.24	3.34	3.68	13	52	43+9.15
6	日本日立建机	KH700	150	56	8.010	3.34	3.68	18	81	
7	日本日立建机	KH1000	200		11.88	7.07		15	93	78+31
8	德国利勃海尔	LR1280	280	90	17.4	7.5	4.7	20	93.2	60.8+59
9		Demug CC8800	1250	25						

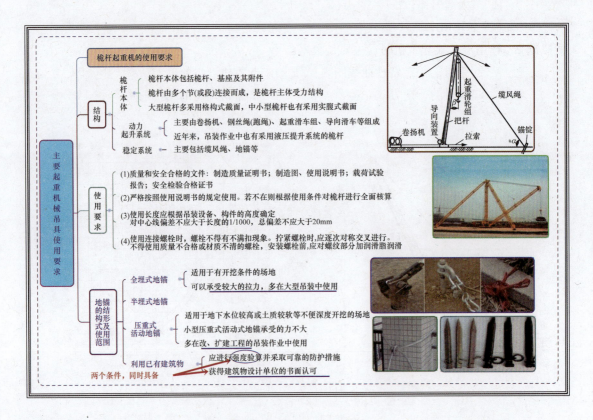

【解析】 选择题考点，但是目前没有出过考题，建议直接记忆，不用深究，例如：

模拟题 1 施工中，若利用已有建筑物做地锚时，应进行(   )。
   A. 稳定性验算　　　　　　　　B. 强度验算
   C. 刚性验算　　　　　　　　　D. 抗拉试验
   【答案】B

2H312022　常用的吊装方法和吊装方案的选用原则

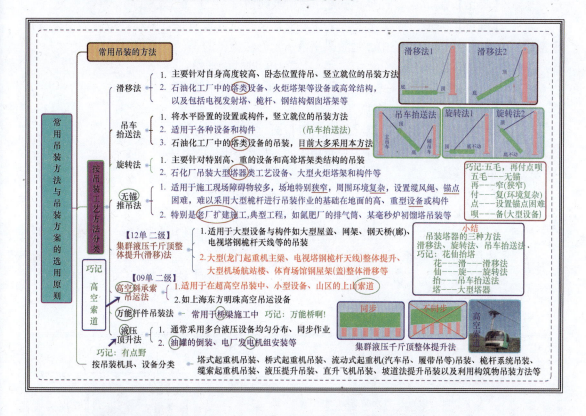

【解析】对吊装工艺方法分类的八种吊装方法，只需记住它们各自的适用范围以及典型举例，常考选择题，可以正反出题，建议直接记忆，例如：

真题 1 【12单 二级真题】大型龙门起重机设备吊装，宜选用的吊装方法是(   )。
   A. 旋转吊装法　　　　　　　　B. 超高空斜承索吊运设备吊装法
   C. 计算机控制集群千斤顶整体吊装法　D. 气压顶升法
   【答案】C

真题 2 【09单 二级真题】在山区的上山索道吊运设备多使用(   )。
   A. 滑移吊装法　　　　　　　　B. 超高空斜承索吊装
   C. 万能杆件吊装法　　　　　　D. 旋转吊装法
   【答案】B
   【解析】老版教材称为超高空斜承索吊装，新版教材称为高空斜承索吊运法。巧记：高空索道。

模拟题 1 目前我国石油化工厂中的塔类设备，普遍采用的吊装方法是(   )。
   A. 滑移法　　　　　　　　　　B. 旋转法
   C. 吊车抬送法　　　　　　　　D. 无锚点推吊法

【答案】C

模拟题2 适用于老厂改造施工现场障碍多、场地狭窄的大、重型罐、塔类设备,宜采用的吊装方法是( )。
A. 施移法　　　　　　　　　B. 滑移法
C. 吊车抬送法　　　　　　　D. 无锚点推吊法
【答案】D　　巧记:"五毛,再付点呗!"
【解析】无锚,窄(狭窄)复(环境复杂)点(设置锚点困难)备(大型设备)

模拟题3 下列大型专业设备中,适宜采用液压顶升法施工的是( )。
A. 大型发电机组　　　　　　B. 钢结构烟囱
C. 轧机　　　　　　　　　　D. 回转窑吊装
【答案】A　　巧记:有点野!
【解析】有(油罐)点(发电机组)野(液压顶升)

模拟题4 新建石化厂的大型塔器类设备吊装时,可采用的方法有( )。
A. 滑移法　　　　　　　　　B. 旋转法
C. 液压顶升法　　　　　　　D. 无锚点推吊法
E. 吊车抬送法
【答案】ABE　可以吊装大型塔器的方法有三种:滑移法、旋转法、吊车抬送法
巧记:花仙抬塔
【解析】花——滑——滑移法　仙——旋——旋转法　抬——吊车抬送法
塔——大型塔器

【解析】可出选择题和案例分析题，主要以记忆背诵为主，达到默写程度，例如：

真题1 【08多 二级真题】1000m³球形液化罐吊装方案编制的主要依据是( )。
A. 有关规程、规范　　　　B. 施工场地
C. 球罐的设计图纸　　　　D. 施工图预算
E. 施工组织设计
【答案】ABCE

真题2 【08案 二级真题】A安装公司承包了某六层商业中心的空调工程，合同订立后，A公司编制了空调工程的施工组织设计，热泵机组采用汽车式起重机吊装，该吊装工作分包给B安装公司。B公司依据空调工程的施工组织设计和国家规范标准编制了热泵机组的吊装方案。
问题：B公司编制热泵机组吊装方案依据是否完整？如不完整请补充。
【解析】根据背景可知，方案依据少了：
（1）施工现场情况；
（2）热泵设备的技术文件；
（3）合同规定的规范标准。

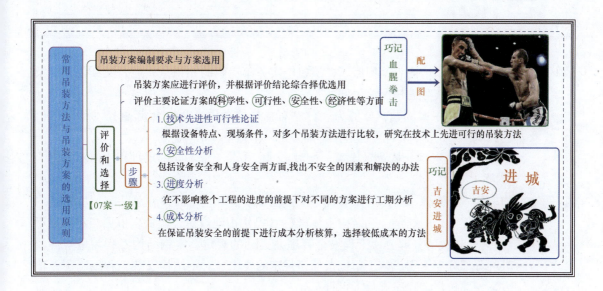

【解析】可出选择题，也可出案例分析题，主要以记忆背诵为主，达到默写程度，例如：

真题1 【07案 一级真题】简述吊装方法的选用原则和步骤。
【解析】（按新教材回答）吊装方法的选用步骤：
（1）技术先进性可行性论证；（2）安全性分析；（3）进度分析；（4）成本分析
巧记：吉安进城——技安进成 （每个点的第一个字）
（意思是：吉安常年待在乡下，如今存了些钱，终于到了向往已久的城市里遛遛了！）

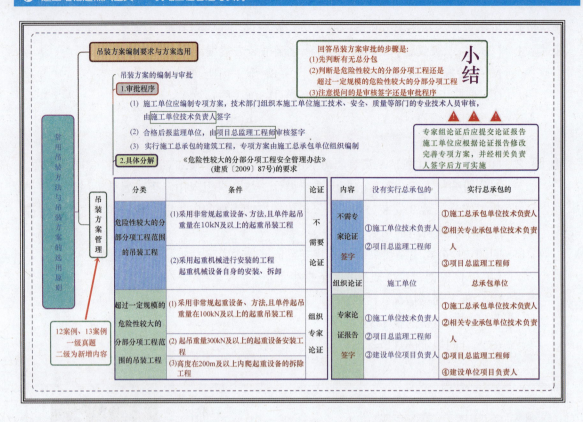

【解析】 此部分属于新增内容，照搬了一级机电实务第三版的知识点，但是又细化了，根据一级机电实务的情况，可知：

1. 2013年出了案例题，分值为5分左右，总的来说，2013年起重技术部分分值达到了11分，可以判断起重技术部分是一个很重要的考点；

2. 需要结合案例分析背景作答，针对不同的吊装工程不同的审批程序由不同的人签字。

真题1 【13案 一级、二级真题】某机电工程施工单位承包一项设备总装配厂房钢结构安装工程。合同约定，钢结构主体材料H型钢由建设单位供货。根据住建部关于《危险性较大的分部分项工程安全管理办法》的规定，本钢结构工程为危险性较大的分部分项工程。施工单位按照该规定的要求，对钢结构安装工程编制了专项方案，并按规定程序进行了审批。

问题：专项方案实施前应由哪些人审核签字？（注：问的是谁签字？）

【解析】 针对危险性较大的分部分项工程，应单独编制安全专项的施工方案，应由施工单位技术负责人审批签字，项目总监理工程师审核签字。

真题2 【12案 一级、二级真题 节选】A施工单位总承包某石油库区改扩建工程，主要工程内容包括：

建筑18m跨度钢混结构厂房和安装1台32t桥式起重机；

A施工单位把厂房建造和桥式起重机安装工程分包给具有相应资质的B施工单位。

事件：B施工单位编制了用桅杆系统吊装32t桥式起重机吊装方案，由B单位技术总负责人批准后实施。

问题：32t 桥式起重机吊装方案的审批程序是否符合规定要求？说明理由。（注：问的是审批程序）

【解析】（1）不符合规定要求。

（2）理由是：因为用桅杆系统吊装 32t 桥式起重机吊装属于超过一定规模的危险性较大的分部分项工程范围的吊装工程，所以 B 施工单位编制专项方案后，报监理，由项目总监理工程师签字。由总承包 A 单位组织召开专家论证会。

模拟题1 【案例 2H320030-3】教材 P167 北方某公司投资建设一蜡油深加工工程，经招标，由 A 施工单位总承包。其中，A 施工单位将单位工程压缩机厂房及其附属机电设备、设施分包给 B 安装公司。蜡油工程的关键静设备 2 台加氢裂化反应器，各重 300t，由制造厂完成各项检验试验后整体出厂，A 施工单位现场整体安装。压缩机厂房为双跨网架顶结构，房顶有一台汽液交换设备。B 安装公司拟将网架顶分为 4 片，每片网架重 12t，在地面组装后采用滑轮组提升、水平移位的方法安装就位；房顶汽液交换器重量 10t，采用汽车起重机吊装。

问题：B 安装公司分包的工程中，有哪些方案属于危险性较大的专项工程施工方案？这些方案应如何进行审核和批准？

【解析】网架吊装安装施工方案、汽液交换器吊装施工方案属于危险性较大的专项工程施工方案，其中网架吊装安装施工方案中，网架吊装是采用非常规起重设备、方法，且单件起吊重量在 100kN（相当于 10t）及以上的起重吊装工程，属于超过一定规模的危险性较大的专项工程。汽液交换器吊装施工方案由 B 安装公司技术部门组织审核，单位技术负责人签字，然后报监理单位，由项目总监理工程师审核签字。网架吊装安装施工方案还应由总承包 A 施工单位组织召开专家论证会。

模拟题2 吊装工程专项方案专家论证会应由（　　）组织召开。

A. 建设单位　　　　　　　B. 施工总承包单位
C. 相关专业承包单位　　　D. 监理单位

【答案】B

模拟题3 起吊重量在（　　）以上应提交专业方案论证报告。

A. 100t　　　B. 200t　　　C. 300t　　　D. 400t

【答案】C

模拟题4 实行总承包的情况下，施工单位根据专家论证报告修改完善的专项方案，实施前还应经（　　）签字确认。

A. 总包单位技术负责人　　　　C. 项目总监理工程师
B. 相关专业承包单位技术负责人　　D. 建设单位项目负责人
E. 论证专家代表

【答案】ABCD

2H312030 机电工程焊接技术

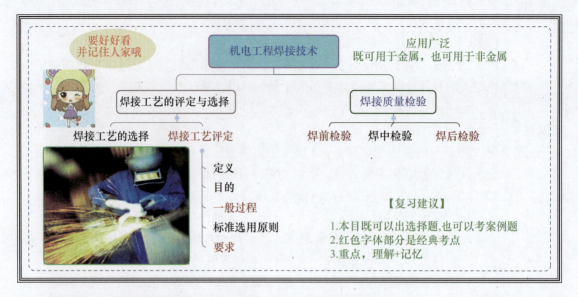

2H312031 焊接工艺的选择与评定

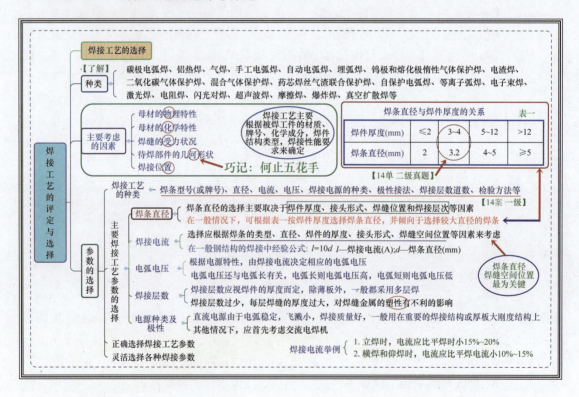

【解析】此部分一般是选择题的考点,不过2014年一级机电实务在这里出了案例题,直接记忆,不用深究,例如:

真 题 1 【14单 二级真题】一般情况下,焊接厚度为3.5mm的焊件,选用的焊条直径是(　　)。

　　　A. 2mm　　　　　　B. 3.2mm　　　　　　C. 4mm　　　　　　D. 5mm

【答案】B

真 题 2 【14案 一级真题】焊接工艺评定时，应制定哪些焊接工艺参数？

【解析】焊接工艺参数：焊条型号、直径、电流、电压、焊接电源种类、极性接法、焊接层数、道数、检验方法等。

模拟题 1 一般情况下，焊条直径可按焊件厚度进行选择。某储罐罐底板厚度为6mm，宜选用直径为（　　）mm 的焊条。

A. 2　　　　　　B. 3.2　　　　　　C. 4　　　　　　D. 5

【答案】C

模拟题 2 在选择确定焊接电流的大小时，应考虑的最为关键的因素是（　　）。

A. 焊条直径　　　B. 接头形式　　　C. 焊件的厚度　　　D. 焊接层数

E. 焊缝空间位置

【答案】AE

模拟题 3 焊接层数根据焊件的厚度确定，中、厚板一般都采用多层焊。焊接层数过少，每层焊缝的厚度过大，对焊缝金属的（　　）有不利的影响。

A. 强度　　　　　B. 外观成型　　　C. 变形　　　　　D. 塑性

【答案】D

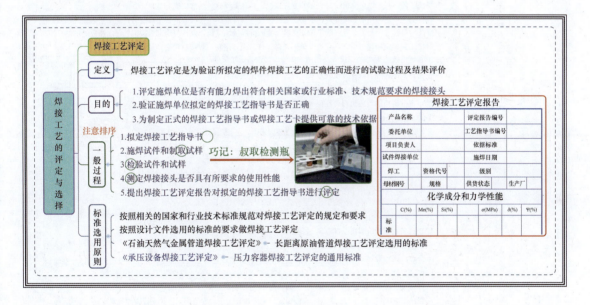

【解析】 一般考查选择题，尤其是（一般过程的）正确排序，直接记忆，无需深究，例如：

模拟题 1 焊接工艺评定的目的有（　　）。

A. 验证施焊单位拟定的焊接工艺指导书的正确性

B. 对母材的焊接性能进行评定

C. 评定施焊单位的能力

D. 验证施焊单位焊工的水平

E. 为制定正式的焊接工艺指导书提供技术依据

【答案】ACE

模拟题2 焊接工艺评定应按照拟定的(   )的要求，进行施焊试件、制取试样、检验试件试样等工作。
　　A．焊接工艺指导书　　　　　　B．焊接工艺规程
　　C．焊接作业指导书　　　　　　D．焊接工艺评定指导书
　　【答案】A

模拟题3 在工程实践中，焊接工艺评定的标准应根据产品、施工项目性质和行业的不同，按照设计文件的要求选用合适的标准。通常，压力容器焊接工艺评定的通用标准是(   )。
　　A．《石油天然气金属管道焊接工艺评定》
　　B．《承压设备焊接工艺评定》
　　C．《钢结构焊接规程》
　　D．《现场设备、工业管道焊接工程施工及验收规范》
　　【答案】B

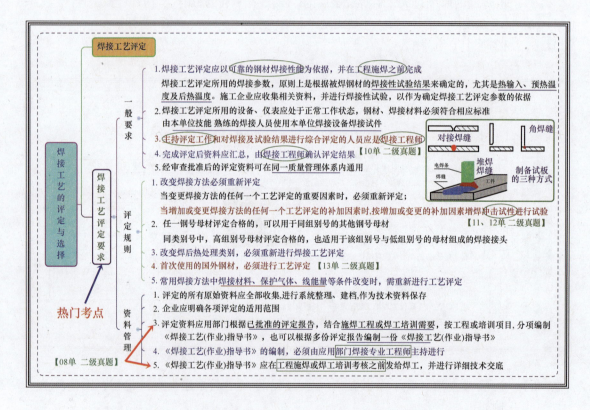

【解 析】此部分是重点，既可以出选择题，又可以出案例分析题，但是一般常考选择题，建议理解+记忆，例如：

真 题 1 【13单 二级真题】下列钢材中，需进行焊接性试验是(   )
　　A．国内小钢厂生产的 20#钢材
　　B．国内大型钢厂新开发的钢材
　　C．国外进口的 16Mn 钢材
　　D．国外进口未经使用，但提供了焊接性评定资料的钢材

【答案】B

真题2 【10单 二级真题】主持焊接工艺评定的人员应是(　　)。
A. 试验工程师　　B. 焊接工程师　　C. 焊接技师　　D. 质量工程师
【答案】B

真题3 【11单 二级真题】当变更焊接方法的任何一个工艺评定的补加因素时，按变更的补加因素增焊(　　)试件进行试验。
A. 弯曲　　B. 冲击　　C. 金相　　D. 拉伸
【答案】B

真题4 【12单 二级真题】当增加焊接工艺评定的补加因素时，按增加的补加因素增焊(　　)试件进行试验。
A. 拉伸　　B. 冲击　　C. 弯曲　　D. 剪切
【答案】B

模拟题1 焊接工艺评定应在工程施焊前完成，并应以可靠的(　　)为依据。
A. 焊接工艺　　B. 焊接技术　　C. 钢材焊接性能　　D. 焊接材料性能
【答案】C

模拟题2 焊接工艺评定所用的焊接参数原则是根据被焊钢材的(　　)来确定的。
A. 焊接性试验结果　　B. 化学成分含量　　C. 理化性能参数　　D. 金相组织结构
【答案】A

模拟题3 用于焊接工艺评定试板的焊接设备，只能在(　　)焊接设备范围内选取。
A. 压力容器专用　　　　　　B. 本单位
C. 焊接工艺评定专用　　　　D. 焊接产品
【答案】B

模拟题4 根据被焊钢材的焊接性试验结果来确定的焊接工艺评定所用的焊接参数有(　　)。
A. 焊接环境温度　　B. 热输入　　C. 预热温度　　D. 后热温度
E. 层间温度
【答案】BCD

模拟题5 经审查批准后的焊接工艺评定资料可在(　　)内通用。
A. 集团公司　　　　　　　　B. 评定单位
C. 同一质量管理体系　　　　D. 特定产品范围
【答案】C

模拟题6 下面所列焊接工艺评定因素发生改变时，必须重新进行工艺评定的有(　　)。
A. 常用焊接方法中焊接材料改变
B. 首次使用的某钢号母材，其同组别号中有一种钢号母材评定合格
C. 改变焊接方法　　　　　　D. 改变焊后热处理类别
E. 首次使用国外钢材
【答案】ACDE

模拟题7 《焊接工艺指导书》应根据(　　)编制。
A. 已批准的焊接工艺评定报告　　B. 钢材焊接性试验结果
C. 焊工的实际操作技能水平　　　D. 施焊工程需要

E. 焊工培训需要

【答案】ADE

模拟题8 焊接工艺评定资料和《焊接工艺指导书》的管理要求有(　　)。

A. 企业应明确各项评定的适用范围

B. 评定的所有原始资料应全部收集、整理、建档

C. 一份《焊接工艺指导书》只能依据一份焊接工艺评定报告编制

D. 必须由应用部门焊接专业工程师主持进行编制

E. 《焊接工艺指导书》应在焊工培训考核前发给焊工

【答案】ACDE

2H312032　焊接质量的检验方法

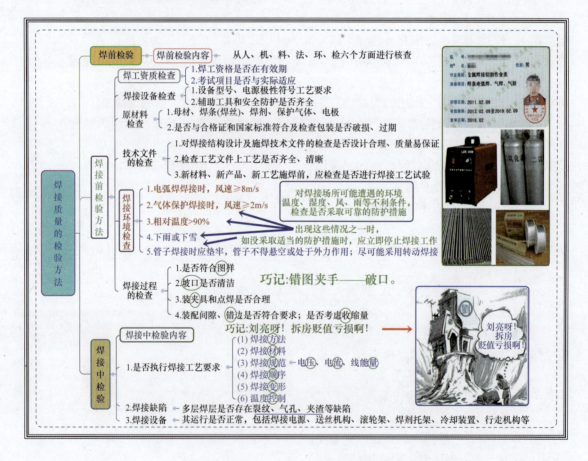

【解析】焊前检验是一个很重要的环节，即第二章质量控制的事前控制，既可以单独抽出某一个点来出考选择题，也可以出案例题，而焊中检验虽然没有出过考题，但是也要求掌握，建议理解+记忆，例如：

真题1【09单 二级真题】如没有采取适当防护措施，则应立刻停止焊接作业的情况是(　　)。

A. 环境相对湿度达80%　　　　　　　　B. 采用电弧焊焊接，风速达到6m/s

C. 采用CO_2气体保护焊，风速达到2m/s　　D. 天气酷热，阳光下地表温度达38℃

真 题 2 【11 单 二级真题】当采用电弧焊焊接,环境风速达到( )m/s 时,就应采取适当的防护措施。

A. 4　　　　　　B. 6　　　　　　C. 8　　　　　　D. 10

【答案】C

模拟题 1　焊前对焊工重点审查的项目是( )。

A. 年龄　　　　B. 焊接资格　　　C. 技术等级　　　D. 文化程度

【答案】B

模拟题 2　焊接施工前,应对原材料进行检查,应检查的原材料有 ( )。

A. 母材　　　　B. 焊炬　　　　　C. 焊条　　　　　D. 保护气体

E. 电缆

【答案】ACD

模拟题 3　下列选项中,对焊接质量没有直接影响的环境因素是( )。

A. 风速　　　　B. 噪声　　　　　C. 温度　　　　　D. 湿度

【答案】B

模拟题 4　焊接检验包括焊前检验、焊接中检验和焊后检验。下列选项中属于焊接中检验的是( )。

A. 射线检测　　　　　　　　　　B. 焊接原材料检查

C. 焊接环境检查　　　　　　　　D. 多层焊接层间缺陷的检查及清除

【答案】D

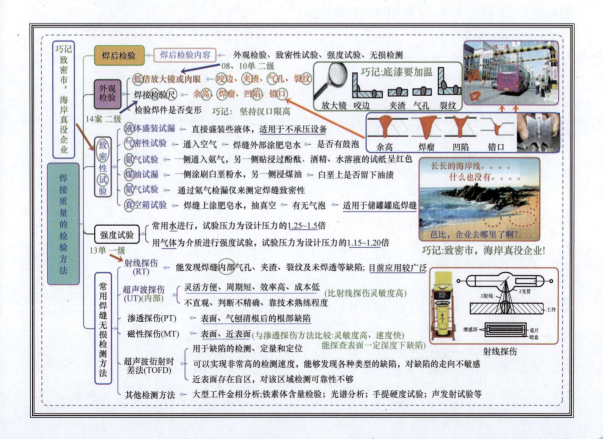

【解 析】焊后检验这个知识点是个高频考点，在2014年以前都是出的选择题，但是2014年出了案例分析题，因此建议理解+记忆，例如：

真 题 1【14案 二级真题】用焊接检验尺主要检查焊缝可能存在哪些缺陷？

真 题 2【10单 二级真题】利用低倍放大镜观察焊缝表面，目的是检查焊缝是否有（　　）等表面缺陷。
　　A. 余高　　　　B. 气孔　　　　C. 焊瘤　　　　D. 凹陷
　　【答案】B

真 题 3【08单 二级真题】球罐焊缝的余高、焊瘤、凹陷、错口等外观缺陷，一般用（　　）测量。
　　A. 钢板尺　　　B. 焊接检验尺　　C. 卡尺　　　　D. 低倍放大镜
　　【答案】B

真 题 4【11多 一级真题】焊接完成后，对焊缝质量的致密性试验可以选用的方法有（　　）。
　　A. 强度试验　　B. 气密性试验　　C. 煤油试漏　　D. 超声波检测
　　E. 氨气试验
　　【答案】BCE

真 题 5【13单 一级真题】常用的焊缝无损检测方法中，适合于焊缝内部缺陷检测的方法是（　　）。
　　A. 射线探伤　　B. 涡流探伤　　C. 磁性探伤　　D. 渗透探伤
　　【答案】A

模拟题 1 下列选项中，不属于焊后检验的是（　　）。
　　A. 装配组对检验　B. 外观检验　　C. 射线检测　　D. 致密性试验
　　【答案】A

模拟题 2 下列焊缝外观检查项目中，无需用焊接检验尺进行检查测量的是（　　）。
　　A. 余高　　　　B. 凹陷　　　　C. 错口　　　　D. 夹渣
　　【答案】D

模拟题 3 焊缝外观检验的检查项目有（　　）。
　　A. 咬边　　　　B. 凹陷　　　　C. 未焊透　　　D. 错口
　　E. 未融合
　　【答案】ABD

模拟题 4 下面所列的检验方法中，属于致密性试验方法的有（　　）。
　　A. 液体盛装试漏　B. 真空箱试验　　C. 磁粉探伤　　D. 焊接检验尺测量
　　E. 煤油试漏
　　【答案】ABE

模拟题 5 大型储罐罐底焊缝的致密性试验，应采用的方法是（　　）。
　　A. 充水试验　　B. 氨气试验　　C. 真空箱试验　　D. 煤油试漏
　　【答案】C

模拟题 6 液压强度试验常用洁净水进行，试验压力为（　　）的1.25~1.5倍。
　　A. 设计压力　　B. 操作压力　　C. 公称压力　　D. 额定工作压力
　　【答案】A

模拟题7 工程上,焊接后用气体为介质进行强度试验时,试验压力一般定为设计压力的( )倍。

A. 1.05　　　　B. 1.1　　　　C. 1.15~1.20　　　　D. 1.25~1.5

【答案】C

模拟题8 超声波探伤与射线探伤相比较的下列说法中,不正确的是( )。

A. 灵敏度高　　B. 显示缺陷直观

C. 灵活方便　　D. 受探伤人员经验和技术熟练程度影响较小

【答案】D

模拟题9 磁性探伤与渗透探伤相比较的下列说法中,正确的是( )。

A. 方便对工卡具铲除的表面检查　　B. 灵敏度差

C. 主要用于检查坡口表面　　D. 能探查表面一定深度下缺陷

【答案】D

模拟题10 适合于焊缝内部缺陷的无损检测方法有( )。

A. 射线探伤　　B. 渗透探伤　　C. 超声波探伤　　D. 磁性探伤

E. 涡流探伤

【答案】AC

2H313000　工业机电工程施工技术

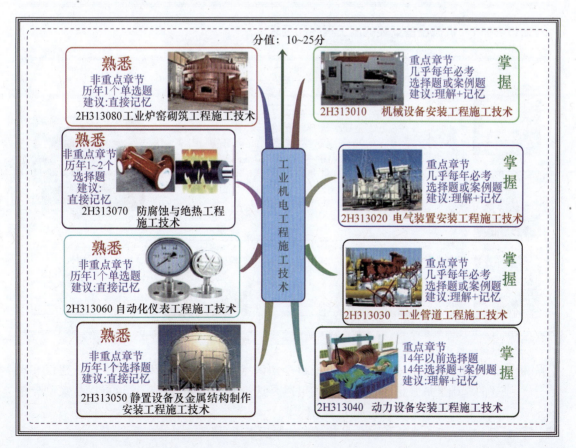

2H313010 机械设备安装工程施工技术

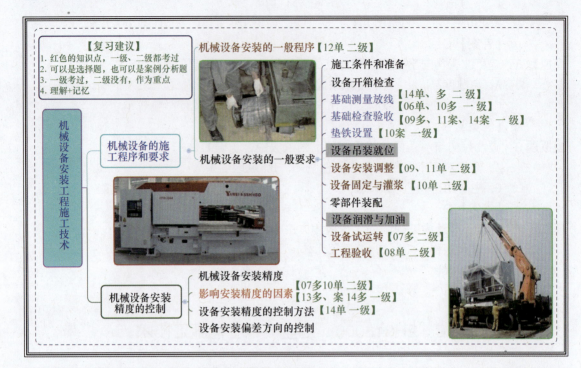

2H313011 机械设备安装的施工程序和要求

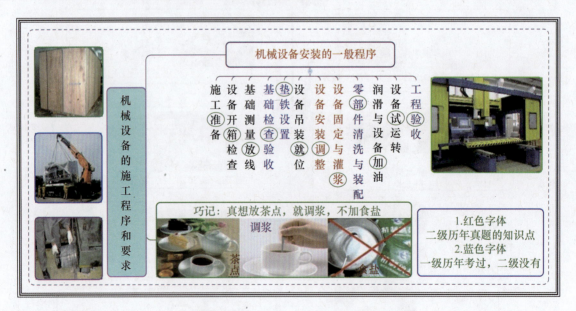

【解析】施工程序就像是一根绳子一样把每个知识点串在一起，所以比较关键，建议在理解的基础上加强记忆，出题方式可以是选择题，比如排序题；也可以是案例分析题，比如编制一套设备制定施工程序。

真题1【12单 二级真题】设备吊装就位的紧后工序是( )。

A. 设备清洗　　　B. 设备灌浆　　　C. 设备安装调整　　D. 垫铁安装

【答案】C

模拟题1　按照机械设备安装的一般程序，下列工序中顺序正确的是(　　)。

A. 基础检查验收—设备吊装就位—垫铁设置—设备安装调整—设备固定与灌浆

B. 基础检查验收—垫铁设置—设备吊装就位—设备安装调整—设备固定与灌浆

C. 设备吊装就位—基础检查验收—垫铁设置—设备安装调整—设备固定与灌浆

D. 基础检查验收—垫铁设置—设备吊装就位—设备固定与灌浆—设备安装调整

【答案】B

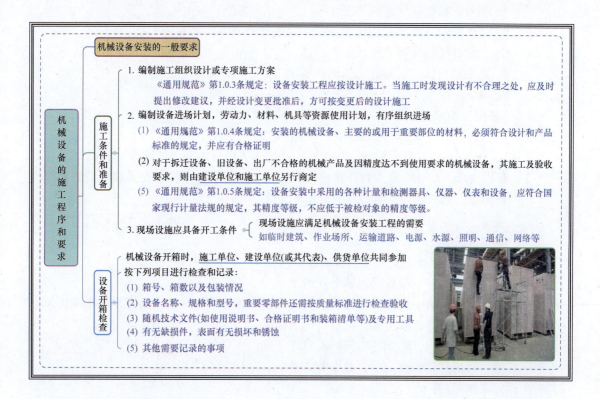

【解析】1. 开工前都需要准备"人、机、料、法、环"，而这个知识点也是这样叙述的，尽管目前还没有出过考题，但是也存在几个重要的知识点，即三个《通用规范》，要求掌握。

2. 开箱检查既是选择题的考点，也是案例分析题的考点（比如说纠错），建议在理解的基础上加强记忆。

模拟题1　对于拆迁设备、旧设备以及因精度达不到使用要求的机械设备，其施工及验收要求，应由建设单位和(　　)另行商定。

A. 施工单位　　　B. 监理单位　　　C. 设计单位　　　D. 设备制造单位

【答案】A

模拟题2　机械设备安装工程开工前，应完成并满足机械设备安装工程开工条件和安装需要的现场设施有(　　)。

A. 施工临时设施　B. 电源　　　C. 安全预防措施　D. 作业场所

E. 施工运输道路

【答案】ABDE

模拟题3 机械设备交付现场安装前，应进行开箱检查，设备开箱时应参加的单位、部门（或其代表）有(　　)。

A. 建设单位　　　B. 设计单位　　　C. 施工单位　　　D. 质量监督部门

E. 设备供货单位

【答案】ACE

模拟题4 机械设备开箱检查时，应进行检查和记录的项目有(　　)。

A. 箱号、箱数以及包装情况

B. 随机技术文件（如使用说明书、合格证明书等）及专用工具

C. 到货日期记录和运输日志

D. 有无缺损件，表面有无损坏和锈蚀

E. 报价清单

【答案】ABD

模拟题5 【背景节选】【案例2H320080-2】教材P217。

压缩机在运行过程中检查，压缩机振动较大，机身内润滑油温度达到82°C，超过规定要求。在分析原因和查找相关资料和文件过程中，没有查到该机组的开箱检查记录，也未找到压缩机的随机技术文件。

问题：背景说明压缩机机组没有进行开箱检查，指出机械设备开箱检查的检查内容和参加单位。

【解析】1. 机械设备开箱检查的检查内容：

（1）检查箱号、箱数及包装外观情况；

（2）按装箱清单核对设备进行清点，检查设备有无缺件、表面有无损坏或锈蚀；

（3）重要零部件按质量标准进行检查验收；

（4）清点随机技术文件、资料及专用工具；

（5）形成开箱检查记录，参加各方签字。

2. 参加单位：

（1）由施工单位（或施工总承包方）负责；

（2）建设单位（或业主）代表；

（3）供货商单位。

模拟题6 【背景节选】【案例2H320040-2】教材P175。

某机电安装公司项目部承建某工程机电安装任务，建设单位将一台进口高压输油泵和一台滤油器直接交该公司项目部保管，交接时，进行了设备清点、检查。输油泵安装时，没有找到说明书和相关技术文件，查看验收记录没有记载，建设单位也说没有收到，只好向外方索要，寄回的全部是外文资料，严重影响了工期。

问题：建设单位和项目部对设备开箱验收时只是清点、检查有何不妥？

【解析】建设单位与项目部对设备进行交接时只按箱内物件进行清点、检查是不够的，还应按照装箱清单核对实物，看是否有缺件、错供现象。

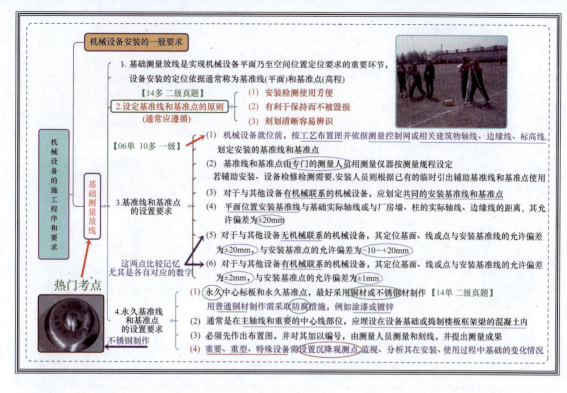

【解析】 选择题考点，直接记忆，无需深究，例如：

真题1 【14单 二级真题】设备安装工程的永久基准点使用的材料，最好采用（ ）。
　　　A. 钢铆钉　　　　　　　　B. 木桩
　　　C. 普通角钢　　　　　　　D. 铜棒
　　　【答案】D

真题2 【14多 二级真题】机械设备安装设定基准线和基准点应遵循的原则有（ ）。
　　　A. 安装检测使用方便　　　B. 有利于保持而不被摧毁
　　　C. 不宜设在同一基础上　　D. 关联设备不应相互采用
　　　E. 刻划清晰内容易识别
　　　【答案】AE

真题3 【10多 一级真题】划定机械设备安装基准线的依据有（ ）。
　　　A. 设备中心线　　　　　　B. 设备布置图
　　　C. 土建单位提供的标高线　D. 工艺系流原理图
　　　E. 有关建筑物的边缘线
　　　【答案】BCE

真题4 【06单 一级真题】设备基础定位放线可依据（ ）和有关建筑物的轴线、边沿线及标高线，划定安装基准线。
　　　A. 设备布置　　　　　　　B. 工艺流程
　　　C. 设备装配　　　　　　　D. 土建施工
　　　【答案】A

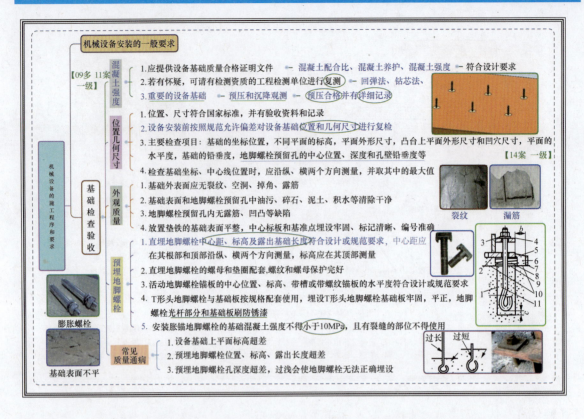

【解析】设备基础检查验收这部分二级以前出过考题，但是现在有改动，一级考了三次（截至 2014 年），可出选择题，也可以出案例分析简答题，例如：

真 题 1 【14 案 一级真题】地脚螺栓孔应检查验收哪些内容？

【解析】基础的铅垂度，地脚螺栓预留孔的中心位置、深度和孔壁铅垂度等。

真 题 2 【09 多 一级真题】验收施工单位提供的设备基础混凝土强度的质量合格证明书，主要检查（　　）是否符合设计要求。

A．强度　　　　B．水泥　　　　C．配合比　　　　D．砂石

E．养护

【答案】ACE

真 题 3 【11 案 一级真题】【背景节选】A 公司在设备基础位置和几何尺寸及外观、预埋地脚螺栓验收合格后，即开始了 4000t 压机设备的安装工作。因查验 4000t 压机设备基础验收资料不齐，项目监理工程师又下发了暂停施工的"监理工作通知书"。

问题：对 4000t 压机基础验收时还应提供哪些合格证明文件和详细记录？

【解析】应提供：

（1）设备基础质量合格证明文件，检查混凝土配合比、混凝土养护、混凝土强度是否符合设计要求；若对设备基础的强度有怀疑，可请有检测资质的工程检测单位，采用回弹法或钻芯法等对基础的强度进行复测；

（2）预压强度试验记录、预压沉降详细记录；

（3）设备基础的位置、几何尺寸、外观质量的验收资料或记录。

模拟题 1　如果对设备基础的强度有怀疑，可请有检测资质的工程检测单位，采用（　　）对

基础的强度进行复测。
A. 破坏性试验法 B. 回弹法 C. 标准法 D. 钻芯法
E. 辅助工具法
【答案】BD

模拟题2 设备安装前，应按照规范对设备基础的(   )进行复检验收。
A. 混凝土强度 B. 位置 C. 平整度 D. 几何尺寸
E. 混凝土配比
【答案】BD

模拟题3 预埋地脚螺栓的(   )应符合施工图的要求。
A. 标高 B. 位置 C. 数量 D. 几何尺寸
E. 露出基础的长度
【答案】ABE

模拟题4 安装胀锚地脚螺栓的基础混凝土强度不得小于(   )MPa。
A. 8 B. 10 C. 12 D. 15
【答案】B

模拟题5 下列属于设备基础常见质量通病是(   )。
A. 混凝土强度不够 B. 混凝土配比不正确
C. 基础中心线偏差过大 D. 基础上平面标高超差
【答案】D

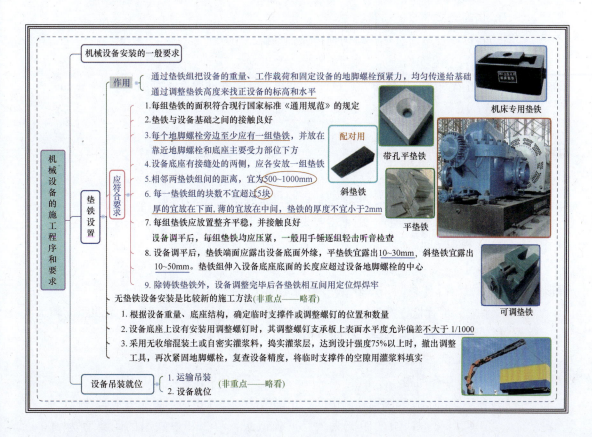

【解 析】 垫铁设置对于设备安装稳定性起着关键性作用，逐条都要记忆，尤其是数字要准确记忆。这部分是经典考点，可出选择题和案例分析题，比如纠错题，例如：

真题1【08多 二级真题】燃气发电机安装过程中，布置在设备和基础之间每组垫铁可以为( )块。

A. 2　　　　B. 3　　　　C. 4　　　　D. 5

E. 6

【答案】ABCD

真题2【10案 一级真题】【背景节选】制订安装质量保证措施和质量标准，其中对关键设备球磨机的安装提出了详尽的要求：在垫铁安装方面，每组垫铁数量不得超过6块，平垫铁从下至上按厚薄顺序摆放，最厚的放在最下层，最薄的放在最顶层，安装找正完毕后，最顶层垫铁与设备底座点焊牢固以免移位。

问题：纠正球磨机垫铁施工方案中存在的问题。

【解析】存在的问题有：(1) 每组垫铁总数不得超过5块；(2) 最薄的一块垫铁应放在中间；(3) 垫铁之间应点焊牢固；(4) 垫铁不得与设备底座点焊。

模拟题1 设备垫铁的作用是( )。

A. 使设备安装达到设计要求的水平度和标高

B. 增加设备的稳定性

C. 防止设备水平位移

D. 提高二次灌浆的质量

E. 将设备重量通过垫铁均匀地传递到基础

【答案】ABE

模拟题2 每一组垫铁组的块数不宜超过( )块，且垫铁的厚度不宜小于( ) mm。

A. 3，1　　　B. 4，2　　　C. 5，2　　　D. 5，3

【答案】C

模拟题3 除铸铁垫铁外，设备调整完毕后，各垫铁( )。

A. 进一步楔紧，但不得点焊

B. 相互之间不得点焊，但顶部垫铁与设备底座应点焊牢固

C. 相互之间点焊牢固，但不得与设备底座点焊

D. 除相互之间点焊牢固外，与设备底座也应点焊牢固

【答案】C

模拟题4【背景节选】【案例2H320050-2】见教材P184。

设备安装工程检查发现垫铁组放在地脚螺栓的中间，相邻两垫铁组的距离较大，有的机泵纵向两地脚螺栓孔间距超过1m，中间没有垫铁。

问题：垫铁的安装存在什么问题？如何解决？

【解析】存在问题：

(1) 垫铁组放在地脚螺栓的中间。正确做法：垫铁组应尽量靠近地脚螺栓。

(2) 两相邻垫铁组的距离太大。正确做法：两相邻垫铁组的距离宜为500～

1000mm，应重新按照规范要求调整设备垫铁。

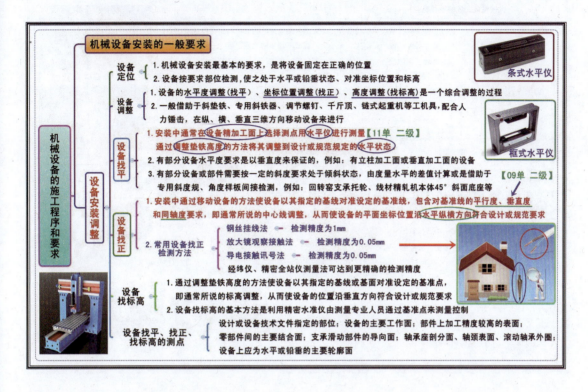

【解析】选择题的考点，理解+记忆，例如：

真题1 【09单 二级真题】设备安装中，将其纵向中心线和横向中心线与基准线的偏差控制在设计允许范围内的调整称为（　　）。

　　A. 找平　　　　B. 找标高　　　C. 找中心　　　D. 找正

【答案】D

真题2 【11单 二级真题】机械设备找平，用水平仪测量水平度，检测应选择在（　　）。

　　A. 设备的精加工面上　　　　　　B. 设备机座底线

　　C. 设备外壳廓线上　　　　　　　D. 设备基础平面上

【答案】A

模拟题1 机械设备安装中进行水平度调整（找平），通常在设备精加工面上选择测点用（　　）进行测量。

　　A. 水平仪　　　B. 经纬仪　　　C. 全站仪　　　D. 百分表

【答案】A

模拟题2 机械设备安装找平过程中，将设备调整到设计或规范规定的水平状态的方法是（　　）。

　　A. 千斤顶顶升　B. 调整调节螺钉　C. 调整垫铁高度　D. 楔入专用斜铁器

【答案】C

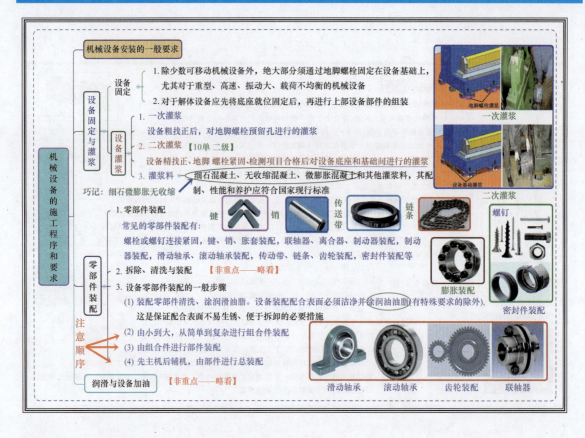

【解析】 选择题的考点，理解+记忆，例如：

真题1 【10单 二级真题】机械设备安装的二次灌浆在( )、地脚螺栓紧固、各项检测项目合格后进行。
A. 设备清洗装配　B. 设备调试　C. 设备试运行　D. 设备找正找平
【答案】D

模拟题1 机械设备灌浆分为一次灌浆和二次灌浆，大型机械设备一次灌浆应在( )进行。
A. 机座就位后　B. 设备粗找正后　C. 设备精找正后　D. 地脚螺栓紧固合格后
【答案】B

模拟题2 机械设备灌浆分为一次灌浆和二次灌浆，一台大型机械设备二次灌浆是对( )进行的灌浆。
A. 地脚螺栓预留孔　　　　　　B. 部分受力地脚螺栓预留孔
C. 垫铁与基础间的空隙　　　　D. 设备底座和基础间
【答案】D

模拟题3 设备灌浆可使用的灌浆料有( )和其他灌浆料。
A. 细石混凝土　B. 无收缩混凝土　C. 微膨胀混凝土　D. 石灰砂浆
E. 中石混凝土
【答案】ABC

模拟题4 在机械设备安装过程时，装配件表面必须洁净并涂抹( )。
A. 防锈油　　B. 润滑油脂　　C. 石蜡　　D. 生产用油脂

【答案】B

模拟题5 在零部件装配时，下列装配顺序错误的是( )。
A. 装配从组合件开始　　　　B. 由组合件装配成部件
C. 由部件进行总装配　　　　D. 先辅机后主机
【答案】D

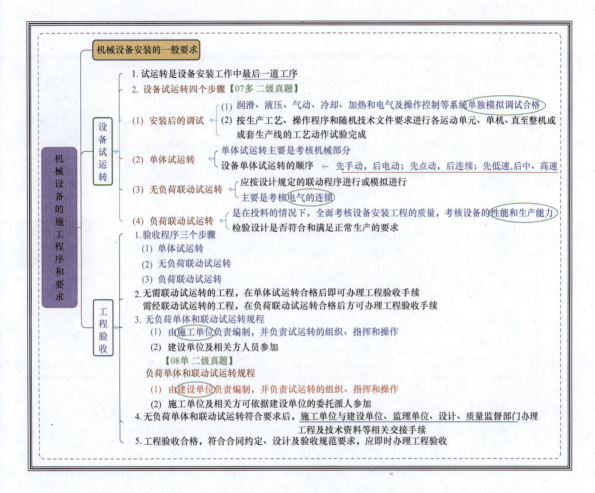

【解 析】选择题的考点，建议以记忆为主，例如：
真题1【07多 二级真题】本工程机械设备试运行分阶段实施，包括( )试运行阶段。
A. 单体无负荷　　B. 单体负荷　　C. 无负荷联动　　D. 负荷联动
E. 单体调试
【答案】ACD

真题2【08单 二级真题】本工程的成套设备带负荷试运转应由( )负责进行。
A. 施工单位　　B. 建设单位　　C. 设计单位　　D. 设备承包商
【答案】B

模拟题1 机械设备无负荷联合试运行由( )组织实行。
A. 施工单位　　B. 监理单位　　C. 建设单位　　D. 制造单位
【答案】A

模拟题 2 单体试运转考核的主要对象是( )。
  A. 机械部分
  B. 生产线或联动机组中各设备相互配合
  C. 生产线或联动机组中各设备按工艺流程的动作程序
  D. 联锁装置
【答案】A

2H313012 机械设备安装精度的控制

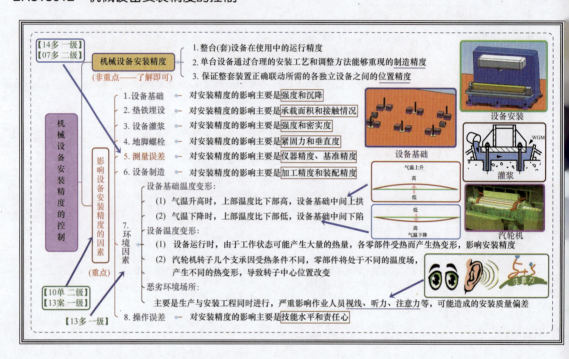

【解 析】影响设备安装精度的因素这个知识点是重点，一级、二级经常在此部分出考题，但是 2014 年第四版的教材在这里有一些改动，和以前的一些真题不一致，不过依然是经典的考点，建议理解+记忆。例如：
  一级 2013 年：多选题（环境因素），案例题（影响导轨安装精度的因素）；2014 年：多选题（测量因素）
  二级 2007 年：多选题（测量因素）；2010 年：单选题（影响机械设备安装精度的因素）

真 题 1【13 案 一级真题】影响导轨安装精度的因素有几个？
  【解析】回答上表中八个标题即可。

模拟题 1 设备基础对机械设备安装精度影响的主要因素是( )。
  A. 基础的外形尺寸不合格　　　B. 基础上平面标高超差
  C. 基础强度不够　　　　　　　D. 预埋地脚螺栓标高超差
【答案】C

模拟题 2 地脚螺栓对安装精度的影响主要是（ ）。
  A. 地脚螺栓紧固力不够　　　　B. 地脚螺栓中心线偏移过大
  C. 地脚螺栓标高超差　　　　　D. 预埋地脚螺栓孔深度不够

【答案】A

模拟题3 环境因素对机械设备安装精度的影响不容忽视。下列环境因素中，不属于影响机械设备安装精度的主要因素是(   )。

A. 基础温度变形   B. 设备温度变形   C. 安装场所湿度大

D. 安装工程处于进行生产的场所影响作业人员视线、听力、注意力

【答案】C

模拟题4 下列关于影响设备安装精度的因素的说法中，错误的是(   )。

A. 设备制造对安装精度的影响主要是加工精度和装配精度

B. 垫铁埋设对安装精度的影响主要是承载面积和接触情况

C. 测量误差对安装精度的影响主要是仪器精度、基准精度

D. 设备灌浆对安装精度的影响主要是二次灌浆层的厚度

【答案】D

模拟题5【背景节选】【案例 2H320110-3】见教材 P256

某安装工程公司通过投标承包了一项机械厂设备安装工程项目，由于采取了降低施工成本的主要经济措施，对影响设备安装精度的因素进行了控制，最终实现利润目标。

问题：影响设备安装精度的主要因素有哪些？

【解析】影响设备安装精度的主要因素有：

（1）设备基础的强度和沉降；（2）垫铁埋设的承载面积和接触情况；（3）设备灌浆的强度和密实度；（4）地脚螺栓安装的垂直度和紧固力；（5）检测器具的精度；（6）设备制造的加工精度和装配精度；（7）环境因素；（8）安装人员的操作误差。

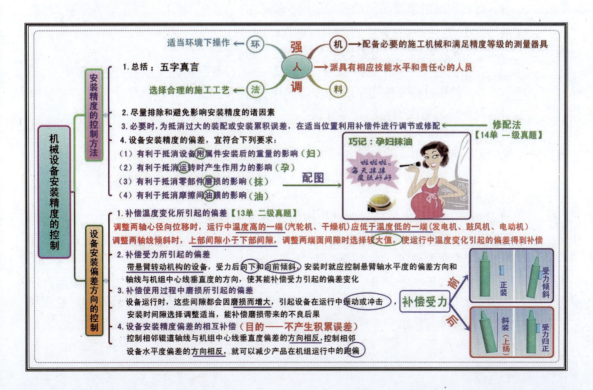

【解 析】 一般考查选择题，可以在上表中四个小标题的地方出选择题，也可以在每个标题的知识点出选择题，建议理解+记忆，例如：

真 题 1 【13单 二级真题】在室温条件下，工作温度较高的干燥机与传动电机联轴器找正时，两端面间隙在允许偏差内应选择(　　)。
A. 较大值　　　B. 中间值　　　C. 较小值　　　D. 最小值
【答案】A

真 题 2 【14单 一级真题】设备安装精度控制中，采用修配法对补偿件进行补充加工的目的是(　　)。
A. 解决涉及存在的问题　　　B. 抵消过大的安装累积误差
C. 修补制造的加工缺陷　　　D. 补偿零部件的装配偏差
【答案】B

模拟题 1 控制机械设备安装精度应从人、机、料、法、环等方面着手，尤其强调(　　)的因素。
A. 施工工艺　　　　　　　　B. 施工机械和测量器具
C. 人员　　　　　　　　　　D. 环境
【答案】C

模拟题 2 设备安装精度允许有一定的偏差，应合理确定其偏差及方向。当技术文件无规定时，符合要求的原则有(　　)。
A. 有利于抵消设备安装的积累误差
B. 有利于抵消设备附属件安装后重量的影响
C. 有利于抵消设备运转时产生的作用力的影响
D. 有利于抵消零部件磨损的影响
E. 有利于抵消摩擦面间油膜的影响
【答案】BCDE　　巧记：孕妇抹油

模拟题 3 机械设备安装偏差方向的控制主要有(　　)。
A. 补偿温度变化所引起的偏差　　B. 抵消设备附属件安装后重量的影响
C. 补偿使用过程中磨损所引起的偏差　D. 补偿受力所引起的偏差
E. 设备安装精度偏差的相互补偿
【答案】ACDE

模拟题 4 安装带悬臂转动机构的设备，在安装时，应该控制偏差，使其悬臂轴(　　)。
A. 水平　　　B. 向前倾斜　　　C. 上扬　　　D. 向下倾斜
【答案】C
【解析】本题安装带悬臂转动机构的设备时使其悬臂轴上扬（C项），是控制悬臂轴水平度的偏差方向的措施，设备承载受力后向下倾斜，起到控制悬臂轴水平度偏差方向的作用，是正确选项。
而A（悬臂轴水平）、D（向下倾斜）两项，起不到控制悬臂轴水平度偏差方向的作用，甚至还加大了悬臂轴水平度偏差方向。B项（悬臂轴向前倾斜）造成加大设备轴线与机组中心线垂直度的方向的偏差的相反作用，故均是错误的选项。

2H313020 电气装置安装工程施工技术

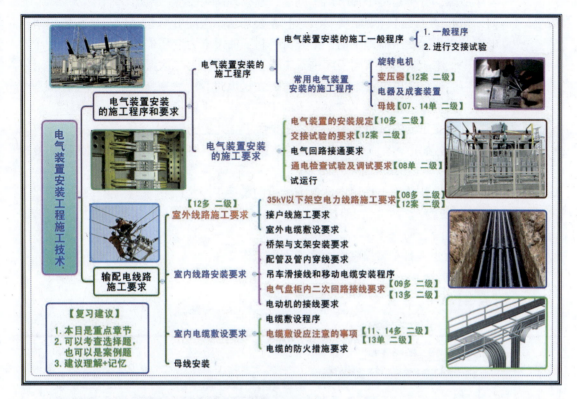

2H313021 电气装置安装的施工程序和要求

【解析】一般考查选择题，比如排序问紧前紧后工序；但是也可以出案例题，比如变压器发生故障，分析是哪个环节出了问题，建议理解+记忆，例如：

真题1【12案 二级真题】【背景资料节选】A 公司从承包商 B 分包某汽车厂涂装车间机电安装工程，变压器施工前，A 公司编制了油浸电力变压器的施工方案。变压器施工中，施工人员按下列工序进行工作：开箱检查→二次搬运→设备就位→附件安装→注油→送电前检查→送电运行。在送电过程中，变压器烧毁。经查，是电气施工人员未严格按施工方案要求的工序实施，少做了几道工序。

问题：在变压器安装过程中，A 公司少做了哪几道工序？

【解析】A 公司少做了本体密封检验、绝缘判定、器身检验、滤油、交接试验这几道工序。

模拟题1 电气装置安装的施工程序中，电缆敷设的紧后工序是（　　）。
A. 设备安装　　B. 回路接通　　C. 通电检查　　D. 通电调试
【答案】B

模拟题2 油浸电力变压器安装程序中，绝缘判断工作应在（　　）前进行。
A. 设备就位　　B. 器身检查　　C. 附件安装　　D. 本体密封检验
【答案】A

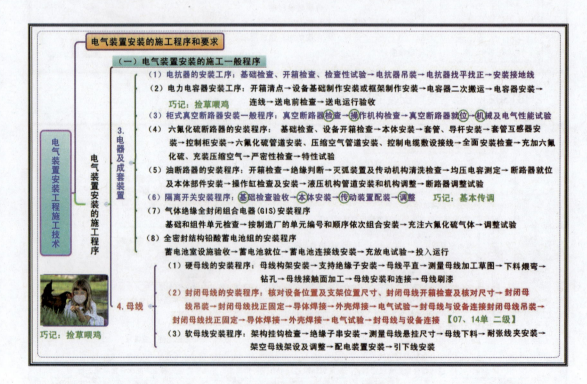

【解析】一般考查选择题，比如排序问紧前紧后工序；这个电气有三十多个施工程序，都记下来是不太可能的，因此挑几个有代表性的就可以（上表中红色、蓝色字体部分），如果后面有补充的，就看冲刺部分的知识点就可以，建议直接记忆，不用深究。例如：

真题1【14单 二级真题】封闭母线找正固定的紧后工序是（　　）。

A. 导体焊接　　　B. 外壳焊接　　　C. 电气试验　　　D. 与设备连接

【答案】A

真题2 【07单 二级真题】封闭母线安装程序中，电气试验的紧前工序应是（　　）。

A. 外壳连接　　　B. 找正固定　　　C. 导体焊接　　　D. 母线连接

【答案】A

模拟题1 油断路器的安装程序中，断路器就位后的紧后工序是（　　）。

A. 部件安装　　　B. 绝缘判断　　　C. 机构清洗　　　D. 调整试验

【答案】A

模拟题2 隔离开关的安装程序有（　　）。

A. 密封检查　　　B. 基础检查验收　C. 本体安装　　　D. 传动装置配装

E. 调整

【答案】BCDE

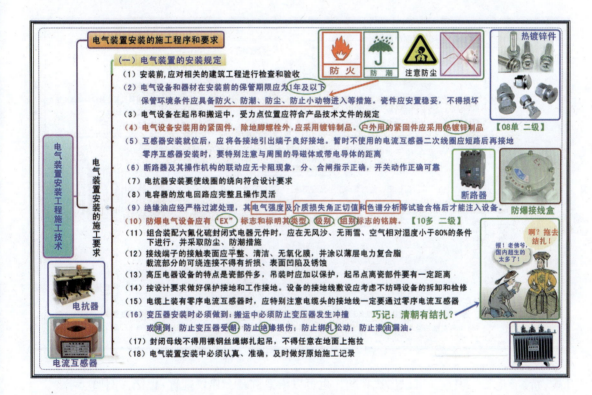

【解析】一般考查选择题，建议直接记忆，不用深究，例如：

真题1 【08单 二级真题】户外变压器断路器固定用的紧固件应采用热（　　）制品。

A. 镀铝　　　　　B. 镀锌　　　　　C. 镀铜　　　　　D. 镀铬

【答案】B

真题2 【10多 二级真题】防爆电气设备应具有（　　）标志。

A. EX　　　　　　B. 类别　　　　　C. 级别　　　　　D. 色别

E. 组别

【答案】ABCE

模拟题1 电气设备和器材在安装前的保管期限应为( )月及以下。
A. 6 个　　　　　B. 12 个　　　　　C. 18 个　　　　　D. 24 个
【答案】B

模拟题2 电气设备保管环境条件应具备( )等措施。
A. 防火　　　　　B. 防潮　　　　　C. 防风　　　　　D. 防尘
E. 防小动物
【答案】ABDE

模拟题3 绝缘油应经过滤处理，其( )试验合格后才能注入电气设备。
A. 电气强度　　　　　　　　　B. 直流耐压试验
C. 介质损失角正切值　　　　　D. 绝缘油试验
E. 色谱分析
【答案】ACE

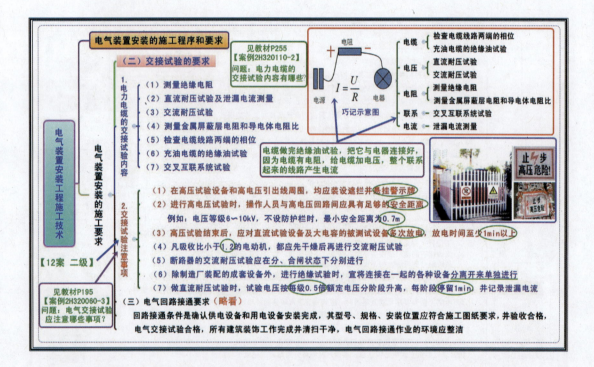

【解析】重要知识点，可以出选择题，也可以出案例题，建议理解+记忆，例如：

真题1 【12案 二级真题】【背景节选】A 公司从承包商 B 分包某汽车厂涂装车间机电安装工程，A 公司更换变压器后，严格按变压器施工方案中制定的安装程序实施。在变压器高压试验中，加强了安全措施，并对变压器高压试验采取了专门的安全技术措施，试验合格后送电运行验收。

问题：在变压器高压试验过程中，A 公司应采取哪些安全措施？

【解析】变压器高压试验过程中，A 公司应采取的安全措施有：
（1）在高压试验设备和高压引线周围，应装设遮拦并悬挂警示牌；
（2）操作人员与高压回路之间应具有足够的安全距离；
（3）高压试验结束后，应对直流试验设备及大电容的被测试设备多次放电，放电时间至少 1min 以上。

模拟题 1 电力电缆的交接试验内容包括( )。
A. 直流耐压试验　　　　　　B. 交流耐压试验
C. 绝缘电阻测量　　　　　　D. 金属屏蔽层电阻测量
E. 电缆两端压差检查
【答案】ABCD

模拟题 2 高压电气设备交接试验时注意的事项有( )。
A. 在高压试验设备周围应装设遮拦并悬挂警示牌
B. 直流试验结束后应对设备多次放电
C. 断路器的交流耐压试验应在分、合闸状态下分别进行
D. 各种设备分离开来单独进行试验
E. 直流耐压试验电压分阶段升高
【答案】ABDE

模拟题 3 10kV 高压设备试验时,未设置防护栅的操作人员与其最小安全距离为( )。
A. 0.4m　　B. 0.5m　　C. 0.6m　　D. 0.7m
【答案】D

模拟题 4 电动机测试时,其吸收比小于( ),应干燥后才能进行交流耐压试验。
A. 1.5　　B. 1.4　　C. 1.3　　D. 1.2
【答案】A

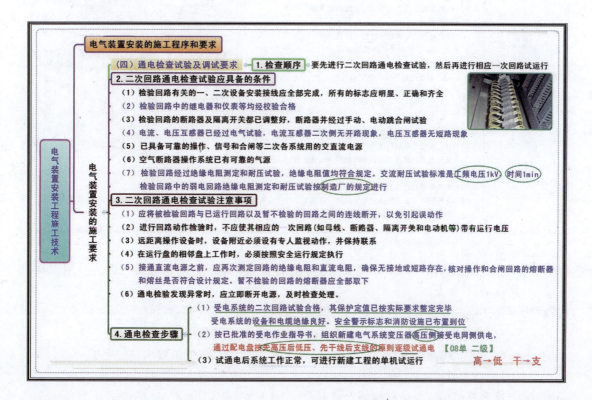

【解析】一般考查选择题,建议直接记忆,不用深究,例如:

真题1 【08单 二级真题】该电气安装工程的试通电应按照(　　)原则进行。
A. 先低压后高压、先干线后支线　　B. 先高压后低压、先干线后支线
C. 先高压后低压、先支线后干线　　D. 先低压后高压、先支线后干线
【答案】B

模拟题1 二次线路中的弱电回路绝缘电阻测定应按(　　)的规定进行。
A. 设计要求　　B. 施工规范　　C. 合同要求　　D. 制造厂
【答案】D

模拟题2 电气装置可以通电检验的条件有(　　)。
A. 建筑物全部装修完成　　B. 受电系统二次回路试验合格
C. 保护定值按设计要求整定完毕　　D. 受电系统的设备和电缆等绝缘良好
E. 安全警示标志和消防设施已布置到位
【答案】BCDE

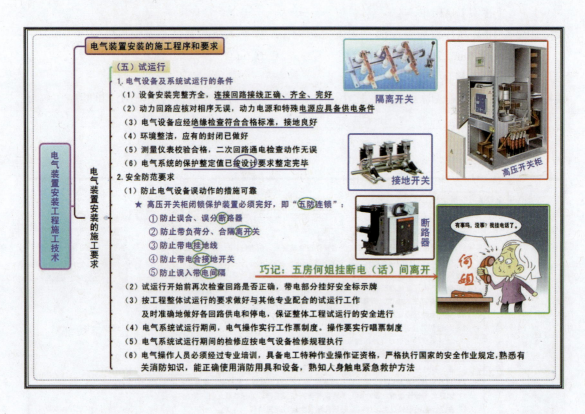

【解析】一般考查选择题，比如选项里哪个是错误或正确的，建议直接记忆，不用深究，例如：

模拟题1 关于电气设备及系统试运行的条件的说法，错误的是(　　)。
A. 设备安装接线正确　　B. 电源应具备供电条件
C. 电气设备绝缘检查符合合格标准　　D. 整定值已按规范要求整定完毕
【答案】D

模拟题2 高压开关柜安全防范联锁要求有(　　)。
A. 防止误合断路器　　B. 防止带电挂地线

C. 防止带电合接地开关　　　　D. 防止误入带电间隔
E. 防止误合隔离开关
【答案】ABCD

2H313022　输配电线路的施工要求

```
电气装置安装工程施工技术
└ 室外线路施工要求
    └ 输配电线路施工要求
        室外线路的形式【12多 二级】
        输送电力的高压架空线路、配电用的低压架空线路、直埋电缆、电缆沟、电缆隧道内的电缆、保护管内的电缆
        （一）35kV以下架空电力线路施工要求
        ★ 架空电力线路安装程序：
        挖电杆和拉线坑→基础埋设→电杆组合→横担安装→绝缘子安装→立杆→拉线安装→导线架设
        1. 架空电力线路电杆组立后进行拉线安装及调整，方可进行导线架设
           导线架设程序：导线展放→导线连接→紧线→绝缘子上导线固定和跳线连接【08多 二级】【13案 二级】
        2. 电杆上的电气设备安装应牢固可靠，电气连接应接触紧密
           不同金属导体连接应有过渡措施，瓷件表面应光洁无裂纹、无破损
        3. 混凝土电杆整体组立的步骤要正确
           （1）在排杆时，要认真调整好对口尺寸，使之上、下、左、右均无偏差，缝隙均匀。焊接完成后，应检查杆身是否平直
           （2）组装应按先导线横担，再地线横担，后叉梁的次序安装。同时挂线用的构件和拉线应组装好
           （3）按照立杆方案做好准备工作　（抱杆起吊方式要准备抱杆、牵引设备、钢丝绳、滑轮组等及按要求挖好地锚坑）
           （4）起吊开始后，电杆上的横担离地面0.5m时，应停止吊装，检查，各部正常方可继续吊装
        4. 在跨越铁路、公路、通信线路等时需搭设越线架，以保证越线处被跨越物的安全
           越线架的大小应根据越线架与被跨越物的最小规定水平距离和垂直距离来决定
        5. 采用张力放线时，应根据导线的长度、当地的地形条件、牵引设备的能力来决定放线的长度
           放线时，必须有可靠的通信联络的手段。在地形变化大的电杆附近和越线架附近，要加强放线人员的巡检
        6. 导线连接一般采用液压机压接、压钳压接方式。压接后，导线接头处的机械强度应达到被连接导线计算拉断力的90%以上，导线接头处具有被连接导线同样的良好导电性能
        7. 紧线前，必须对紧线电杆及其结构进行全面检查，特别是横担和固定拉线。紧线要进行导线的弧度观测，确定紧线值
        8. 在安装悬垂夹时，应检查瓷瓶串是否倾斜、瓷瓶串上的弹簧销子方向是否一致
           跳线安装完毕，应检查是否在任何情况下，跳线对电杆任何点的最小距离不小于设计要求
```

【解析】可以出选择题，也可以考查案例题，建议理解+记忆，例如：

真题1　【08多 二级真题】在架空电力线路安装中，导线架设的工作内容主要有(　　)。
A. 立杆　　　　B. 导线展放　　　C. 绝缘子安装　　D. 紧线
E. 跳线连接
【答案】BDE

真题2　【12多 二级真题】室外电力线路的形式有(　　)。
A. 高压架空线路　B. 保护管内电缆　C. 桥架电缆　　D. 直埋电缆
E. 隧道电缆
【答案】ABDE

真题3　【13案 二级真题】【背景节选】某施工单位承接了5km10kV架空线路的架设和一台变压器的安装工作。根据线路设计，途经一个行政村，跨越一条国道，路经一个110kV变电站。线路设备由建设单位购买，但具体实施由施工单位负责。该线路施工全过程的监控由建设单位指定的监理单位负责。项目部在架空线路电杆组立后，按导线架设的程序组织施工。
问题：简述架空线路电杆组立后导线架设程序的主要内容。
【解析】导线架设程序的主要内容：导线展放、导线连接、紧线、绝缘子上导线

固定和跳线连接。

模拟题 1　架空电力线路安装程序中，立杆的紧后工序是(　　)。
　　A. 横担安装　　　B. 绝缘子安装　　　C. 拉线安装　　　D. 导线架设
　　【答案】C

模拟题 2　架空电力线路导线架设程序中，导线展放的紧后工序是(　　)。
　　A. 紧线　　　　　B. 导线固定　　　　C. 导线连接　　　D. 跳线连接
　　【答案】C

模拟题 3　架空导线的连接一般采用(　　)方式。
　　A. 压接　　　　　B. 铰接　　　　　　C. 焊接　　　　　D. 跳线连接
　　【答案】A

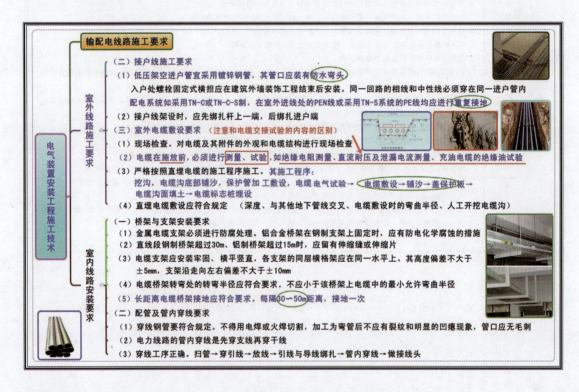

【解析】　一般考查选择题，建议直接记忆，不用深究，例如：

模拟题 1　低压架空进户管宜采用镀锌钢管，其管口应装有(　　)。
　　A. 绝缘护口　　　B. 防水弯头　　　　C. 进线盒箱　　　D. 绝缘瓷件
　　【答案】B

模拟题 2　配电系统采用 TN-C-S 制，在室外进线处的 PEN 线均应进行(　　)。
　　A. 重复接地　　　B. 保护接地　　　　C. 防雷接地　　　D. 工作接地
　　【答案】A

模拟题 3　直埋电缆的施工程序中，电缆敷设的紧后工序是(　　)。
　　A. 铺沙　　　　　B. 盖保护板　　　　C. 填土　　　　　D. 埋设标志桩
　　【答案】A

模拟题 4　长距离金属电缆桥架应每隔(　　)距离接地一次。

A. 20~30m B. 30~40m C. 30~50m D. 40~60m

【答案】C

输配电线路施工要求

电气装置安装工程施工技术 / 室内线路安装要求

（三）吊车滑接线和移动电缆安装程序（略看）
（1）吊车滑接线安装的一般程序：
测量定位→安装支架→安装绝缘子→滑接线连接架设→滑接线附属设施安装→接地和防腐
（2）吊车移动电缆的施工程序：安装吊索、滑轨或滑道→安装悬吊装置及软电缆
（四）电气盘柜内二次回路接线要求（重点）
（1）敷设前，应根据安装接线图的编号和端子的排列顺序布置好导线的排列顺序
① 用于监视测量表、控制操作信号、继电保护和自动装置的全部低压回路的接线均为二次回路接线【09多 二级】
② 敷设二次线应在电气柜盘安装完毕，柜内仪表、继电器及其他电器全部装好后进行
（2）二次回路的接线要按图施工，接线正确，牢固可靠。导线与电气元件连接牢固可靠；不得有中间接头；配线应整齐、清晰、美观；每个接线端子上的接线宜为一根，最多不超过两根【13多 二级】
（3）屏蔽电缆的屏蔽层应予接地；非屏蔽电缆，则其备芯线应有一根接地
① 多根电缆屏蔽层的接地汇总到同一接地母线排时，应用截面积不小于1mm²接地软线
② 压接时，每个接线鼻子内屏蔽接地线不应超过6根
（4）柜内两导体间，导电体及裸露的非带电的导体间的电气距离和爬电距离应符合要求
（5）导线与接线端子连接应符合规定
10mm²及以下的单股导线→导线端部弯一圆圈→接线端子
4mm²以上的多股铜线→装接线鼻子→再与接线端子连接
（五）电动机的接线要求
（1）进电动机的导线应做滴水弯
电动机电缆管的管口应在电动机接线盒附近，从管口到接线盒间的导线，应用金属软管保护
（2）电动机的外壳应可靠接地，接地线应接在电动机指定的标志处
接地线截面通常按电源线的1/3选择，且铜芯线截面不小于1.5mm²
（3）电动机的引出线鼻子焊接或压接应牢固，电气接触良好，裸露带电部分的电气间隙应符合规定

【解析】一般考查选择题，建议直接记忆，不用深究，例如：

真题1【13多 二级真题】电气柜内二次回路的接线要求有（　　）。
A. 按图施工，接线正确
B. 导线允许有一个中间接头
C. 电缆和导线的端部应标明其回路编号
D. 每个接线端子上的接线最多不超过三根
E. 配线应整齐、清晰和美观
【答案】ACE

真题2【09多 二级真题】电气安装工程中，应采用二次回路接线的有（　　）。
A. 继电保护的接线   B. 控制操作信号接线
C. 电动机的接线   D. 真空断路器的接线
E. 监视仪表的接线
【答案】ABE

模拟题1 下列二次回路的接线要求中，错误的是（　　）。
A. 要按图施工   B. 可以有中间接头
C. 每个接线端子上的接线宜为一根 D. 最多不超过两根
【答案】B

模拟题2 电动机的外壳应可靠接地，接地线应接在电动机（　　）。
A. 指定的标志处 B. 地脚螺栓处 C. 接线盒螺栓处 D. 外壳螺栓处

【答案】 A

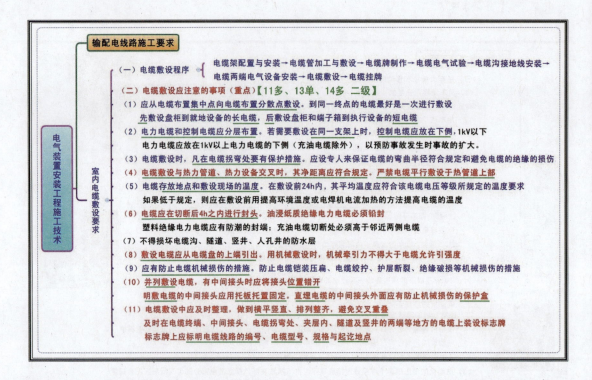

【解析】 此部分是选择题的高频考点，高度重视，建议直接记忆，不用深究，例如：

真 题 1 【14多 二级真题】室内电缆敷设时，正确的做法有(　　)。
A. 电力电缆敷设在控制电缆的上部　B. 敷设时电缆从电缆盘的上端引出
C. 电缆平行敷设在热力管道的上方　D. 并列敷设电缆中间接头可在任意位置
E. 电缆应在切断4小时内进行封头
【答案】 ABE

真 题 2 【13单 二级真题】并列明敷电缆的中间接头应(　　)。
A. 位置相同　　B. 用托板托置固定 C. 配备保护盒　　D. 安装检测器
【答案】 B

真 题 3 【11多 二级真题】在电缆敷设过程中，应做的工作包括(　　)。
A. 标明电缆型号　B. 排列整齐　　C. 避免平行重叠 D. 横平竖直
E. 标明起讫地点
【答案】 ABDE

模拟题 1 电缆敷设时应注意的事项有(　　)。
A. 电力电缆和控制电缆应分层布置
B. 电缆与热力管道交叉时的净距离应符合规定
C. 电缆应从电缆盘的下端引出
D. 并列敷设电缆的中间接头应将接头位置错开
E. 应有防止电缆机械损伤的措施
【答案】 ABDE

2H310000 机电工程施工技术

```
电气装置安装工程施工技术
├─ 输配电线路施工要求
│   室内电缆敷设要求
│   (三) 电缆的防火措施要求（非重点部分）
│   1. 建立良好的电缆运行环境
│     (1) 电缆沟、电缆隧道要有良好的排水设施
│     (2) 防止水、腐蚀性气体或液体、可燃性液体或气体进入电缆沟、电缆隧道
│     (3) 在电缆隧道应采用自然通风或机械通风的办法，保证电缆隧道内当电缆正常负荷时空气温度不高于40℃
│     (4) 要有防止小动物进入电缆沟造成破坏电缆绝缘而引发事故的措施
│   2. 加强电缆的预防性试验
│   3. 提高电缆头的制作质量，加强对电缆头的运行监控
│     (1) 必须严格控制电缆头制作的材料和工艺质量。要求所制作的电缆头的使用寿命，不能低于电缆的使用寿命
│         ① 电缆接头的额定电压等级及其绝缘水平，不得低于所连接电缆的额定电压等级及其绝缘水平
│         ② 绝缘头两侧绝缘垫间的耐压值，不得低于电缆保护层绝缘水平2倍
│     (2) 接头形式应与所设置环境条件相适应，且不致影响电缆的流通能力
│         电缆套两侧各2～3m的范围内，应采取防火包带作阻火延烧处理
│     (3) 终端电缆头和放在电缆沟、电缆隧道、电缆槽盒、电缆夹层内的中间电缆头必须登记造册，并经常对其进行检测
│     (4) 各中间电缆头之间应有足够的安全距离
│   4. 用封、堵、涂、包等措施防止电缆延燃
│     (1) 用封、堵、隔的方法，要能保证单根电缆着火不延燃多根电缆
│     (2) 控制电缆应采用全防火处理或采用阻燃电缆，以保证在任何紧急情况下主设备都能安全地停止运转
│     (3) 电缆进入电缆沟、电缆隧道、电缆槽盒、电缆夹层和盘柜的孔洞时要严密进行防火封堵
│     (4) 电缆沟、电缆隧道内每60～100m要设一道防火墙和防火门。重要的电缆通道应安装自动报警和自动灭火装置
│     (5) 电力电缆与控制电缆之间应设防火隔板。竖井中分层设置防火隔板
│     (6) 防火封堵层要有足够的机械强度。必须保证防火封堵层严密性和厚度
```

【解析】 一般考查选择题，非重点部分，首先记住上表中四个标题，再看看标蓝部分，其余略看，不用深究，例如：

模拟题1 电缆接头的两侧绝缘垫间的耐压值不得低于电缆保护层绝缘水平的（　　）。

A. 1.2倍　　　　B. 1.5倍　　　　C. 2倍　　　　D. 2.5倍

【答案】C

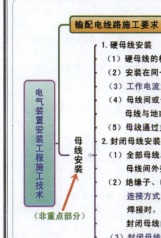

```
电气装置安装工程施工技术
├─ 输配电线路施工要求
│   母线安装
│   （非重点部分）
│   1. 硬母线安装
│     (1) 硬母线的材质必须有出厂试验报告和合格证，且符合设计要求
│     (2) 安装在同一水平面或垂直面上的支持绝缘子、穿墙套管的顶面应在同一平面上
│     (3) 工作电流大于1500A时，每相母线固定金具或其他支持金具不应构成闭合磁路
│     (4) 母线间或母线与设备端间的搭接面应接触良好。铜质设备接线端子与铝母线连接应通过铜铝过渡段
│         母线与地或栅栏等的净距、母线的冷缩热胀、母线夹的间隙等应符合设计要求
│     (5) 母线通过负荷电流或短路电流时产生发热的胀伸能沿本身的中心方向自由移动
│   2. 封闭母线安装
│     (1) 全部母线单元就位后，先应进行试组装，检查其误差情况，将其误差按比例分配到各个接口上，使相邻的两组
│         母线间外壳中心的误差控制在上、下、左、右为5mm以内
│     (2) 绝缘子、电流互感器经试验合格，封闭母线找正固定后方可进行封闭母线导体的连接
│         连接方式为氩弧焊接。焊接人员必须是经过焊接试验合格的焊工
│         焊接时，必须采取措施防止焊渣、电弧对母线其他部分及绝缘子的损伤
│         封闭母线的导体焊接后，再进行封闭母线外壳的焊接
│     (3) 封闭母线与设备连接前，应进行封闭母线绝缘电阻的测定，进行工频75kV耐压1min的试验
│         金属封闭母线超过20m长的直线段、不同基础连接段及设备连接处部位，应设置热胀冷缩或基础沉降的补偿
│         装置，其导体采用纺织铜辫或薄铝、铜叠片伸缩节，外壳则采用橡胶伸缩套、铝波纹管或其他连接方式
```

79

【解 析】 一般考查选择题，非重点部分，记住一些数字以及封闭母线绝缘电阻测定即可，其余略看，不用深究，例如：

模拟题1　封闭母线与设备连接前，应进行封闭母线的(　　)。
　　A. 绝缘电阻测定　B. 直流耐压试验　C. 接地电阻测定　D. 泄漏电流测量
【答案】A

2H313030　工业管道工程施工技术

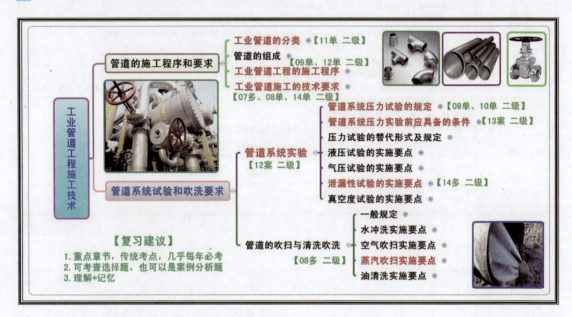

2H313031　管道工程的施工程序和要求

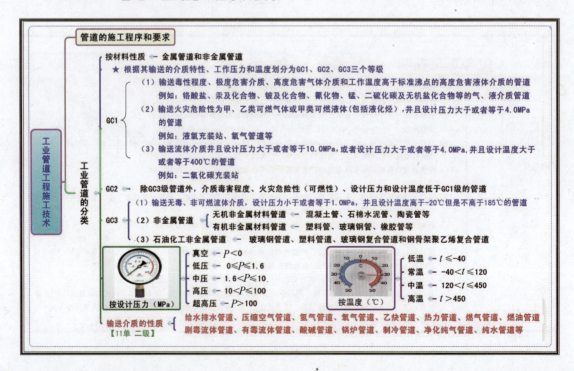

【解析】一般考查选择题，建议直接记忆，不用深究，例如：

真 题 1 【11多 二级真题】属于按输送介质的性质划分的管道是(　　)。
A. 真空管道　　　B. 金属管道　　　C. 热力管道　　　D. 压力管道
【答案】C

模拟题 1 输送介质温度为 $-40℃ < t ≤ 120℃$ 的工业管道属于(　　)管道。
A. 低温　　　　　B. 常温　　　　　C. 中温　　　　　D. 高温
【答案】B

模拟题 2 设计压力等于 10MPa 的管道属于(　　)管道。
A. 低压　　　　　B. 中压　　　　　C. 高压　　　　　D. 超高压
【答案】B

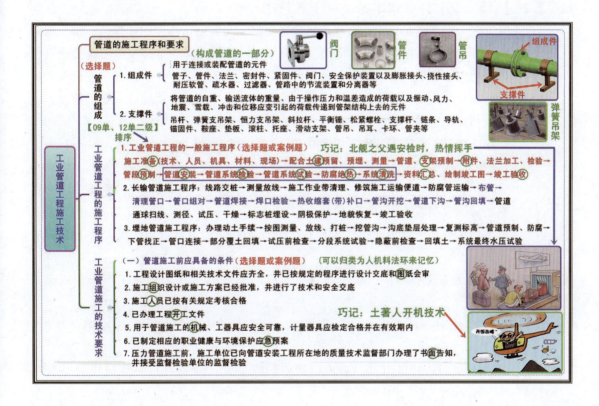

【解析】管道的组成一般考查选择题；施工程序考过两次排序的单选题，一级也这样出过考题，但是施工程序也是可以考查案例题（见教材 P243）；施工前应具备的条件是第四版教材新增内容，可以抽出一个小点来考选择题，也可以在案例题中出简答题，建议理解+记忆，不用深究，例如：

真 题 1 【09单 二级真题】工业管道施工中，系统清洗工序的紧前工序是(　　)。
A. 管道系统检验　　　　　　　B. 管道系统试验
C. 气体泄漏试验　　　　　　　D. 防腐绝热
【答案】D

真 题 2 【12单 二级真题】管道工程施工程序中，管道安装的紧后工序是(　　)。

81

A. 管道系统防腐　　　　　　　　B. 管道系统检验
C. 管道系统绝热　　　　　　　　D. 管道系统清洗

【答案】B

模拟题1 管道工程的一般施工程序中，前部分施工程序是：施工准备→配合土建预留、预埋、测量→管道、支架预制→附件、法兰加工、检验→管段预制→管道安装。接下来还应包括的程序有(　　)。

A. 管道系统检验、试验　　　　　B. 防腐绝热、系统清洗
C. 资料汇总、绘制竣工图　　　　D. 竣工验收
E. 保修回访

【答案】ABCD

模拟题2 【背景节选】【案例2H320100-2】见教材P243。

某安装公司承接某化工厂新建乙炔装置项目，安装公司将其中的管道、槽、罐防腐工程分包给某防腐公司。管道安装完毕后，项目部将管道移交给防腐公司进行内外防腐，管道内壁采用橡胶衬里。防腐公司施工完毕后，项目部在进行压力试验时发现某两处焊接部位出现泄漏，其中一处属于业主供货的设备随机管道，安装公司将该管段重新焊接并探伤合格后通知防腐公司重新防腐。

问题：项目部管道安装施工程序存在什么问题？

【解析】管道安装应遵循如下程序：管道、支架预制→附件、法兰加工、检验→管段预制→管道安装→管道系统检验→管道系统试验→防腐绝热→系统清洗→资料汇总、绘制竣工图→竣工验收。

本例中项目部把管道系统试验放在了防腐工作之后，造成了防腐工作不必要的返工。

模拟题3 长输管道施工程序中，从"布管"到"管道下沟"中间的施工流程，正确的是(　　)。

A. 管口组对→清理管口→管道焊接→管沟开挖→焊口检验→热收缩套（带）补口
B. 清理管口→管口组对→管道焊接→热收缩套（带）补口→焊口检验→管沟开挖
C. 清理管口→管口组对→管道焊接→焊口检验→热收缩套（带）补口→管沟开挖
D. 管口组对清理管口→管道焊接→焊口检验→管沟开挖→热收缩套（带）补口

【答案】C

模拟题4 长输管道施工流程中，管口组对、管道焊接后下一步工序是(　　)。

A. 热收缩套（带）补口　　　　　B. 焊口检验
C. 清理管口　　　　　　　　　　D. 管道试压

【答案】A

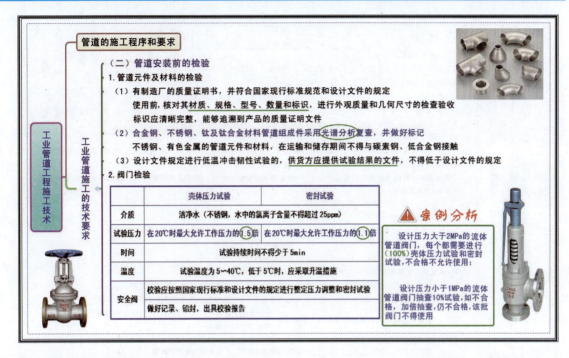

【解 析】 管道安装前的检验是一个比较重要的知识点,是保证施工质量的关键,可以考查选择题,也可以在案例题中出简答题,建议理解+记忆,例如:

模拟题 1　阀门的壳体试验压力大小按(　　)确定。

　　A. 阀门在 20℃时最大允许工作压力的 1.5 倍

　　B. 阀门在 20℃时工作压力的 1.5 倍

　　C. 阀门在 20℃时公称压力的 1.5 倍

　　D. 阀门在 20℃时设计压力的 1.5 倍

【答案】 A

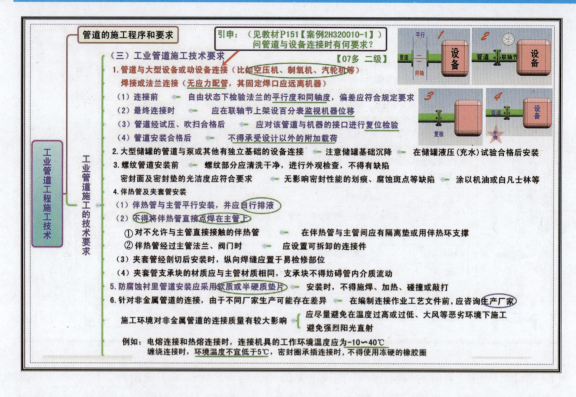

【解 析】 管道与大型设备或动设备连接,可以考查选择题,也可以在案例题中出简答题,其余是选择题考点,建议理解+记忆,例如:

真 题 1 【07多】本工程施工方案确定的管道与(　　)设备连接都应采用无应力配管。
A. 空压机　　　　　　　　　B. 液氧贮槽
C. 制氧机　　　　　　　　　D. 汽轮机
E. 分子筛
【答案】ACD

模拟题 1 管道与设备连接前,应在自由状态下检验法兰的(　　),偏差应符合规定要求。
A. 同心度　　　　　　　　　B. 同轴度
C. 平行度　　　　　　　　　D. 垂直度
E. 倾斜度
【答案】BC

模拟题 2 伴热管与主管应(　　)安装,并应自行排液。
A. 水平　　　　　　　　　　B. 平行
C. 交叉　　　　　　　　　　D. 垂直
【答案】B

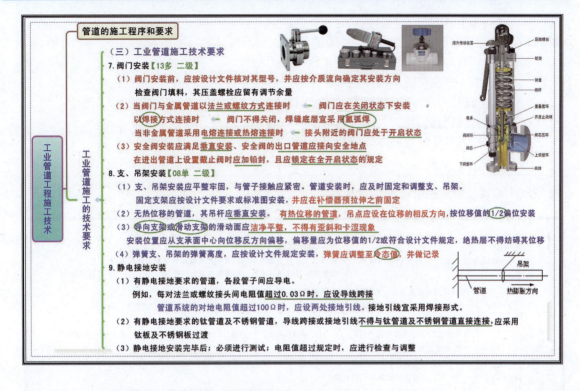

【解析】 选择题考点，直接记忆，例如：

真 题 1 【13多 二级真题】关于阀门的安装要求，正确的说法有( )。
A. 截止阀门安装时应按介质流向确定其安装方向
B. 阀门与管道以螺纹方式连接时，阀门应处于关闭状态
C. 阀门与管道以焊接连接时，阀门应处于关闭状态
D. 闸阀与管道以法兰方式连接时，阀门应处于关闭状态
E. 安全阀应水平安装，以方便操作
【答案】ABD

真 题 1 【08单 二级真题】架空管道支架正确的施工方法是( )。
A. 固定支架在补偿器预拉伸之后固定
B. 有热位移的管道支点应设在位移相同方向
C. 导向支架的滑动面应保持一定的粗糙度
D. 弹簧支架的安装，弹簧应调整至冷态值
【答案】D

模拟题1 阀门与管道以焊接方式连接时，阀门应( )，焊缝底层宜采用氩弧焊。
A. 开启   B. 隔离   C. 关闭   D. 拆除阀芯
【答案】A

模拟题2 安全阀的出口管道应接向安全地点，安全阀安装应满足( )安装。
A. 垂直   B. 倾角60°   C. 倾角30°   D. 水平
【答案】A

模拟题3 安装时，滑动面应洁净平整，不得有歪斜和卡涩现象的管道支架有( )。
A. 导向支架   B. 固定支架   C. 支吊架   D. 滑动支架
E. 弹簧支

85

【答案】AD

模拟题4 管道安装的技术要点中，正确的是（　　）。
A. 管道与大型设备连接，应采用无应力配管
B. 当一根主管需多根伴热管伴热时，可将伴热管直接点焊在主管上
C. 当阀门与管道以螺纹方式连接时，阀门应在关闭状态下安装
D. 有热位移的管道，其吊杆应垂直安装
E. 管道系统的对地电阻值超过 100Ω 时，应设两处接地引线
【答案】ACE

2H313032　管道系统试验和吹洗要求

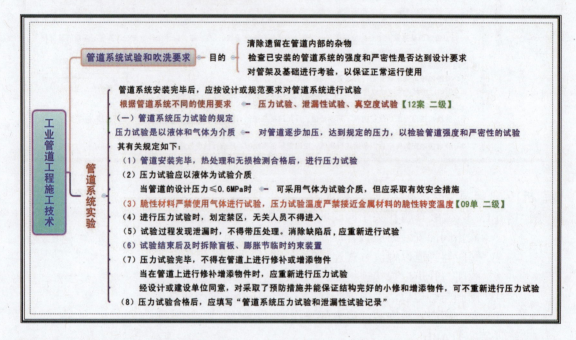

【解析】此部分可以考查选择题，也可以在案例题中出简答题，建议理解+记忆，例如：

真题1　【12案 二级真题】管道系统试验包括哪几种类型？
【解析】根据管道系统不同的使用要求，主要有压力试验、泄漏性试验、真空度试验。

真题2　【09单 二级真题】管道系统气压试验的试验温度严禁接近金属的（　　）转变温度。
A. 脆性　　　　B. 塑性　　　　C. 延展性　　　　D. 韧性
【答案】A

模拟题1　管道系统压力试验前，管道上的膨胀节应（　　）。
A. 隔离　　　　　　　　　　B. 拆除
C. 设置临时约束装置　　　　D. 处于自然状态
【答案】C

模拟题2　工业管道系统试验的类型有（　　）。
A. 压力试验　　B. 气压试验　　C. 液压试验　　D. 泄漏性试验
E. 真空度试验

【答案】ADE

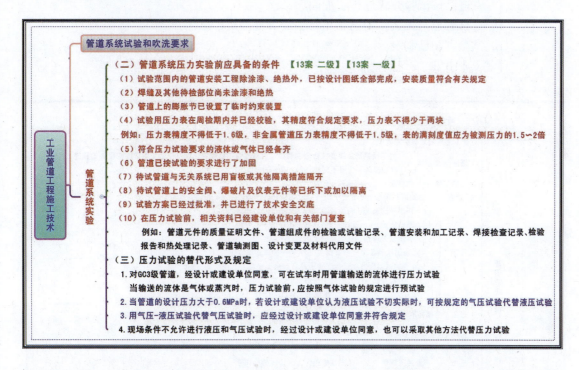

【解析】 管道系统压力试验前应具备的条件可以出选择题，也可以在案例题中出简答题，而管道系统压力试验的替代形式及规定也可以在案例作为气压、液压试验的判断题，建议理解+记忆，例如：

真 题 1 【13案 二级真题】【背景节选】A、B、C、D、E 五家施工单位投标竞争一座排压 8MPa 的天然气加压站工程的承建合同。C 施工单位中标。C 施工单位经过 5 个月的努力，完成了外输气压缩机的就位、解体清洗和调整；完成了电气自动化仪表工程和管道的连接、热处理、管托管架安装及管道系统的涂漆、保温，随后对管道系统组包试压。管线与压缩机之间的隔离盲板采用耐油橡胶板。试压过程中橡胶板被水压击穿，外输气压缩机的涡壳进水。

问题：1. 管道系统试压中有哪些不妥之处？

2. 管道系统试压还应具备哪些条件？

【解析】1. 管道系统试压中不妥之处有：

（1）隔离盲板采用耐油橡胶板；

（2）电气自动化仪表工程和管道的连接（这个不一定有错）；

（3）涂漆、保温后对管道系统组包试压。

2. 回答以上的十点，答对一个得 1 分。

真 题 2 【13案 一级真题】根据流程图，工艺管理道试压宜采用什么介质？应采取哪些主要技术措施？

【解析】根据背景提供资料，判断是气压试验，而采取的主要技术措施实际上就是试验前应具备的条件。

模拟题 1 管道系统压力试验前应具备的条件有（　　）。

A. 管道安装工程均已按设计图纸全部完成

B. 试验用的压力表在周检期内并已经校验，其精度符合规定要求
C. 管道已按试验要求进行了加固
D. 待试管道与无关系统已采用盲板或其他隔离措施隔开
E. 试验方案已制定

【答案】BCD

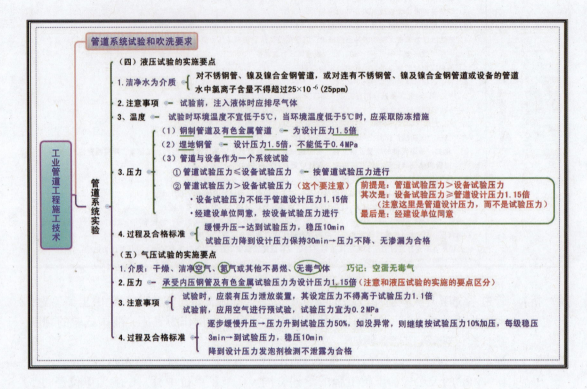

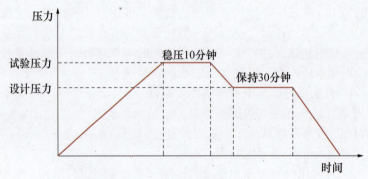

看图说话：
1. 斜线代表缓慢上升到试验压力
2. 稳压10分钟(在试验压力时)
3. 降至设计压力
4. 保持30分钟(在设计压力时)

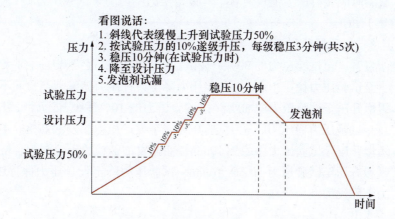

【解析】 液压或气压试验的实施要点可以考查选择题,也可以在案例题中出简答题,但目前还没出过考题,建议理解+记忆,例如:

模拟题1 下列关于管道系统液压试验实施要点的说法中,正确的是( )。
A. 液压试验应使用洁净水,对不锈钢管道,水中氯离子含量不得超过 50ppm
B. 试验前,注入液体时应排尽气体
C. 试验时环境温度不宜低于 0℃,当环境温度低于 0℃时应采取防冻措施
D. 承受内压的地上钢管道试验压力为设计压力的 1.15 倍
【答案】 B

模拟题2 由于工艺需要,管道与设备需作为一个系统进行试压,管道的设计压力为 1.8MPa,设备的设计压力为 1.6MPa,试验压力均为设计压力的 1.5 倍,则系统强度试验压力可为( )MPa。
A. 1.6 B. 1.8 C. 2.4 D. 2.7
【答案】 C
【解析】管道试验压力:1.8×1.5=2.7MPa;设备试验压力:1.6×1.5=2.4MPa;
管道试验压力>设备试验压力管道设计压力的 1.15 倍:1.6×1.15=2.07MPa
因为 2.4MPa>2.07MPa,经建设单位同意,可以以设备试验压力作为系统强度试验压力,即 2.4MPa,故选 C 正确。

模拟题3 管道气压试验可以根据输送介质的要求,选用试验气体介质有( )。
A. 干燥洁净的空气　　　　　　B. 氮气
C. 氧气　　　　　　　　　　　D. 天然气
E. CO
【答案】 AB

模拟题4 管道系统以气体为介质的压力试验(气压)实施要点正确的是( )。
A. 承受内压钢管及有色金属管试验压力应为设计压力的 1.5 倍
B. 真空管道的试验压力应为 0.2MPa
C. 管道的设计压力大于 0.6MPa 时,必须有设计文件规定,方可用气体进行压力试验
D. 实验前,必须用压力为 0.5MPa 的空气进行预实验

E. 试验时应装有压力泄放装置,其设定压力不得高于试验压力1.1倍。

【答案】BCE

模拟题5 管道进行气压试验的正确步骤是( )。

A. 缓慢升压至试验压力的30%→按试验压力的10%逐级升压后每级稳压3min→直至试验压力稳压10min→试验压力降至设计压力涂发泡剂检验不泄漏为合格

B. 缓慢升压至试验压力的50%→按试验压力的10%逐级升压后每级稳压3min→直至试验压力稳压10min→试验压力降至设计压力涂发泡剂检验不泄漏为合格

C. 缓慢升压至试验压力→稳压10min→涂刷发泡剂检验不泄漏为合格

D. 缓慢升压至试验压力→稳压10min→试验压力降至设计压力保持30min→以压力不降无渗漏为合格

【答案】B

模拟题6 新建系统管道采用空气进行压力试验的要求、过程和合格标准是什么?

【解析】回答整个气压试验的实施要点。

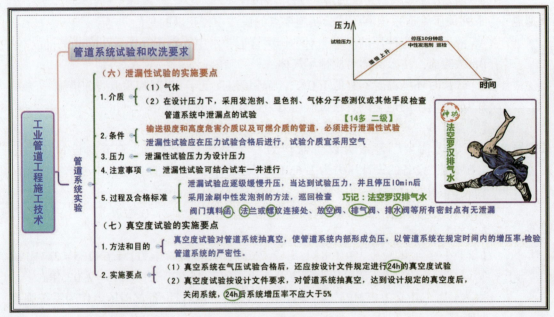

【解 析】 泄漏性试验的实施要点可以考查选择题,也可以在案例题中出简答题【10案 一级真题】,真空度试验实施要点一般是选择题的考点,尤其注意一些数字,建议理解+记忆,例如:

真 题1 【14多 二级】管道系统安装完毕后,输送介质为( )的管道必须进行泄漏性试验。

A. 天然气　　　B. 蒸汽　　　C. 氰化物　　　D. 乙炔

E. 煤气

【答案】ABCE

模拟题1 泄漏性试验的试验介质宜采用空气,试验压力为( )。

A. 设计压力　　　　　　　　B. 工作压力
C. 设计压力的1.15倍　　　　D. 工作压力的1.15倍

【答案】A

模拟题2 不属于管道泄漏性试验检查的项目是( )。
A. 阀门填料函　B. 对接焊缝　C. 法兰连接处　D. 螺纹连接处
【答案】B

模拟题3 下列泄漏性试验实施要求中，不正确的是( )。
A. 输送剧毒流体、有毒流体、可燃流体的管道必须进行泄漏性试验
B. 泄漏性试验应在压力试验合格后进行
C. 试验介质宜采用干燥、洁净的空气、氮气或其他不易燃和无毒的气体
D. 泄漏性试验应重点检验阀门填料函、法兰等，以发泡剂检验不泄漏为合格
【答案】C

模拟题4 输送下列介质的管道中，必须进行泄漏性试验的有( )。
A. 有毒流体管道　B. 剧毒流体管道　C. 蒸汽管道　D. 可燃流体管道
E. 高压空气管道
【答案】ABD

模拟题5 管道系统真空度试验的实施要点包括( )。
A. 真空度试验对管道系统抽真空，以形成负压
B. 真空度试验主要检验管道系统的强度
C. 真空度试验在液压试验合格后进行
D. 按设计文件规定进行24h试验
E. 管道系统24h后增压率大于5%
【答案】AD

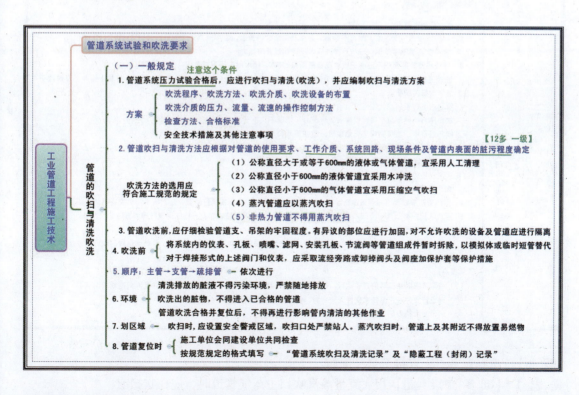

【解析】选择题考点，直接记忆，例如：

真 题 1 【12多 一级真题】确定管道吹洗方法的依据有（   ）。
　　A. 管道设计压力等级　　　　　　B. 管道的使用要求
　　C. 管道材质　　　　　　　　　　D. 工作介质
　　E. 管道内表面的污染程度
　　【答案】BDE

模拟题 1 管道系统吹扫与清洗方案应包括的内容有（   ）。
　　A. 吹洗的工作量、吹洗人员的操作技能要求
　　B. 吹洗程序、方法、介质、设备的布置
　　C. 吹洗介质的压力、流量、流速的操作控制方法
　　D. 检查方法、合格标准
　　E. 安全技术措施
　　【答案】BCDE

模拟题 2 非热力管道不得用（   ）。
　　A. 水冲洗　　　B. 空气吹扫　　　C. 酸洗　　　D. 蒸汽吹扫
　　【答案】D

模拟题 3 管道吹洗的正确顺序是（   ）。
　　A. 主管→支管→疏排管　　　　　B. 疏排管→支管→主管
　　C. 支管→主管→疏排管　　　　　D. 主管→疏排管→支管
　　【答案】A

工业管道工程施工技术 — 管道的吹扫与清洗 — 管道系统试验和吹洗要求

（二）水冲洗实施要点
1. 水冲洗应使用洁净水。冲洗不锈钢管、镍及镍合金钢管道，水中氯离子含量不得超过 $25×10^{-6}$（25ppm）
2. 水冲洗流速不得低于 1.5m/s，冲洗压力不得超过管道压力
3. 冲洗排管的截面积不应小于被冲洗管截面积的60%，排水时不得形成负压
4. 连续进行冲洗，以排出口的水色和透明度与入口水目测一致为合格。合格后暂不运行时，应将水排净，及时吹干

（三）空气吹扫实施要点
1. 可利用生产装置的大型压缩机或利用装置中的大型容器蓄气，进行间断性吹扫
　　吹扫压力不得超过容器和管道的设计压力，流速不宜小于 20m/s（注意这几种方式的速度）
　　吹扫过程中，当目测排气无烟尘时，应在排气口设置贴白布或涂白漆的木制靶板检验
　　5min内靶板上无铁锈、尘土、水分及其他杂物，应为合格
2. 吹扫忌油管道时，气体中不得含油

（四）蒸汽吹扫实施要点【08多 二级】
1. 蒸汽管道吹扫前，管道系统的保温隔热工程应已完成
2. 蒸汽管道应以大流量蒸汽进行吹扫，流速不小于 30m/s，吹扫前先行暖管、及时排水，检查管道热位移
3. 蒸汽吹扫应按加热→冷却→再加热的顺序循环进行，并采取每次吹扫一根、轮流吹扫的方法

（五）油清洗实施要点
1. 机械设备的润滑、密封、控制油管道系统，应在设备及管道吹洗、酸洗合格后，系统试运转前进行油冲洗
2. 不锈钢管道，宜采用蒸汽吹净后进行油清洗
实施要点：
（1）油清洗应以油循环的方式进行。每8h应在400～700℃内反复升降油温2～3次，并及时更换或清洗滤芯
（2）当设计文件或产品技术文件无规定时，管道油清洗后采用滤网检验
（3）油清洗合格后的管道，采取封闭或充氮保护措施

【解 析】 选择题考点，直接记忆，例如：

真 题 1 【08多 二级真题】用大流量蒸汽吹扫主蒸气管道时，应在吹扫前（   ）。
　　A. 清水冲洗　　　B. 空气吹扫　　　C. 及时排水　　　D. 先行暖管

E. 检查管道位移

【答案】CDE

模拟题1　蒸汽管道系统应用蒸汽吹扫，吹扫前先行(　　)。
A. 用水冲洗　　　B. 用空气吹扫　　C. 暖管　　　　　D. 排尽气体

【答案】C

模拟题2　蒸汽吹扫实施要点说法，不正确的是(　　)。
A. 吹扫前，管道系统的保温隔热工程应已完成
B. 蒸汽管道吹扫流速不大于30m/s
C. 吹扫前检查管道热位移
D. 吹扫按加热→冷却→再加热的顺序循环进行

【答案】B

模拟题3　不锈钢管道的吹扫和清洗方法宜采用(　　)。
A. 蒸汽吹净后进行油清洗　　　　　B. 蒸汽吹净后空气吹干
C. 水冲洗后空气吹干　　　　　　　D. 水冲洗后进行油清洗

【答案】A

2H313040　动力设备安装工程施工技术

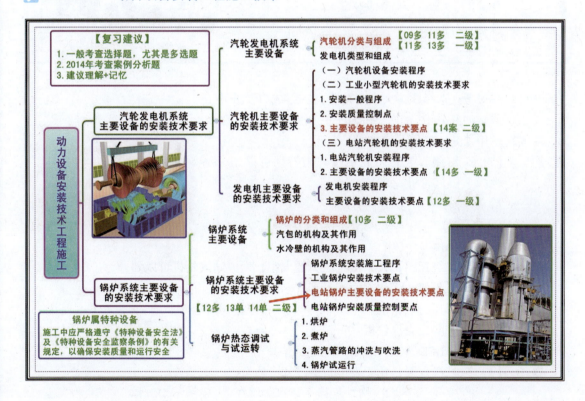

2H313041 汽轮发电机系统主要设备的安装技术要求

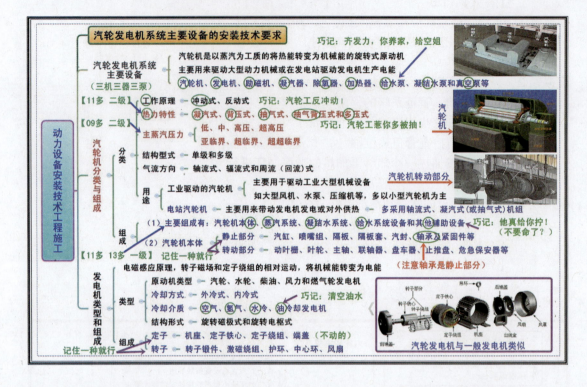

【解 析】 一般考查选择题，大多数在分类、组成以及静止或转动部分上（定子和转子），建议直接记忆，不用深究，例如：

真 题 1 【11多 二级真题】汽轮机按热力特性可以划分为(　　)汽轮机。
A. 凝气式　　　B. 背压式　　　C. 抽气式
D. 多压式　　　E. 塔式
【答案】 ABCD

真 题 2 【09多 二级真题】按主蒸汽压力的大小，发电站汽轮机可以划分为(　　)。
A. 高压汽轮机　　　　　　　B. 超高压汽轮机
C. 亚临界压力汽轮机　　　　D. 特高压汽轮机
E. 超超临界压力汽轮机
【答案】 ABCE

真 题 3 【13多 二级真题】用于发电机的冷却介质有(　　)。
A. 空气　　　B. 惰性气体　　　C. 氢气　　　D. 水
E. 润滑油
【答案】 ACD　巧记：清空油水

真 题 4 【11、13多 一级真题】电站汽轮机除本体外，还包括(　　)。
A. 凝结水系统设备　　　　　B. 蒸汽系统设备
C. 引送风设备　　　　　　　D. 给水系统设备

E. 吹灰设备

【答案】ABD

模拟题1 热力发电厂中，汽轮机是将(　　)的旋转式原动机。
A. 热能转变为电能　　　　B. 热能转变为机械能
C. 机械能转变为电能　　　D. 机械能转变为热能
【答案】B

模拟题2 汽轮机按照气流方向划分，有(　　)。
A. 轴流式汽轮机　B. 混流式汽轮机　C. 辐流式汽轮机　D. 周流式汽轮机
E. 离心式汽轮机
【答案】ACD

模拟题3 电站汽轮机多采用(　　)机组。
A. 凝汽式　　　B. 背压式　　　C. 多压式
D. 轴流式　　　E. 抽气式
【答案】ADE

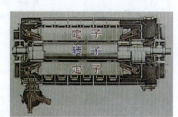

模拟题4 汽轮机本体由哪几部分组成？见教材 P165【案例 2H320030-1】

模拟题5 汽轮机本体主要由静止和转动两部分组成。其中转动部分有(　　)
A. 动叶栅　　　B. 叶轮　　　C. 主轴　　　D. 联轴器
E. 轴承
【答案】ABCD

模拟题6 发电机是根据电磁感应原理，通过(　　)的相对运动，将机械能转变为电能。
A. 转子绕组和定子绕组　　　B. 转子磁场和定子磁场
C. 转子绕组和定子磁场　　　D. 转子磁场和定子绕组
【答案】D

模拟题7 发电机由定子和转子两部分组成，其中定子主要的组成部分有(　　)
A. 机座　　　B. 定子铁心　　　C. 护环　　　D. 激磁绕组
E. 端盖
【答案】ABE

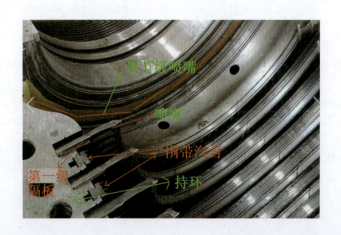

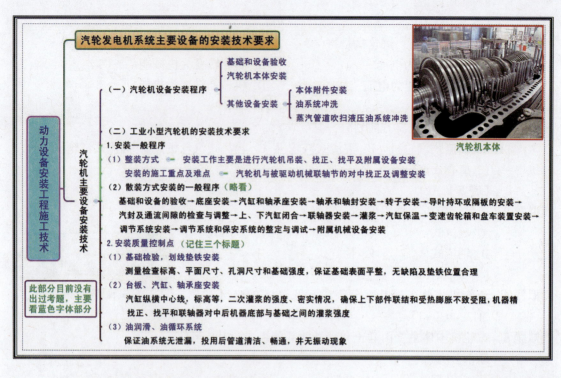

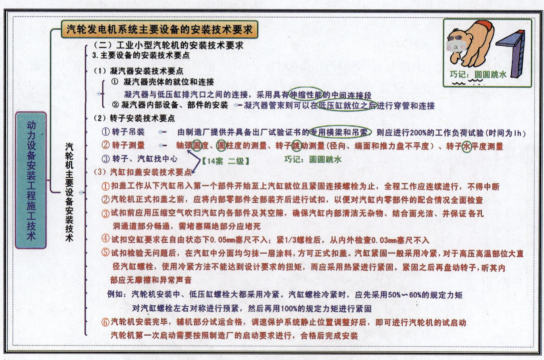

【解 析】 此部分是重点，可以出选择题，也可以出案例题【14案 二级真题】，建议理解+记忆，例如：

真 题 1 【14案 二级真题】【背景节选】A单位承担某厂节能改造项目中余热发电的汽轮

机一发电机组的安装工程。钳工班只测量了转子轴颈圆柱度、转子水平度和推力盘不平度后，将清洗干净的各部件装配到下缸体上，检测了转子与下缸体定子的各间隙值及转子的弯曲度等。将缸体上盖一次完成扣盖，并按技术人员交底单中的终紧力矩，一次性完成上、下缸体的紧固工序。项目部专检人员在巡察过程中，紧急制止了该工序的作业。

问题：1. 汽轮机转子还应有哪些测量？

2. 写出上下缸体链接的正确安装工序。

【解析】1. 由背景可知,汽轮机转子还应有:轴颈圆度、转子跳动测量(径向、端面)。

2. 把汽缸扣盖安装技术要点（六点）按顺序写齐即可。

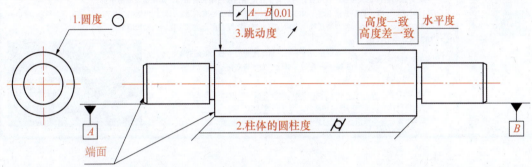

模拟题1 凝汽器与低压缸排汽口之间的连接，采用具有（　　）的中间连接段。
A. 刚性　　　　B. 旋转性能　　　C. 伸缩性能　　　D. 弹性
【答案】C

模拟题2 凝汽器内部管束在（　　）进行穿管和连接。
A. 低压加热器安装前　　　　B. 凝汽器壳体管板安装前
C. 低压缸就位前　　　　　　D. 低压缸就位后
【答案】D

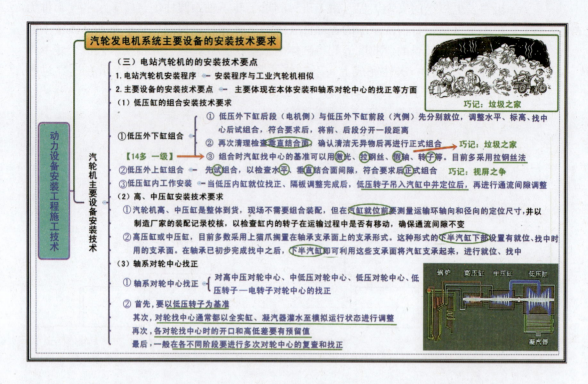

【解析】 此部分是重点，考点较多，一般考查选择题，建议直接记忆，无需深究，例如：

真题1 【14多 一级真题】大型汽轮机低压外下缸前段和后端组合找中心时，可作为基准的有（ ）。

  A. 激光   B. 拉钢丝   C. 吊线坠   D. 假轴

  E. 转子

  【答案】ABDE   巧记：垃圾之家

模拟题1 汽轮机低压外下缸组合程序是在外下缸后段（电机侧）和前段（汽侧）先分别就位，试组合符合要求后，将前、后段分开一段距离，再次清理检查（ ）结合面，确认无疑后，再进行正式组合。

  A. 水平   B. 垂直   C. 纵向   D. 横向

  【答案】B

模拟题2 低压外上缸组合安装正确的程序是（ ）。

  A. 检查水平、垂直结合面间隙→符合要求后试组合→正式组合

  B. 试组合→正式组合→检查水平、垂直结合面间隙

  C. 检查水平结合面间隙→试组合→检查垂直结合面间隙→符合要求后正式组合

  D. 试组合→检查水平、垂直结合面间隙→符合要求后正式组合

  【答案】D   巧记：视屏之争

模拟题3 低压缸组合安装中，低压内缸的通流间隙调整工作应在（ ）进行。

  A. 低压内缸就位找正后   B. 隔板调整前

  C. 低压转子吊入汽缸前   D. 低压转子在汽缸内定位后

  【答案】D

模拟题4 整体到货的汽轮机高、中压缸,测量运输环节轴向和径向的定位尺寸,并以制造厂的装配记录校核,要在汽缸(　　)进行。

A. 进场后　　B. 就位前　　C. 就位后　　D. 运输至吊装位置前

【答案】B

模拟题5 采用上猫爪搁置在轴承面上支承形式的汽轮机,在其高压外缸或中压外缸进行就位、找中时,用(　　)来就位、找中。

A. 下半汽缸　　B. 上半汽缸　　C. 下猫爪　　D. 上猫爪

【答案】A

模拟题6 轴系对轮中心找正时,应做到(　　)。

A. 以低压转子为基准

B. 汽轮机的高、中、低压缸都已就位

C. 对轮找中心都以全实缸、凝汽器灌水至模拟运行状态进行调整

D. 各对轮找中时的开口和高低差要有预留值

E. 在各不同阶段要进行多次对轮中心的复查和找正

【答案】ACDE

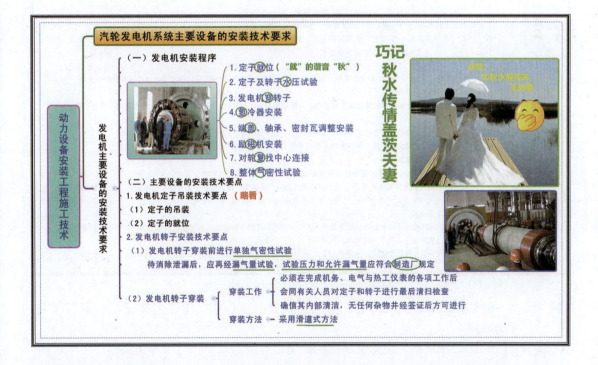

【解析】此部分是重点,考点较多,一般考查选择题,建议直接记忆,无需深究,例如:

模拟题1 发电机设备安装的一般程序中,发电机穿转子之后,要做的工作是(　　)。

A. 转子水压试验　　B. 氢冷器安装　　C. 励磁机安装　　D. 气密试验

【答案】B　　巧记:秋水传情,盖茨夫妻

模拟题2 发电机转子穿装前进行_____。

【答案】单独气密性试验

模拟题3 发电机转子穿装,一般是根据制造厂提供的专用工具和方法,采用(　　)方法。

A. 滑道式　　　　B. 液压提升　　　C. 液压顶升平移　　D. 专用吊装架
【答案】A

模拟题 4 发电机转子穿装工艺要求有(　　)。
A. 转子穿装前进行单独气密性试验
B. 经漏气量试验
C. 转子穿装应在完成机务工作后、电气和热工仪表的安装前进行
D. 转子穿装应在完成机务、电气与热工仪表的各项工作后进行
E. 转子穿装采用滑道式方法
【答案】ABDE

2H313042　锅炉系统主要设备的安装技术要求

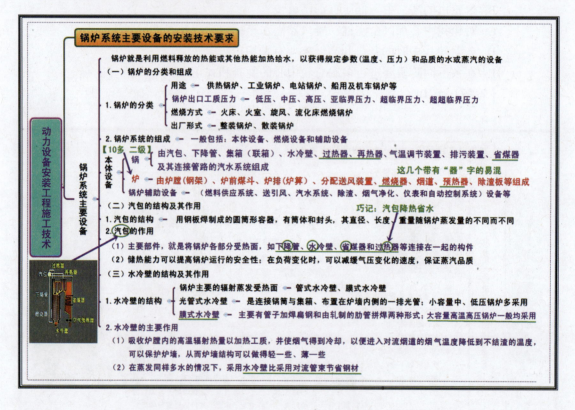

【解析】一般考查选择题，大多数在分类、组成以及作用，建议直接记忆，不用深究，例如：

真题 1　【10多 二级真题】电站锅炉中的炉是由燃烧器以及(　　)等组成。
A. 炉膛　　　　B. 过热器　　　　C. 省煤器　　　　D. 烟道
E. 预热器
【答案】ADE

模拟题 1　锅炉本体设备主要由锅和炉两大部分组成，其中的"锅"包括(　　)
A. 过热器　　　　B. 省煤器　　　　C. 预热器　　　　D. 燃烧器
E. 再热器
【答案】ABE

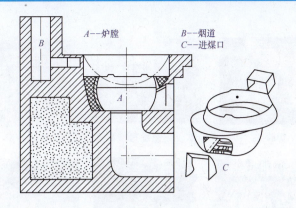

模拟题2 汽包是将锅炉各部分受热面包括( )等连接在一起的构件。
  A. 下降管   B. 水冷壁   C. 过热器   D. 省煤器
  E. 预热器
  【答案】ABCD

模拟题3 高温高压锅炉一般采用的主要蒸发受热面是( )。
  A. 管式水冷壁   B. 膜式水冷壁   C. 对流管束   D. 过热器
  【答案】B

模拟题4 水冷壁的主要作用有( )。
  A. 吸收炉膛内的高温辐射热量以加热工质
  B. 使烟气得到冷却
  C. 可以保护炉墙
  D. 保证蒸汽品质
  E. 比采用对流管束节省钢材
  【答案】ABCE

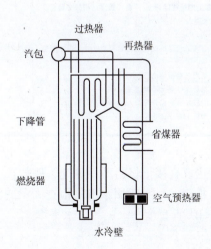

炉膛

燃烧器

水冷壁

过热器

铸铁省煤器

炉墙

动力设备安装工程施工技术 — 锅炉系统主要设备的安装技术要求

锅炉系统主要设备的安装技术要求

（一）锅炉系统安装施工程序（略看）

基础和材料验收→钢架组装及安装→汽包安装→集箱安装→水冷壁安装→空气预热器安装→省煤器安装→低温过热器安装→高温过热器安装→刚性梁安装→本体管道安装→阀门及吹灰设备安装→燃烧器、油枪、点火枪的安装→烟道、风道的安装→炉墙施工→水压试验→风压试验→烘炉、煮炉、蒸汽吹扫→试运行

（二）工业锅炉安装技术要点（除了标蓝的，其余略看）

1. 整装锅炉安装的特点及安装的主要程序

整装锅炉安装的主要程序：

锅炉房平面布置的设计复检→对锅炉实物与技术资料的核对检查→锅炉基础放线与就位找正→附件安装→工艺管路的安装→单机试转→报警及联锁试验→水压试验→锅炉热态调试与试运行

（三）电站锅炉主要设备的安装技术要点

2. 锅炉钢架施工程序和安装技术要点

（1）锅炉钢架施工程序

①基础画线；②柱底板安装、找正；③立柱、垂直制成、水平梁、水平支撑安装；④整体找正；⑤高强度螺栓终紧；⑥平台、扶梯、栏杆安装

（2）锅炉钢架安装技术要点

①基础画线

根据土建移交的中心线进行基础画线，柱底板就位并找正找平后，钢架按从下到上，<u>分层、分区域</u>进行吊装。

②组件吊装

③组件找正
- 用拉钢卷尺检查中心位置
- 用悬吊线锤检查大梁垂直度
- 用水准仪检查大梁水平度
- 用水平仪测查炉顶水平度

【解析】 一般考查选择题，建议直接记忆，不用深究，例如：

模拟题1 锅炉钢架组件就位找正时，一般用水准仪检查大梁的（　　）。

A. 中心位置　　　B. 垂直度　　　C. 水平度　　　D. 挠度

【答案】C

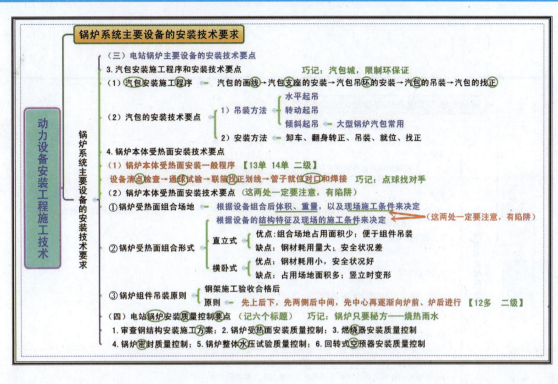

【解析】此部分有几个高频考点，一般考查选择题，建议直接记忆，不用深究，例如：

真题1 【14单 二级真题】锅炉本体受热面组合安装的一般程序中，设备清点检查的紧后工序是(　　)。
A. 压力试验　　B. 泄漏试验　　C. 灌水试验　　D. 通球试验
【答案】D

真题2 【13单 二级真题】电站锅炉本体受热面组合安装时，设备清点检查的紧后工序是(　　)。
A. 找正划线　　B. 管子就位　　C. 对口焊接　　D. 通球试验
【答案】D

真题3 【12多 二级真题】锅炉组件吊装原则有(　　)。
A. 先上后下　　B. 先小件后大件　C. 先两侧后中间　D. 先中心再炉前炉后
E. 先外围后内部
【答案】ACD

模拟题1 大型锅炉汽包吊装多采用(　　)起吊方法。
A. 转动　　B. 倾斜　　C. 水平　　D. 垂直
【答案】B

模拟题2 大型锅炉的汽包运进施工现场后，安装的正确工艺程序是(　　)。
A. 汽包卸车→倾斜提升吊装→汽包就位→翻身转正→找正
B. 汽包翻身转正→卸车倾斜提升吊装→汽包就位→找正
C. 汽包卸车→翻身转正→倾斜提升吊装→汽包就位→找正
D. 汽包卸车→倾斜提升吊装→翻身转正→汽包就位→找正
【答案】C

模拟题3 锅炉受热面组合形式根据设备的(　　)及现场施工条件来决定。

A. 重量　　　　　B. 体积　　　　　C. 结构特征　　　D. 高度

【答案】C

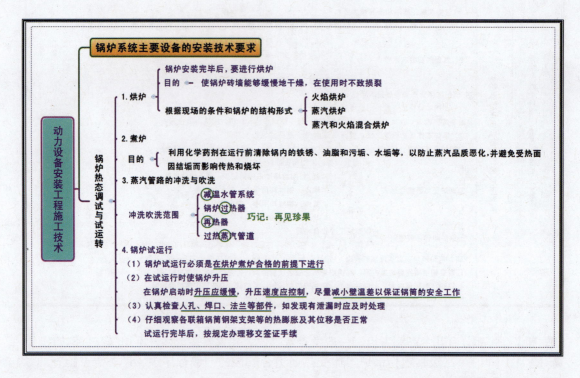

【解 析】此部分为新增内容，一般考查选择题，但是试运行在教材里有案例简单题（见教材 P173【案例 2H320040-1】锅炉试运行有哪些要求?），建议理解+记忆，不用深究，例如：

模拟题1 锅炉安装完毕后要进行烘炉，烘炉目的是( )。

A. 清除锅内的铁锈、油脂和污垢

B. 避免受热面结垢而影响传热

C. 使锅炉砖墙缓慢干燥，在使用时不致损裂

D. 防止受热面烧坏

【答案】C

模拟题2 下列设施中，不在蒸汽管路冲洗与吹洗范围的是( )。

A. 汽包　　　　　　　　　　B. 锅炉过热器、再热器

C. 减温水管系统　　　　　　D. 过热蒸汽管道

【答案】A

模拟题3 下列有关锅炉试运行的说法中，不正确的是( )。

A. 锅炉试运行在煮炉前进行

B. 锅炉试运行启动时升压应缓慢，尽量减小壁温差

C. 检查人孔、焊口、法兰等部件，发现有泄漏时及时处理

D. 观察各联箱锅筒钢架支架等的热膨胀及其位移是否正常

【答案】A

2H313050 静置设备及金属结构制作安装工程施工技术

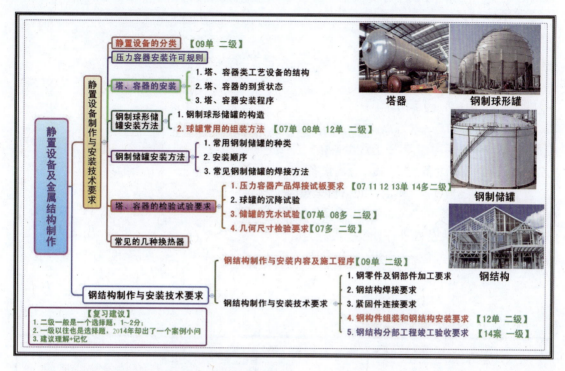

2H313051 静置设备制作与安装技术要求

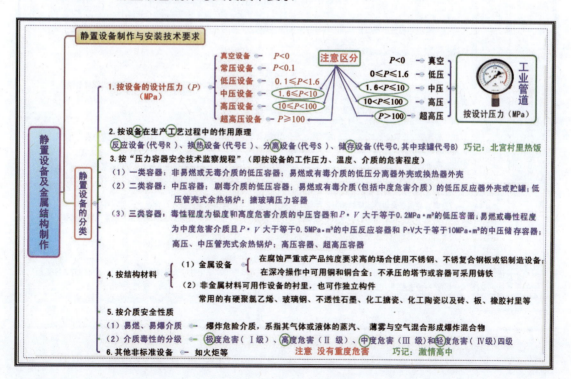

【解析】此部分有几个高频考点,一般考查选择题,建议直接记忆,不用深究,例如:

真 题 1 【09单 二级真题】按静置设备的设计压力分类，中压设备的压力范围是（　　）。
　　　　　A. 0.1MPa≤P<1.6MPa　　　　　B. 1.6MPa<P≤10MPa
　　　　　C. 1.6MPa≤P<10MPa　　　　　D. 10MPa<P≤100MPa
　　　　【答案】C

模拟题 1 容器按设计压力大小进行分类，高压容器的正确压力范围是（　　）。
　　　　　A. 1.6MPa<P<100MPa　　　　　B. 1.6MPa<P<100MPa
　　　　　C. 10MPa≤P<100MPa　　　　　D. 10MPa<P<100MPa
　　　　【答案】C

模拟题 2 下列选项中，不属于按设备在生产工艺过程中的作用原理分类的是（　　）。
　　　　　A. 反应设备　　　B. 分离设备　　　C. 真空设备　　　D. 储存设备
　　　　【答案】C　　巧记：北宫村里热饭

模拟题 3 静置设备可按内部介质危害程度划分类别，介质的毒害程度以国家有关标准规定的指标为基础进行分级，可分为（　　）。
　　　　　A. 高度危害　　　B. 重度危害　　　C. 中度危害　　　D. 轻度危害
　　　　　E. 严重危害
　　　　【答案】ACD　　巧记：激情高中

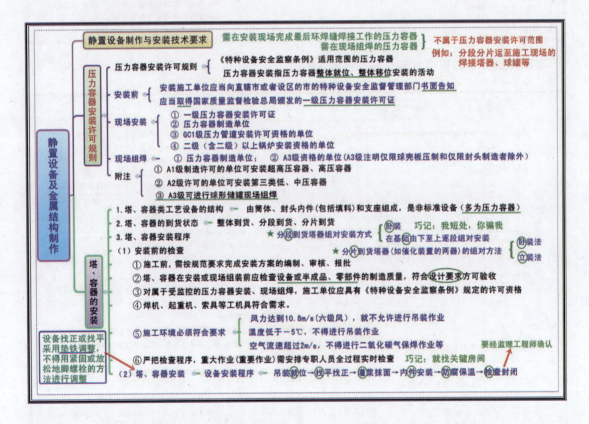

【解 析】此部分有高频考点，一般考查选择题，而压力容器安装许可规则可以考查案例题，建议理解+记忆，例如：

模拟题 1 可以进行球形储罐的现场组焊工作的单位，应具备的许可资格是（　　）。

A. 1级压力容器安装 B. A1级压力容器制造
C. A2级压力容器制造 D. A3级压力容器制造
【答案】D

模拟题2　某炼油厂建设安装工程的一台分馏塔分段到货,需要在现场组焊。可以承担该塔组焊安装的单位有(　　)。
A. 具备1级压力容器安装许可证单位
B. 具备GA1级压力管道安装许可证的单位
C. 具备GC1级压力管道安装许可证的单位
D. 该设备的制造单位
E. 具备A3级压力容器组焊许可证的单位
【答案】DE

模拟题3　塔、容器在安装或现场组装前应检查设备或半成品、零部件的制造质量,应符合(　　)要求方可验收。
A. 监理　　　　B. 业主　　　　C. 施工　　　　D. 设计
【答案】D

模拟题4　板式塔的安装程序,正确的是(　　)。
A. 吊装就位→内件安装→找平找正→灌浆抹面→防腐保温→检查封闭
B. 吊装就位→找平找正→灌浆抹面→内件安装→防腐保温→检查封闭
C. 吊装就位→找平找正→灌浆抹面→内件安装→检查封闭→防腐保温
D. 内件安装→吊装就位→找平找正→灌浆抹面→防腐保温→检查封闭
【答案】B　　巧记:就找关键房间

模拟题5　静置设备找正或找平应采用的正确方法是(　　)进行调整。
A. 采用垫铁 B. 紧固地脚螺栓
C. 增高灌浆抹面层 D. 放松地脚螺栓
【答案】A

模拟题6　分段到货塔器如炼油装置的分离塔,其组对安装方式主要有(　　)。
A. 卧装 B. 由下至上逐段组对安装
C. 散装 D. 倒装
E. 顶升法组对安装
【答案】AB

模拟题7　塔、容器的检查封闭是完成塔、容器的全面检查并符合要求后,加装规定垫片、封闭人孔,按要求顺序和力矩拧紧连接螺栓的过程。检查封闭应经(　　)确认。
A. 建设单位代表 B. 监理工程师
C. 设计单位现场代表 D. 施工单位质检部门
【答案】B

模拟题8　【案例2H320040-2】见教材P174
某机电安装公司具有压力容器、压力管道安装资格,通过投标承接一高层建筑机电安装工程,工程内容包括给水排水系统、电气系统、通风空调系统和一座氨制冷站。在工程施工中,发生了以下事件:对工作压力位1.6MPa,氨制冷管道和金属容器进行检查时,发现液氨罐外壳在运输过程中被划了两道深4mm的长条形机械损伤，建设单位委托安装公司进行补焊处理。

问题：1. 氨制冷站在施工前还需要办理哪些手续？

2. 简述液氨罐运输中被划伤，建设单位委托安装公司对其进行补焊不合理的理由。应怎样处理比较妥当？

【解析】1. 因为氨制冷站的氨管道属输送有毒介质管道，且高压部分的工作压力为1.6MPa，属于压力管道；液氨储罐的工作压力为1.6MPa，属于压力容器，应按特种设备安全监察条例的规定办理书面告知手续，否则不得开工。施工前，还需将拟进行的特种设备安装情况书面告知直辖市或设区的市级特种设备安全监督管理部门。

2. 因为安装公司只有压力容器安装资质，压力容器出现损坏，应由原制作单位前来处理。安装公司不可以进行补焊。

模拟题9 某机电安装公司总承包了一大型化工车间的机电安装工程，工程内容包括：本车间范围内的静置设备安装（包括两台整体到货的钢制立式压力容器现场安装）、工艺和系统管道工程和电气仪表工程施工任务。

问题：对于本工程压力容器现场安装，机电安装公司应至少具备什么资格许可？

【解析】本工程压力容器现场安装是压力容器整体就位、整体移位安装，压力容器安装单位应当取得国家质量监督检验总局颁发的1级压力容器安装许可证，即《特种设备安装改造维修许可证》1级许可资格。

模拟题10 某机电安装公司总承包了一个炼油厂装置的安装工程，该机电安装公司具有特种设备安装改造维修许可证1级许可资格。炼油厂装置安装工程内容包括设备安装、管道安装、电气仪表等。其中有一台大型分馏塔，属于n类压力容器，采用分三段运入施工现场，需要在现场进行组焊安装。机电安装公司项目部拟采用在基础上由下至上逐段吊装、组对焊接的施工方法，并为此编制了施工方案。施工开始后，发生了下列事件：项目监理工程师认为机电安装公司不具备分馏塔的现场组焊安装资格，要求项目暂停施工。

问题：1. 为什么机电安装公司不具备分馏塔的现场组焊安装资格？

2. 机电安装公司应当如何解决分馏塔的现场组焊安装施工的问题？

【解析】1. 机电安装公司具有的特种设备安装改造维修许可证1级许可资格是压力容器整体就位、整体移位安装的资格。而分段运至施工现场的焊接塔器，属于需在安装现场完成最后环焊缝焊接工作的压力容器（分馏塔分三段到货，在现场进行2道环焊缝组焊），不属于压力容器安装许可范围。

2. 机电安装公司解决这个问题的途径有：

（1）向建设单位反映协商，由分馏塔的制造厂完成分馏塔分在现场的2道环焊缝组焊工作及相应的检测试验，如无损检测、压力试验等，机电安装公司从事吊装、找正等工作。

（2）征得建设单位同意，将分馏塔在现场的2道环焊缝组焊工作及相应的检验试验委托（或分包）给具备该类压力容器现场组焊资格的单位。

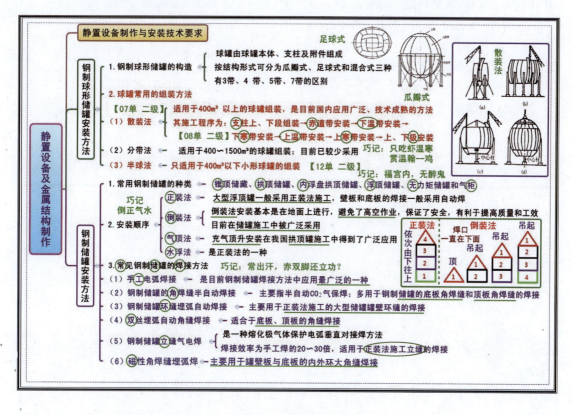

【解析】 历年在此部分出考题,一般考查选择题,建议理解+记忆,例如:

真 题 1 【12单 二级真题】200m³ 球罐的组装方法适宜采用( )。
A. 散装法   B. 分带法   C. 半球法   D. 水浮法
【答案】 C

真 题 2 【08单 二级真题】1000m³ 球罐正确的施工程序是( )。
A. 下极板→下温带→赤道带→上温带→上极板
B. 上极板→上温带→赤道带→下温带→下极板
C. 下温带→赤道带→上温带→上、下极板
D. 赤道带→下温带→上温带→上、下极板
【答案】 D

真 题 3 【07单 二级真题】该工程球形储罐(1000m³)宜采用( )法组装。
A. 整装   B. 散装   C. 正装   D. 半球
【答案】 B

模拟题 1 适用于400m³ 以上的球罐组装,目前国内应用最广技术最成熟的球罐组装方法是( )法。
A. 分带   B. 半球   C. 整体   D. 散装
【答案】 D

模拟题 2 目前在储罐施工中被广泛采用方法是( )。
A. 正装法   B. 倒装法   C. 气顶法   D. 水浮法
【答案】 B

模拟题 3 钢制储罐的环缝埋弧自动焊主要用于( )施工的大型罐壁环缝焊接。
A. 正装法　　　　B. 倒装法　　　　C. 气顶法　　　　D. 水浮法
【答案】A

模拟题 4 钢制储罐的常见焊接方法有( )。
A. 手工电弧焊接　　　　　　　　B. 角焊缝 CO_2 半自动焊接
C. 氩氟焊　　　　　　　　　　　D. 环缝埋弧自动焊
E. 立缝气电焊
【答案】ABDE

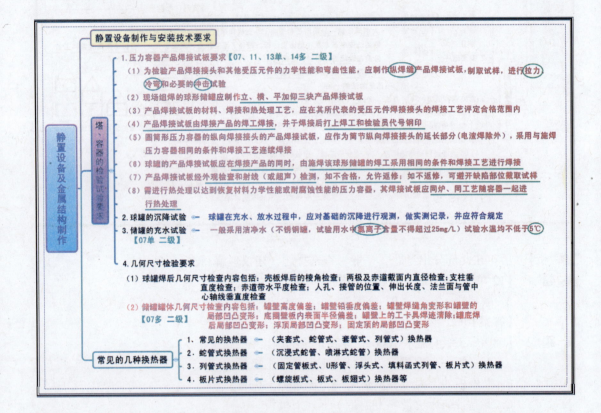

【解 析】高频考点部分，一般考查选择题，建议直接记忆，无需深究，例如：

真题 1【14多 二级真题】关于压力容器焊接试板要求的说法，正确的有( )。
A. 试板应采用与施焊压力容器相同的条件和工艺在试验场完成制作
B. 试板应由该压力容器的施焊焊工进行焊接
C. 试板检测不合格，允许返修
D. 不得避开试板焊缝外观不合格的部分截取试样
E. 焊接试板应同炉、同工艺随容器进行热处理
【答案】BCE

真题 2【13单 二级真题】现场组焊的球形储罐，应制作( )三块产品焊接试板。
A. 立焊、角焊、平加仰焊　　　　　B. 角焊、横焊、对焊
C. 横焊、平加仰焊、立焊　　　　　D. 对焊、立焊、平加仰焊

【答案】C

真题3 【11单 二级真题】球形罐的产品焊接试板应在(   )，由施焊该球形罐的焊工采用相同条件和焊接工艺进行焊接。
A. 球形罐正式焊前 B. 焊接球形罐产品的同时
C. 球形罐焊接缝检验合格后 D. 水压试验前
【答案】B

真题4 【07单 二级真题】现场组焊球形储罐应制作的产品试板是(   )。
A. 平、立两块试板 B. 平、立、横三块试板
C. 平、立、横、仰四块试板 D. 立、横、平加仰三块试板
【答案】D

真题5 【07单 二级真题】本工程中的奥式体不锈钢管道采用的绝热材料及其制品，其(   )含量指标应符合要求。
A. 氯离子 B. 氮离子 C. 氢离子 D. 氢氧根离子
【答案】A

真题6 【07多 二级真题】拱顶储罐的几何尺寸检查包括(   )等检查内容。
A. 罐壁高度偏差 B. 罐壁铅垂度偏差
C. 罐壁局部凹凸变形 D. 罐壁周长偏差
E. 罐底局部凹凸变形
【答案】ABCE

模拟题1 关于压力容器产品焊接试板要求的说法，错误的是(   )。
A. 产品焊接试板经外观检查
B. 产品焊接试板由焊接产品的焊工焊接
C. 现场组焊的球罐只制作立、横产品焊接试板
D. 产品焊接试板经射线检测
【答案】C

模拟题2 为检验压力容器产品焊接接头的力学性能和弯曲性能，应制作(   )产品焊接。
A. 平焊缝 B. 立焊缝 C. 环焊缝 D. 纵焊缝
【答案】D

模拟题3 制作压力容器产品焊接试板是检验压力容器产品焊接接头的力学性能的需要，产品焊接试板试样进行检验项目有(   )。
A. 拉力试验 B. 硬度试验 C. 冷弯试验 D. 冲击试验
E. 压力试验
【答案】ACD

模拟题4 压力容器产品焊接试板的焊接，应由(   )操作。
A. 焊接产品的焊工
B. 压力容器安装单位技能熟练的焊工
C. 产品制造单位技能熟练的焊接人员
D. 持有压力容器焊接资格证的焊工
【答案】A

模拟题5 需进行热处理的压力容器，其焊接试板的热处理应(   )。

A. 与容器同炉处理　　　　　　　B. 与容器分炉处理
C. 按热处理曲线单独处理　　　　D. 与容器同工艺处理
E. 与容器同时处理

【答案】ADE

模拟题 6 钢制储罐充水试验的水温不应低于(　　)。
A. -5℃　　　　B. 0℃　　　　C. 5℃　　　　D. 10℃

【答案】C

2H313052　钢结构制作与安装技术要求

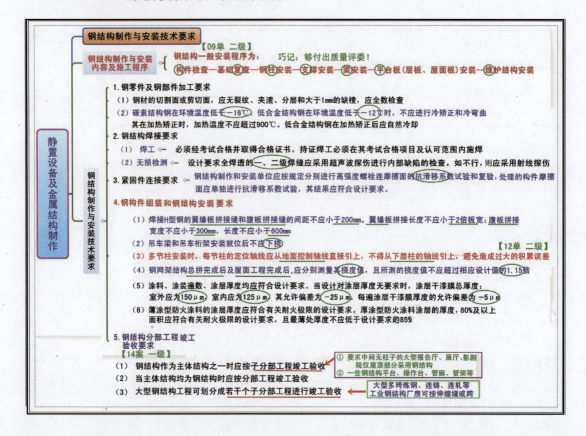

【解析】此部分有几个考点，一般考查选择题，而 2014 年一级机电实务在钢结构分部工程竣工验收要求（结合第三章分部工程质量验收）这里出了一个问答题，可见出题越来越灵活，建议理解+记忆，例如：

真题 1【14案 一级真题】写出压缩机钢结构厂房工程（分部工程）质量验收合格的规定。

真题 2【12单 二级真题】多节柱钢结构安装时，为避免造成过大的积累误差，每节柱的定位轴线应从(　　)直接引上。
A. 地面控制轴线　　B. 下一节轴线　　C. 中间节轴线　　D. 最高一节柱轴线

【答案】A

真题 3【09单 二级真题】钢结构一般安装顺序应为(　　)。

A. 构件检查→支撑安装→维护结构安装→钢柱安装
B. 钢柱安装→构件检查→支撑安装→维护结构安装
C. 构件检查→钢柱安装→支撑安装→维护结构安装
D. 钢柱安装→维护结构安装→支撑安装→构件检查

【答案】C 巧记：够付出质量评委

模拟题1 《钢结构工程施工质量验收规范》规定，低合金结构钢在环境温度低于（ ）时，不应进行冷校正和冷弯曲。

A. -18℃   B. -16℃   C. -14℃   D. -12℃

【答案】D

模拟题2 《钢结构工程施工质量验收规范》规定，设计要求全焊透的（ ）焊缝，应采用超声波探伤进行内部缺陷的检验。

A. 一级   B. 二级   C. 一级和二级   D. 二级和三级

【答案】C

模拟题3 钢结构制作和安装单位应按规定分别进行高强度螺栓连接摩擦面的（ ）试验和复验，其结果应符合设计要求。

A. 扭矩系数   B. 紧固轴力   C. 弯矩系数   D. 抗滑移系数

【答案】D

模拟题4 焊接 H 型钢的腹板拼接宽度不应小于300mm，长度不应小于（ ）。

A. 300mm   B. 400mm   C. 500mm   D. 600mm

【答案】D

模拟题5 吊车梁和吊车桁架安装就位后不应有（ ）。

A. 下挠   B. 上挠   C. 侧弯   D. 扭曲

【答案】A

模拟题6 多层和高层钢结构的多节柱安装时，每节钢柱的定位轴线的下列导引方法中，不正确的有（ ）。

A. 从地面控制轴线直接引上   B. 从中层柱的轴线引上
C. 从顶端控制轴线直接引下   D. 从上层柱的轴线引下
E. 从下层柱的轴线引上

【答案】BCDE

模拟题7 钢网架结构要求所测定挠度值不应超过相应设计值的1.15倍，挠度值测量应分别在工序（ ）完成时进行。

A. 地面组装   B. 装配   C. 单元网格安装   D. 总拼装
E. 屋面工程

【答案】DE

模拟题8 大型钢结构工程（ ）进行竣工验收。

A. 可按分项工程   B. 可划分成若干个子分部工程
C. 可按一个分部工程   D. 可按一个子分部工程

【答案】B

2H313060 自动化仪表工程施工技术

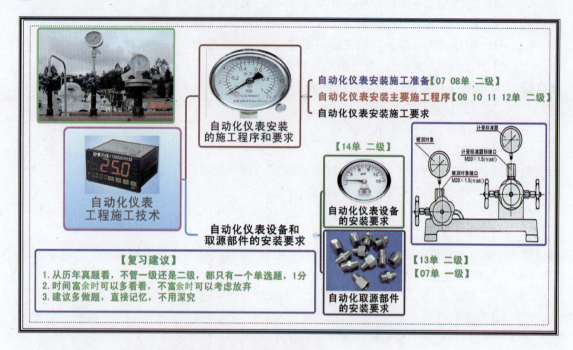

2H313061 自动化仪表安装的施工程序和要求

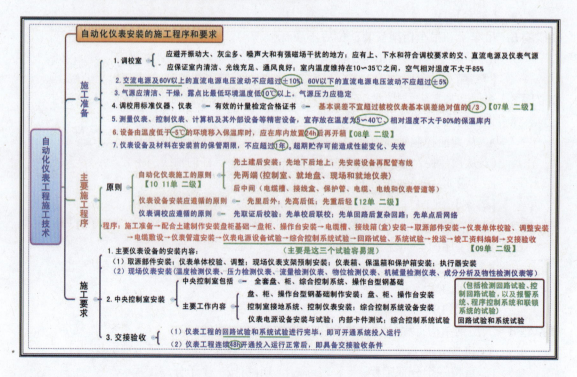

【解析】 高频考点部分，一般考查选择题，建议直接记忆，无需深究，例如：

真 题 1 【07单 二级真题】本工程中，调试用的仪表，基本误差不宜超过被校仪表基本误差绝对值的(　　)。

A. 1/3　　　　B. 1/2　　　　C. 2/3　　　　D. 3/4

【答案】A

真题 2 【08 单 二级真题】本工程中仪器设备到达施工现场应在库内存放( )后再开箱。

A. 3h　　　　B. 6h　　　　C. 12h　　　　D. 24h

【答案】D

真题 3 【10 单 二级真题】自动化仪表工程施工的原则是( )。

A. 先地上后地下　　　　B. 先配管后安装设备
C. 先中间后两端　　　　D. 先安装设备后布线

【答案】D

真题 4 【11 单 二级真题】自动化仪表工程施工的原则是( )。

A. 先地下后地上，先两端后中间，先土建后安装，先设备后配管布线
B. 先土建后安装，先中间后两端，先设备后配管布线，先地下后地上
C. 先配管布线后设备，先土建后安装，先两端后中间，先地下后地上
D. 先两端后中间，先地上后地下，先设备后配管布线，先土建后安装

【答案】A

真题 5 【12 单 二级真题】自动化仪表设备安装应遵循的程序是( )。

A. 先里后外，先低后高，先轻后重　　B. 先外后里，先低后高，先重后轻
C. 先外后里，先高后低，先轻后重　　D. 先里后外，先高后低，先重后轻

【答案】D

真题 6 【09 单 二级真题】自动化仪表工程施工中，综合控制系统试验的紧后工序是( )。

A. 保运　　　B. 竣工资料编制　　C. 交工　　　D. 回路试验

【答案】D

模拟题 1 自动化仪表调校室的室内温度维持在( )之间，空气相对湿度不大于85%。

A. 5~30℃　　　B. 5~35℃　　　C. 10~30℃　　　D. 10~35℃

【答案】D

模拟题 2 自动化仪表试验的24V直流电源电压波动不应超过( )。

A. ±2.5%　　　B. ±5%　　　C. ±7.5%　　　D. ±10%

【答案】B

模拟题 3 自动化仪表试验用的气源应清洁干燥，露点温度比最低环境温度低( )以上。

A. 3℃　　　B. 5℃　　　C. 7℃　　　D. 10℃

【答案】D

模拟题 4 自动化仪表工程施工程序中，仪表单体校验的紧前工序是( )。

A. 电缆敷设　　B. 取源部件安装　　C. 仪表单体调整　　D. 仪表电源设备安装

【答案】B

模拟题 5 在自动化仪表中，不属于现场仪表的是( )。

A. 温度检测仪表　　B. 压力检测仪表　　C. 物位检测仪表　　D. 功率测量仪表

【答案】D

模拟题 6 仪表中央控制室内回路试验主要是指控制回路试验和( )试验。

A. 反馈回路　　　B. 放大回路　　　C. 联锁回路　　　D. 检测回路
【答案】D

模拟题7 仪表系统可开通投入运行，要在( )完毕后进行。
A. 单体试验和交接试验　　　　　B. 回路试验和单体试验
C. 回路试验和系统试验　　　　　D. 系统试验和交接试验
【答案】C

模拟题8 仪表工程具备交接验收的条件是开通后连续正常运行( )。
A. 72h　　　　B. 48h　　　　C. 36h　　　　D. 24h
【答案】B

2H313062　自动化仪表设备和取源部件的安装要求

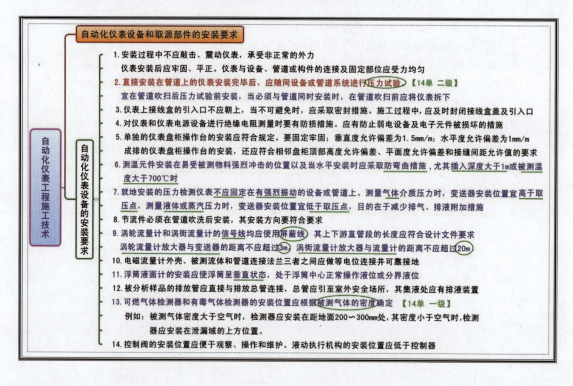

【解析】一般考查选择题，建议直接记忆，无需深究，例如：

真题1【14单 二级真题】直接安装在管道上的取源部件应随同管道系统进行( )。
A. 吹扫清洗　　B. 压力试验　　C. 无损检测　　D. 防腐保温
【答案】B

真题2【14单 一级真题】可燃气体检测器的安装位置应根据所测气体的( )确定。
A. 数量　　　　B. 流量　　　　C. 体积　　　　D. 密度
【答案】D

模拟题1 安装在管道上的仪表，宜在管道( )安装。
A. 吹扫后压力试验前　　　　　B. 吹扫、压力试验后
C. 吹扫前压力试验后　　　　　D. 吹扫、压力试验前
【答案】A

模拟题2　测温元件安装在易受被测物料强烈冲击的位置,以及当水平安装时,其插入深度大于1m应采取(　　)措施。
　　A. 防高温　　　　B. 防磨损　　　　C. 防振动　　　　D. 防弯曲
【答案】D

模拟题3　涡轮流量计的信号线应使用(　　)。
　　A. 控制线　　　　B. 屏蔽线　　　　C. 视频线　　　　D. 双绞线
【答案】B

模拟题4　涡轮流量计放大器与变送器的距离不应超过(　　)。
　　A. 3m　　　　　B. 5m　　　　　C. 10m　　　　　D. 15m
【答案】A

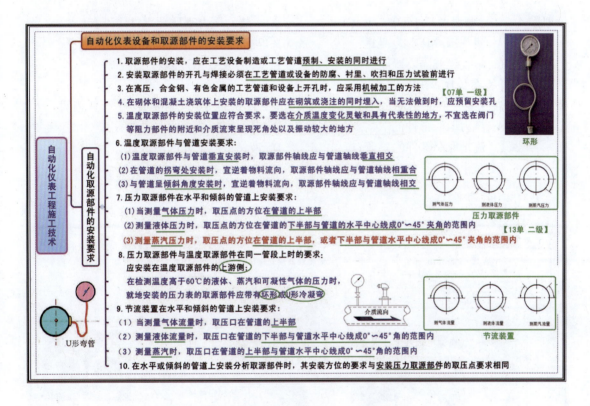

【解　析】　一般考查选择题,建议直接记忆,无需深究,例如:

真题1　【13单 二级真题】当取源部件设置在管道的下半部与管道水平中心线成0°~45°夹角范围内时,其测量的参数是(　　)。
　　A. 气体压力　　　B. 气体流量　　　C. 蒸汽压力　　　D. 蒸汽流量
【答案】C

真题2　【07单 一级真题】自动化仪表设备的取源部件在砌体和混凝土浇筑体上安装时,最好的做法是(　　)。
　　A. 在砌筑或浇筑前定位好取源部件　　B. 在砌筑或浇筑中预留安装孔
　　C. 在砌筑或浇筑同时埋入取源部件　　D. 在砌筑或浇筑后钻孔安装取源部件
【答案】C

模拟题1　温度取源部件的安装位置应在(　　)。
　　A. 介质温度变化灵敏的地方　　B. 阀门部件的附近
　　C. 介质流束稳定处　　D. 介质温度稳定的地方
　【答案】A

模拟题2　温度取源部件与管道呈倾斜角度安装时，取源部件轴线应与管道轴线(　　)。
　　A. 垂直　　B. 相交　　C. 重合　　D. 平行
　【答案】B

模拟题3　压力取源部件与温度取源部件在同一管段上时，应安装在温度取源部件的(　　)。
　　A. 上游侧　　B. 下游侧　　C. 相邻位置　　D. 0.5m 以内
　【答案】A

模拟题4　在检测温度高于60°C液体压力，其就地安装的压力表取源部件应带有(　　)。
　　A. 集气罐或环形冷凝罐　　B. 隔离罐或U形冷凝弯
　　C. 集气罐或隔离罐　　D. 环形或U形冷凝弯
　【答案】D

模拟题5　在水平管道上安装分析取源部件时，其安装方位的要求与安装(　　)相同。
　　A. 压力取源部件的取压点　　B. 温度取源部件的取温点
　　C. 流量取源部件的层流点　　D. 液位取源部件的液位点
　【答案】A

2H313070　防腐蚀与绝热工程施工技术

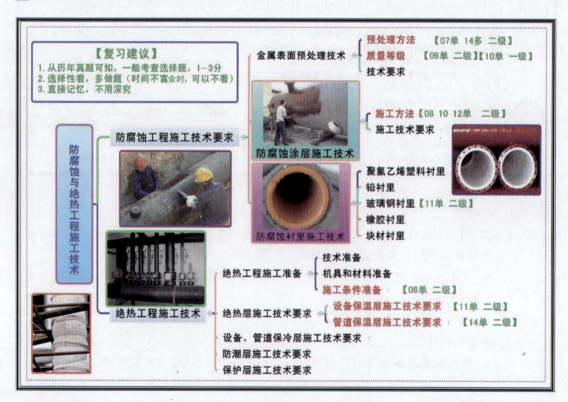

2H313071 防腐蚀工程施工技术要求

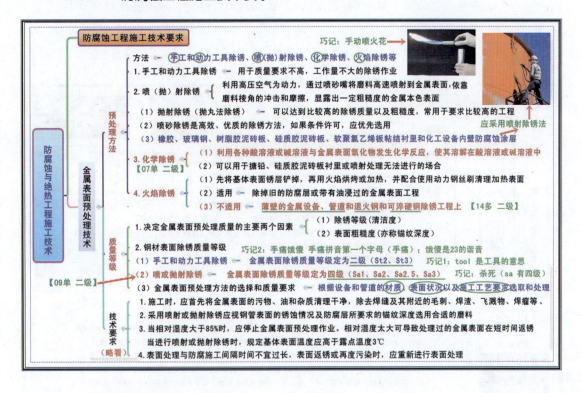

【解析】 一般考查选择题，建议直接记忆，无需深究，例如：

真 题 1 【14多 二级真题】下列需除锈的材料或工件中，不宜采用火焰除锈的有(　　)。
A. 油浸过的金属表面　　　　B. 厚钢板
C. 薄壁钢管　　　　　　　　D. 退火钢
E. 淬火钢
【答案】CDE

真 题 2 【07单 二级真题】本工程中，用盐酸溶液对管道内壁进行冲洗对工艺管线内壁表面所做的预处理属于(　　)。
A. 手工除锈　　B. 喷射除锈　　C. 火焰除锈　　D. 化学除锈
【答案】D

真 题 3 【09单 二级真题】金属表面预处理质量等级有四级的方法是(　　)除锈。
A. 手工　　B. 喷射　　C. 火焰　　D. 化学
【答案】B

真 题 4 【10单 一级真题】金属表面预处理等级为 Sa2 级的除锈方式是(　　)。
A. 手工除锈　　B. 喷射除锈　　C. 火焰除锈　　D. 化学除锈
【答案】B

模拟题 1 管道除锈质量要求达到 St2 级，采用的除锈方法是(　　)。
A. 化学除锈　　B. 火焰除锈　　C. 喷砂除锈　　D. 手工除锈
【答案】D

模拟题 2 金属表面预处理方法的选择和质量要求，主要根据设备和管道的(　　)进行选取和处理。

A. 材质　　　　B. 储存状况　　　　C. 表面状况　　　　D. 施工环境条件

E. 施工工艺要求

【答案】ACE

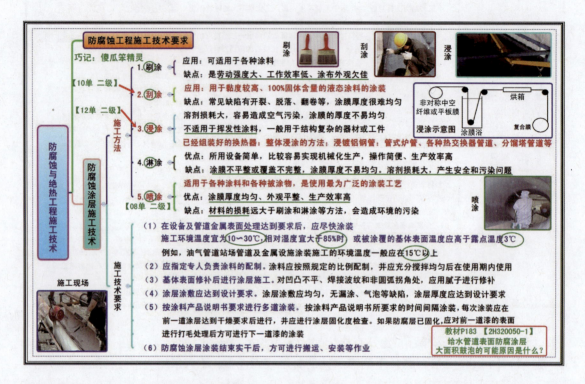

【解　析】　一般考查选择题，建议直接记忆，无需深究，例如：

真 题 1　【12单 二级真题】盘管式热交换器管道进行内外防腐处理，常采用的涂装方法是(　　)。

A. 浸涂　　　　B. 刷涂　　　　C. 淋涂　　　　D. 喷涂

【答案】A

真 题 2　【10单 二级真题】防腐蚀涂层施工时，若采用黏度高、100%固体含量的液态涂料，宜选用的涂装方法是(　　)。

A. 喷涂　　　　B. 浸涂　　　　C. 刷涂　　　　D. 刮涂

【答案】D

真 题 3　【08单 二级真题】本工程（目前最广泛的）对管道所采用的防腐层涂装工艺是(　　)。

A. 喷涂　　　　B. 淋涂　　　　C. 刷涂　　　　D. 刮涂

【答案】A

模拟题1　防腐蚀涂层施工采用的刷涂是最简单的手工涂装方法，优点很多，但其缺点是劳动强度大、工作效率低和(　　)。

A. 易开裂　　　　　　　　　　　　B. 易脱落

C. 涂布外观欠佳　　　　　　　　　D. 难于使涂料渗透金属表层气孔

【答案】C

模拟题2 防腐蚀涂层常用的施工方法中，不适用于挥发性涂料的是（　　）。
　　A. 刷涂　　　　　　　　　　B. 浸涂
　　C. 淋涂　　　　　　　　　　D. 喷涂
【答案】B

模拟题3 防腐蚀涂层采用喷涂法，相对于刷涂和淋涂方法，其缺点是（　　），且使用溶剂性涂料时会造成环境的污染。
　　A. 材料损耗大　　　　　　　B. 覆盖不完整
　　C. 涂膜厚度不均匀　　　　　D. 劳动强度大
【答案】A

模拟题4 防腐蚀涂层采用喷涂法是使用最为广泛的涂装工艺，它的优点是（　　）。
　　A. 涂膜厚度均匀　　　　　　B. 外观平整
　　C. 材料损耗小　　　　　　　D. 生产效率高
　　E. 利于环境保护
【答案】ABD

模拟题5 关于防腐蚀涂层施工技术要求的下列说法中，错误的是（　　）。
　　A. 在设备及管道金属表面处理达到要求后应尽快涂装
　　B. 施工环境温度宜为5~40°C
　　C. 涂料配制、搅拌均匀后在使用期内使用
　　D. 涂层施工前应对凹凸不平、焊接波纹和非圆弧拐角处用腻子修补
【答案】B

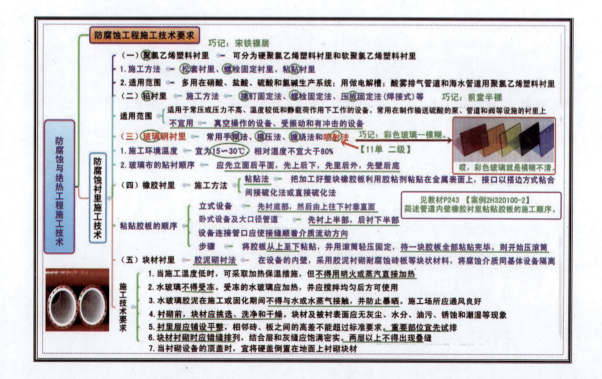

【解 析】 一般考查选择题，建议直接记忆，无需深究，例如：

真题1 【11单 二级真题】采用玻璃钢作防腐蚀衬里的化工设备，其表面的预处理方法应为( )除锈。
A. 人工 B. 机械
C. 喷射 D. 化学
【答案】C

模拟题1 采用聚氯乙烯塑料的防腐蚀衬里，其施工方法有( )。
A. 模压衬里 B. 松套衬里
C. 螺栓固定衬里 D. 搪钉固定衬里
E. 粘贴衬里
【答案】BCE 巧记：宋铁裸居

模拟题2 对于真空操作的设备、受振动和有冲击的设备，不宜采用的衬里方法是( )。
A. 铅衬里 B. 橡胶衬里
C. 玻璃钢衬里 D. 聚氯乙烯塑料衬里
【答案】A

模拟题3 采用玻璃钢的防腐蚀衬里，其施工方法有( )。
A. 手糊法 B. 缠绕法
C. 模压法 D. 压板固定法
E. 喷射法
【答案】ABCE 巧记：彩色玻璃——模糊

模拟题4 橡胶衬里施工中粘贴胶板的下列做法，错误的是( )。
A. 立式设备先衬底部
B. 设备连接管口应使接缝顺着介质流动方向
C. 卧式设备及大口径管道先衬下半部，后衬上半部
D. 一块胶板全部粘贴完毕，开始压滚筒固定胶板
【答案】C

模拟题5 块材防腐蚀衬里是采用耐腐蚀砖板等块状材料将腐蚀介质同基体设备隔离，一般采用的施工方法是( )。
A. 缠绕法 B. 模压法
C. 胶泥砌衬法 D. 粘贴法
【答案】C

模拟题6 关于块材衬里施工技术要求的说法中，正确的有( )。
A. 当施工温度低时，可采取加热保温措施，或用明火或蒸汽直接加热
B. 水玻璃胶泥在施工或固化期间不得与水或水蒸气接触，并防止暴晒
C. 衬砌前，块材应挑选、洗净和干燥
D. 衬里层应铺设平整，重要部位宜先试排
E. 当衬砌设备的顶盖时，宜将硬盖倒置在地面上衬砌块材
【答案】BCDE

2H313072 绝热工程施工技术要求

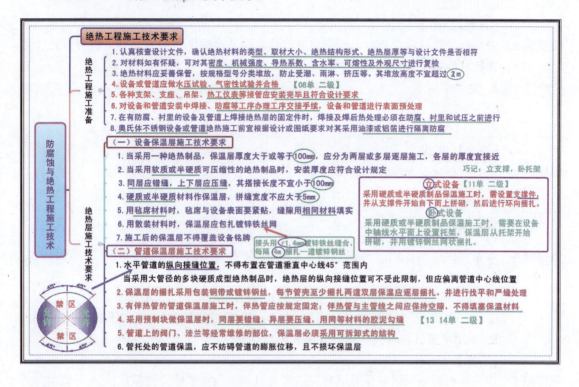

【解析】 一般考查选择题，建议直接记忆，无需深究，例如：

真题1 【14单 二级真题】管道保温作业正确的做法是( )。
　　A. 伴热管道与管道间的空隙应填充材料
　　B. 用铝带捆扎保温层，每节管壳至少捆扎一道
　　C. 阀门的保温应采用可拆卸式结构
　　D. 同层保温预制块的接缝要对齐
　　【答案】 C

真题2 【13单 二级真题】采用预制块做保温层的要求是( )。
　　A. 同层要错缝，异层要压缝，用同等级材料的胶泥勾缝
　　B. 同层要错缝，异层要压缝，用高一等级材料的胶泥勾缝
　　C. 同层要压缝，异层要错缝，用同等级材料的胶泥勾缝
　　D. 同层要压缝，异层要错缝，用高一等级材料的胶泥勾缝
　　【答案】 A

真题3 【08单 二级真题】管道绝热工程具备施工的条件不应包括( )。
　　A. 水压试验并合格　　　　　　B. 热工仪表安装完毕
　　C. 吹扫清洗完毕　　　　　　　D. 管道防腐施工完毕
　　【答案】 C

模拟题1 在工业设备及管道绝热工程施工技术准备中，应核查设计文件，确认绝热材料的( )等与设计文件相符。
　　A. 类型　　　　　　　　　　　B. 绝热层厚

C. 取材大小 D. 绝热结构形式
E. 机械强度

【答案】ABCD

模拟题2 进场的绝热材料应具有出厂合格证,检查时若对进场材料有怀疑可进行复检,可选择复检的项目有( )。

A. 绝热结构形式 B. 密度
C. 导热系数 D. 含水率
E. 可熔性

【答案】BCDE

模拟题3 绝热材料应妥善保管,按规格型号分类堆放,其堆放高度不宜超过( )。

A. 2m B. 3m
C. 4m D. 5m

【答案】A

模拟题4 设备保温层施工时,其保温制品的层厚大于100mm时,应分两层或多层施工,其施工要点有( )。

A. 逐层施工 B. 同层错缝
C. 上下层压缝 D. 保温层拼缝宽度不应大于5mm
E. 采用毡席材料时,毡席与设备表面留空隙

【答案】ABCD

模拟题5 用毡席材料施工设备保温层时,毡席与设备表面要紧贴,缝隙用( )填实。

A. 岩棉 B. 玻璃棉
C. 胶泥 D. 同种毡席材料

【答案】D

模拟题6 管道保温层施工中,水平管道的保温层纵向接缝位置不得布置在( )。

A. 管道垂直中心线45°范围内 B. 管道垂直中心线60°范围内
C. 管道水平中心线45°范围内 D. 水平位置

【答案】A

模拟题7 有伴热管的管道保温层施工时,伴热管应按规定固定,伴热管与主管线之间应保持( ),不得填塞保温材料。

A. 接触 B. 贴紧
C. 空隙 D. 一定角度

【答案】C

模拟题8 管道采用预制块做保温层时,施工中应达到的要求有( )。

A. 层间留间隙 B. 同层要错缝
C. 异层要压缝 D. 缝隙间填实保温材料
E. 用同等材料的胶泥勾缝

【答案】BCE

2H310000 机电工程施工技术

```
                    注意与设备保温层厚度（≥100mm）的区别，容易混在一起做干扰
       绝热工程施工技术要求
       1. 采用一种保冷制品层厚大于80mm时，应分两层或多层逐层施工
       2. 硬质或半硬质材料作保冷层，拼缝宽度不应大于5mm
设  管  3. 采用现场聚氨酯发泡应根据材料厂家提供的配合比进行现场试发泡
备  道        阀门、法兰保冷可根据设计要求采用聚氨酯发泡或做成可拆卸保冷结构
、  保  4. 设备支承件处的保冷层应加厚，保冷层的伸缩缝外面，应再进行保冷
防        5. 管托、管卡等处的保冷，支承块用致密的刚性聚氨酯泡沫塑料块或硬质木块，采用硬质木块做支承块时，
腐        施  硬质木块应浸渍沥青防腐
蚀  层  技  6. 保冷设备及管道上的裙座、支座、吊耳、仪表管座、支吊架等附件，必须进行保冷。其保冷层长度不得小
与  施  术     于保冷层厚度的4倍或敷设至垫块处。保冷层的厚度应为邻近保冷层厚度的1/2，但不得小于40mm，设备裙
绝  工  要     座里外均需保冷
热  要  求  7. 施工后的保冷层应将设备铭牌处覆盖，设备铭牌应粘贴在保冷系统的外面，粘贴铭牌时不得刺穿防潮层
工     8. 接管处保冷，在螺栓处应预留出拆卸螺栓的距离
程
施  防  1. 设备或管道的保冷层和敷设在地沟内管道的保温层，其外表面均应设置防潮层，以阻止蒸汽渗透，维护绝热能力和效果
工  潮  2. 防潮层以冷法施工为主，应采用粘贴、包缠、涂抹或涂膜等结构
技  层  3. 当防潮层采用玻璃纤维布复合胶泥涂抹施工时，应符合下列规定：
术  施     （1）立式设备和垂直管道的环向接缝      应为上下搭接
   工     （2）卧式设备和水平管道的纵向接缝位置   应在两侧搭接，并应缝口朝下
   技     （3）粘贴的方式              采用螺旋形缠绕法或平铺法
   术  4. 防潮层外不得设置钢丝、钢带等硬质捆扎件
   要  5. 设备筒体、管道上的防潮层应连续施工，不得有断开或断层等现象。防潮层封口处应封闭
   求
```

【解 析】 一般考查选择题，建议直接记忆，无需深究，例如：

模拟题1 设备管道保冷层施工中，如采用一种保冷制品，当层厚大于(　　)时，应分两层或多层逐层施工。

A. 50mm　　　　　　　　　　　B. 60mm
C. 100mm　　　　　　　　　　 D. 80mm

【答案】D

模拟题2 管道上附件必须保冷，保冷层长度应大于等于保冷层厚度的(　　)倍或敷设至垫木处。

A. 1　　　　　　　　　　　　B. 2
C. 3　　　　　　　　　　　　D. 4

【答案】D

模拟题3 设备或管道的保冷层和敷设在地沟内管道的保温层，其外表面均应设置防潮层，防潮层采用的主施工方法是(　　)。

A. 现场发泡　　　　　　　　　B. 冷法施工
C. 砌衬法　　　　　　　　　　D. 模压法

【答案】B

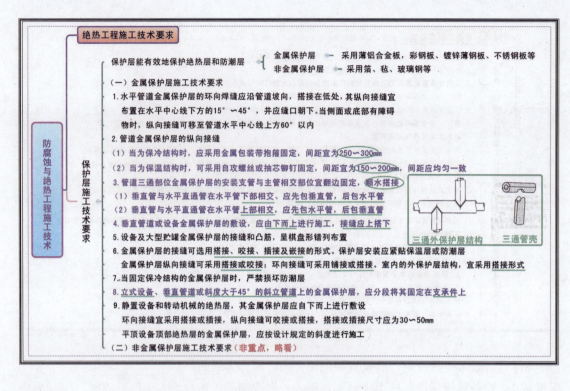

【解 析】 一般考查选择题，建议直接记忆，无需深究，例如：

模拟题1 管道保冷结构金属保护层的纵向接缝应采用金属包装带抱箍固定，间距宜为（　　）。

A. 150～200mm　　　　　　　B. 200～250mm
C. 250～300mm　　　　　　　D. 300～400mm

【答案】C

模拟题2 管道三通部位金属保护层的安装，支管与主管相交部位宜翻边固定，采用顺水（　　）的连接方式。

A. 咬接　　　　　　　　　　B. 搭接
C. 插接　　　　　　　　　　D. 嵌接

【答案】B

模拟题3 垂直管道或设备金属保护层的敷设方法和要求是（　　）。

A. 由下而上施工，接缝上搭下　　B. 由上而下施工，接缝上搭下
C. 由下而上施工，接缝下搭上　　D. 由上而下施工，接缝下搭上

【答案】A

模拟题4 设备、管道隔热的金属保护层施工中，（　　）要求将其金属保护层分段固定在支承件上。

A. 支座距离大的卧式设备　　　　B. 立式设备
C. 垂直管道　　　　　　　　　　D. 斜度大于45°的斜立管道
E. 大跨度水平管道

【答案】BCD

2H313080 工业炉窑砌筑工程施工技术

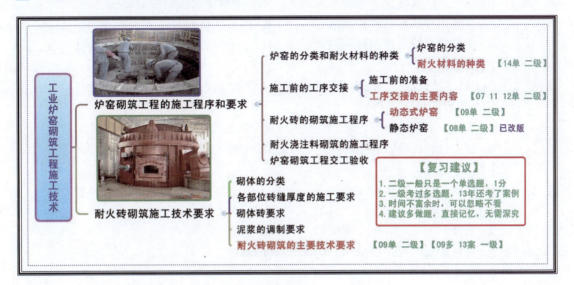

2H313081 炉窑砌筑工程的施工程序和要求

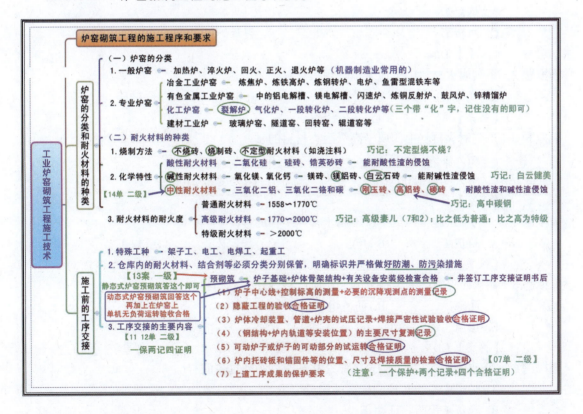

【解 析】 一般考查选择题，但是2013年一级机电实务在预砌筑这个知识点上考了案例分析题，建议理解+记忆，例如：

真题1 【14单 二级真题】下列耐火材料中，属于中性耐火材料的是( )。
A. 高铝砖　　　　B. 镁铝砖　　　　C. 硅砖　　　　D. 白云石砖

【答案】A　　巧记：高中碳钢

真题2 【12单 二级真题】下列炉窑砌筑工序中，不属于交接内容的是(　　)。
A. 上道工序成果的保护要求　　B. 耐火材料的验收
C. 炉子中心线及控制高程测量记录　D. 炉子可动部分试运转合格证明
【答案】B

真题3 【11单 二级真题】根据《工业炉砌筑工程施工及验收规范》，不属于工序交接证明书内容的是(　　)。
A. 隐蔽工程验收合格的证明　　B. 焊接严密性试验合格的证明
C. 耐火材料的验收合格证明　　D. 上道工序成果的保护要求
【答案】C

真题4 【07单 二级真题】炉子砌筑前，上道工序应提供锚固件的尺寸、位置及(　　)记录。
A. 数量　　　　　　　　　　B. 形状
C. 焊接质量　　　　　　　　D. 材质
【答案】C

模拟题1 下列炉窑中，属于化工炉窑的是(　　)。
A. 炼焦炉　　　　　　　　　B. 闪速炉
C. 回转窑　　　　　　　　　D. 裂解炉
【答案】D

模拟题2 下列耐火材料中，属于碱性耐火材料的是(　　)。
A. 镁砖　　　B. 碳砖　　　C. 高铝砖　　　D. 硅砖
【答案】A　　巧记：白云健美

模拟题3 下列耐火材料中，属于高级耐火材料的是(　　)
A. 耐火度为1560℃　　　　　B. 耐火度为1700℃
C. 耐火度为1800℃　　　　　D. 耐火度为2100℃
【答案】C

模拟题4 下列砌筑施工人员中，不属于特殊工种的是(　　)。
A. 筑炉工　　B. 电工　　C. 架子工　　D. 焊工
【答案】A

模拟题5 耐火砖保管除分类保管外．还应严格做好(　　)措施。
A. 防寒　　　B. 防静电　　C. 防潮　　　D. 防污染
E. 恒温
【答案】CD

模拟题6 下列资料中，属于砌筑工序交接证明书必须具备的有(　　)。
A. 炉子中心线和控制标高的测量记录
B. 隐蔽工程验收证明记录
C. 炉内托砖板焊接质量检查合格证明
D. 锚固件材质合格证明
E. 炉体的几何尺寸的复查记录
【答案】ABC

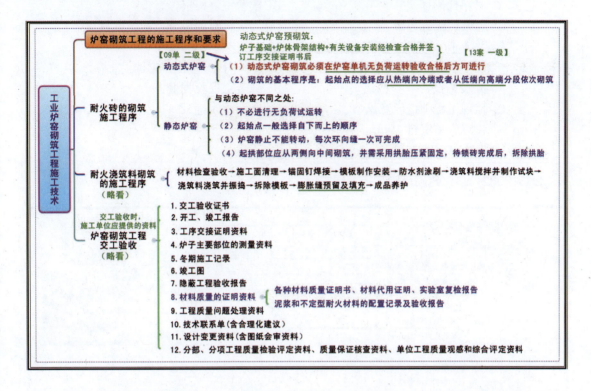

【解析】一般考查选择题，但是2013年一级机电实务在预砌筑这个知识点上考了案例分析题，建议理解+记忆，例如：

真题1 【09单 二级真题】动态式炉窑砌筑必须在( )合格后方可进行。
A. 炉窑壳（筒）体安装验收
B. 炉窑壳（筒）体对接焊缝经无损检测
C. 炉窑单机无负荷试运转验收
D. 炉窑无负荷联动试运转验收
【答案】C

模拟题1 动态炉窑砌筑是从( )。
A. 工作温度的热端处   B. 离传动最近的焊缝处
C. 检修孔（门）处   D. 支撑位置处
【答案】A

模拟题2 静态炉窑与动态炉窑砌筑的不同点有( )。
A. 不必进行无负荷试运转   B. 根据不同部位和要求可采用干砌或湿砌
C. 锁砖不宜修成楔形   D. 环向缝每次可一次完成
E. 预留膨胀缝
【答案】AD

模拟题3 耐火浇筑料施工程序中，膨胀缝填充的紧前工序是( )。
A. 模板拆除   B. 浇筑料振捣   C. 浇筑料浇筑   D. 成品养护
【答案】A

模拟题4 耐火材料的质量证明资料不包括( )。

A. 材料代用证明 B. 实验室复检报告
C. 泥浆的配置记录 D. 耐火材料的成分及配比资料
【答案】D

模拟题5 炉窑砌筑交工验收时，施工单位应提供的资料中，包括(　　)。
A. 开竣工报告 B. 隐蔽工程验收报告
C. 监理工程师指导意见书 D. 冬期施工记录
E. 设计变更资料
【答案】ABDE

2H313082 耐火砖砌筑施工技术要求

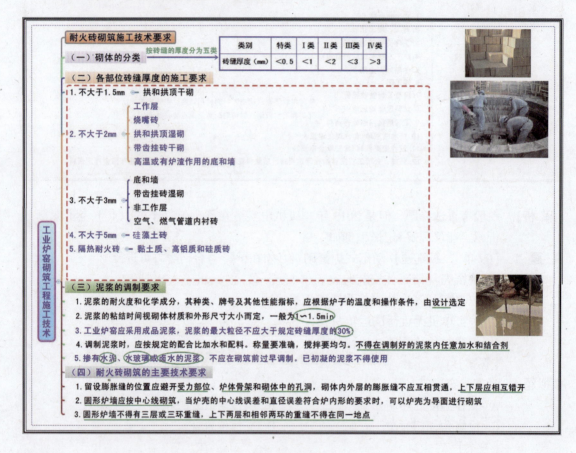

【解 析】 一般考查选择题，建议直接记忆，无需深究，例如：

模拟题1 耐火砖砖缝厚度为Ⅱ类的，其砖缝厚应小于(　　)mm。
A. 0.5　　　　B. 1　　　　C. 2　　　　D. 3
【答案】C

模拟题2 一般工业炉窑砌筑，要求砌体砖缝厚度不大于2mm的有(　　)。
A. 煤气管道内衬砖　B. 拱和拱顶湿砌　C. 工作层　　D. 硅藻土砖
E. 高温或有炉渣作用的底和墙
【答案】BCE

模拟题3 可用做隔热耐火砖的是(　　)。

A. 镁砖　　　　B. 镁铝砖　　　　C. 碳砖　　　　D. 高铝砖
【答案】D

模拟题4　硅藻土砖砌筑时,其砖缝不应大于( )mm。
A. 5　　　　B. 1　　　　C. 2　　　　D. 3
【答案】A

模拟题5　炉窑砌筑采用成品泥浆时,其最大粒径不应大于规定砖缝厚度的( )。
A. 15%　　　B. 20%　　　C. 25%　　　D. 30%
【答案】D

模拟题6　砌筑工程中,掺有( )的泥浆,不应在砌筑前过早调试。
A. 水泥　　　B. 粉煤灰　　　C. 水玻璃　　　D. 缓凝剂
E. 卤水
【答案】ACE

模拟题7　耐火砖砌筑时,膨胀缝的位置应避开( )。
A. 高温部位　　B. 受力位置　　C. 炉体骨架部位　　D. 砌体中的孔洞
E. 焊缝部位
【答案】ACD

模拟题8　圆形炉墙砌筑时,重缝不得超过( )层(环)。
A. 2　　　　B. 3　　　　C. 4　　　　D. 5
【答案】B

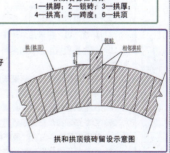

拱顶各部位名称
1—拱脚；2—锁砖；3—拱厚；4—拱高；5—跨度；6—拱顶

拱和拱顶锁砖留设示意图

耐火砖砌筑施工技术要求
(四)耐火砖砌筑的主要技术要求

4. 拱和拱顶施工技术要点：
(1) 必须从两侧拱脚同时向中心对称砌筑。砌筑时,严禁将拱砖的大小头倒置
(2) 锁砖应按拱和拱顶的中心线对称均匀分布
  ① 跨度小于3m的拱和拱顶应打入1块锁砖
  ② 跨度在3~6m之间时,应打入3块锁砖
  ③ 跨度大于6m时,应打入5块锁砖
(3) 锁砖砌入拱和拱顶内的深度宜为砖长的2/3~3/4,但同一拱和拱顶的锁砖砌入深度应一致；
(4) 打锁砖时,两侧对称的锁砖应同时均匀打入,且宜采用木锤打入,若采用铁锤时,应垫以木块
(5) 不得使用砍掉厚度1/3以上的或砍凿长侧面使大面成楔形的锁砖

5. 吊挂砖施工技术要点：
(1) 吊挂平面的吊挂砖,应从中间向两侧砌筑。其边砖同炉墙接触处应留设膨胀缝
(2) 吊挂拱应环砌。环缝彼此平行,并应与炉顶纵向中心线保持垂直
(3) 吊挂砖应分环锁紧,各环锁紧度应一致。锁砖锁紧后,应立即将吊挂长销穿好

6. 砌筑时的要求：
(1) 湿砌时,所有砖缝中泥浆应饱满,其表面应勾缝,泥浆干涸后,不得敲击砌体
  ① 干砌底和墙时,砖缝内应以干耐火粉填满
  ② 干砌旋转炉窑时,锁砖相对松动的砖缝楔入钢片,直至密实
(2) 砖的加工面,不宜朝向炉膛,炉子通道内表面及膨胀缝
(3) 砌砖中断或返工拆除时,应做成梯形斜棱
(4) 加工砖的厚度不得小于原砖厚度的2/3　【09单 二级】

【解析】一般考查选择题,建议直接记忆,无需深究,例如：
真 题1 【09单 二级真题】规范规定,炉窑耐火砖砌筑的加工砖厚度不得小于原砖厚度

的( )。

A. 1/3　　　　　B. 1/2　　　　　C. 2/3　　　　　D. 3/4

【答案】C

模拟题1 炉窑砌筑时，起拱跨度大于6m时，拱和拱顶应打入( )锁砖。

A. 1块　　　　　B. 2块　　　　　C. 3块　　　　　D. 5块

【答案】D

模拟题2 耐火砖锁砖时，宜( )。

A. 用手锤打入　B. 用木锤打入　C. 用压力机加铁片压入　D. 加铁片用手锤打入

【答案】B

模拟题3 拱和拱顶的砌筑要点中，正确的有( )。

A. 从两侧拱脚同时向中心对称砌筑

B. 锁砖应按拱和拱顶中心线对称均匀分布

C. 锁砖深度不宜超过砖长度的2/3

D. 打锁砖时，两侧对称的锁砖应同时均匀打入

E. 锁砖大面宜修成楔形

【答案】ABD

模拟题4 炉窑砌筑时，吊挂拱顶锁砖应遵循( )。

A. 不宜锁得太紧　　　　　　　B. 整体同时锁紧

C. 分环锁紧，锁紧度一致　　　D. 分段锁紧，每段锁紧度应一致

【答案】C

模拟题5 砌筑时，砖的加工面不宜朝向( )。

A. 炉壁　　　　　B. 炉膛　　　　　C. 炉子通道内表面　　　D. 焊缝

E. 膨胀缝

【答案】BCE

耐火砖砌筑施工技术要求

（四）耐火砖砌筑的主要技术要求

工业炉窑砌筑工程施工技术

7. 冬期施工的技术措施　【09多 一级】

(1) 当室外日平均气温连续5天稳定低于5℃时，即进入冬期施工

(2) 冬期砌筑工业炉，应在采暖环境中进行，工作地点和砌体周围的温度均不应低于炉子砌筑完毕，但不能随即烘炉投产时，应采用烘干措施，否则砌体周围的温度不应低于5℃

(3) 耐火砖和预制块在砌筑前，应预热0℃以上，耐火泥浆施工时的温度不宜低于10℃

9. 烘炉

(1) 烘炉必须在该项全部砌筑结束，并进行交工验收和办理了交接手续后，且其生产流程有关的设备(包括热工仪表)联合试运转合格后进行

(2) 工业炉窑在投入生产前必烘干透。应先烘烟囱和烟道，后烘炉体

(3) 烘炉必须按烘炉曲线进行，烘炉过程中应做详细记录，并应测定和绘制实际烘炉曲线　【13案 一级】

若发现异常，应及时采取相应措施

(4) 烘炉期间应仔细观察护炉铁件和内衬膨胀情况以及拱顶的变化情况

必要时，可调节拉杆螺母以控制拱顶的上升数值；在大跨度拱顶的上面，应安装标志，以便检查拱顶的变化情况

(5) 烘炉过程中，若主要设备出现故障而影响其正常升温时，应立即进行保温或停炉

待故障消除后，才可以按烘炉曲线继续升温烘炉

(6) 烘炉过程中所出现的缺陷，经处理确认后，才可投入正常生产

【解析】 一般考查选择题，但是2013年一级机电实务在烘炉这个知识点上考了案例分析题，建议理解+记忆，例如：

真题1 【09多 一级真题】工业炉冬季砌筑时，下列措施正确的是( )。
A. 应在采暖环境中进行
B. 工作地点和砌体周围的温度均不应低于5℃
C. 耐火砖和预制块在砌筑前应预热至0℃以上
D. 调制高铝水泥耐火浇筑的水温不应超过60℃
E. 耐火浇筑料施工过程中，应及时加入促凝剂
【答案】ABC

真题2 【13案 一级真题】【背景节选】动态炉焊接完成后，项目部即着手炉窑的砌筑，监理工程师予以制止，砌筑后，在没有烘炉技术资料的情况下，项目部根据在某场的烘炉经验开始烘炉，又一次遭到监理工程师的制止。
问题：分别说明动态炉窑砌筑和烘炉时两次遭监理工程师制止的原因。
【解析】 两次制止的原因分别是：
(1) 第一次制止是因为焊接后不能马上砌筑，工业炉砌筑工程应于炉子基础、炉体骨架结构和有关设备安装完毕，经检查合格并签订工序交接证明书，并且在炉窑单机无负荷运转验收合格后，方可进行施工。
(2) 第二次制止是因为不能仅凭经验进行烘炉，烘炉必须先制定工业炉的烘炉计划，准备烘炉用机械和机具，编制烘炉期间筑炉专业的施工作业计划，按照烘炉曲线和操作规程进行。

模拟题1 冬期砌筑时，耐火泥浆的温度应在( )以上。
A. 0℃   B. 5℃   C. 10℃   D. 15℃
【答案】C

模拟题2 砌筑工程冬期施工措施中，下列说法正确的有( )。
A. 应在采暖环境中进行
B. 工作地点和砌体周围温度不应低于5℃
C. 砌筑完成后，若不能立即烘炉，周围温度不应低于0℃
D. 耐火砖和预制块应预热至0℃以上
E. 耐火泥浆施工时的温度不宜低于5℃
【答案】ABD

模拟题3 烘炉时，烘炉体前应先烘( )。
A. 烟囱及烟道   B. 物料输入系统
C. 进风管道   D. 物料输出系统
【答案】A

模拟题4 烘炉期间应仔细重点观察的内容有( )。
A. 护炉铁件的变化   B. 动态炉窑的运转情况
C. 内衬膨胀情况   D. 炉体的膨胀情况
E. 拱顶的变化情况
【答案】ACE

2H314000 建筑机电工程施工技术

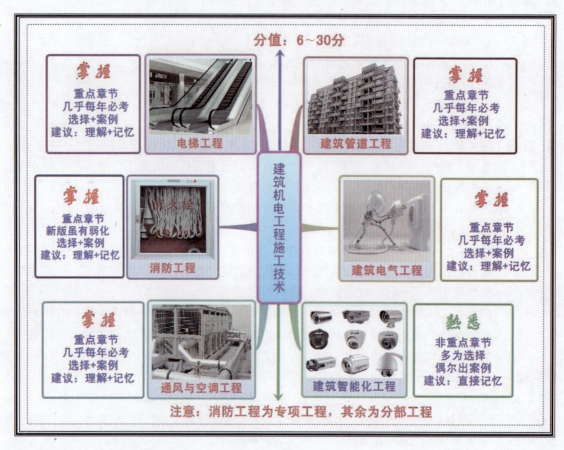

2H314010 建筑管道工程施工技术

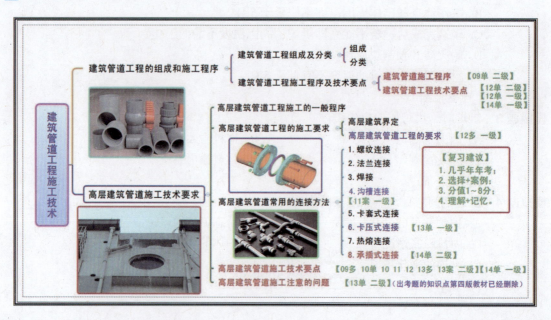

2H314011 建筑管道工程的组成和施工程序

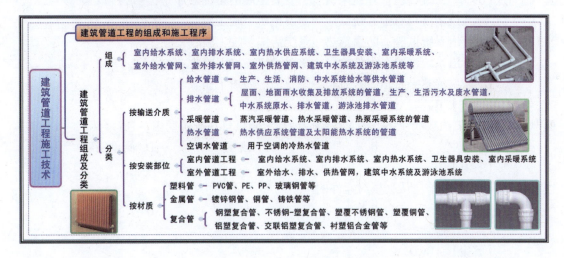

【解析】 非重点，一般考查选择题，直接记忆（可以想想家里都用到了哪些水管），无需深究，例如：

模拟题1 建筑管道工程分类，按输送介质划分可分为：给水管道、（　　）等。
　　A. 排水管道　　B. 采暖管道　　C. 排污管道　　D. 热水管道
　　E. 空调水管道
【答案】 ABDE

模拟题2 建筑热水管道包括（　　）。
　　A. 热水供应管道　　　　　　　　B. 太阳能热水管道
　　C. 热水采暖管道　　　　　　　　D. 空调热水管道
　　E. 蒸汽采暖管道
【答案】 AB

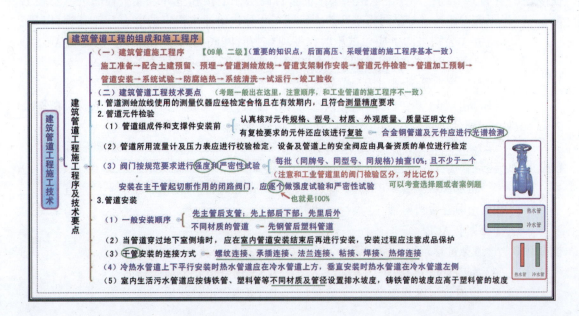

【解析】 一般考查选择题，阀门检验可以出案例分析题，建议理解+记忆，例如：

真题1 【09单 二级真题】建筑采暖管道安装工序的正确顺序是( )。
　A. 系统清洗→管道系统试验→防腐绝热→竣工验收
　B. 管道系统试验→防腐绝热→系统清洗→竣工验收
　C. 管道系统试验→附件检验→防腐绝热→竣工验收
　D. 防腐绝热→管道系统试验→系统清洗→竣工验收
　【答案】B

模拟题1 管道测绘放线使用的测量仪器应经检定合格且在有效期内，且符合( )要求。
　A. 业主　　　　B. 监理　　　　C. 现场　　　　D. 测量精度
　【答案】D

模拟题2 管道安装前应认真核对元件的( )和质量证明文件等。
　A. 规格　　　　B. 型号　　　　C. 材质　　　　D. 外观质量
　E. 光谱检测报告
　【答案】ABCD

模拟题3 有复验要求的合金钢管道元件应进行( )等。
　A. 超声波检测　B. 煤油检测　　C. X射线检测　D. 光谱检测
　【答案】D

模拟题4 同牌号、同型号、同规格的阀门安装前，应在每批数量中抽查( )做强度和严密性试验。
　A. 5%　　　　B. 10%　　　　C. 15%　　　　D. 20%
　【答案】B

模拟题5 安装在主干管上起切断作用的闭路阀门，应逐个做( )。
　A. 严密性试验　B. 强度试验　　C. 通水试验　　D. 灌水试验
　E. 通球试验
　【答案】AB

模拟题6 【背景节选】A公司承担某小区的数栋高层住宅楼和室外综体工程的机电安装工程施工任务。A公司将小区热力管网工程分包给业主指定的B公司，其管材和阀门由A公司采购供应。试压时，发现热力管网阀门漏水严重，业主要求A公司对热力管网阀门进行修理，并承担经济费用。
　问题：热力管网阀门按规范要求应进行哪些试验？
　【解析】（1）热力管网阀门按规范要求应进行强度和严密性试验，试验应在每批（同牌号、同型号、同规格）数量中抽查10%，且不少于一个。
　（2）安装在主干管上起切断作用的闭路阀门，应逐个做强度试验和严密性试验。

模拟题7 建筑管道安装应遵循的配管原则有( )。
　A. 先主管后支管　B. 先小管后大管　C. 先上部后下部　D. 先水平后垂直
　E. 先钢管后塑料管
　【答案】ACE

模拟题8 管道穿过建筑地下室侧墙时，应在( )进行安装。
　A. 室内管道安装后　　　　　　B. 室内管道安装前
　C. 室内管道安装中　　　　　　D. 室内管道验收后

【答案】A

模拟题9 高层建筑金属管道干管的连接方式有( )。
A. 螺纹连接　　B. 法兰连接　　C. 卡压连接　　D. 承插连接
E. 热熔连接
【答案】ABDE

模拟题10 下列热水管道安装要求的说法，正确的有( )。
A. 平行安装时热水管道应在冷水管道的下方
B. 垂直安装时热水管道应在冷水管道的左侧
C. 转弯安装时热水管道应在冷水管道的外侧
D. 有坡度时热水管道的坡度应高于冷水管道
【答案】B

模拟题11 室内生活污水管道应按管道的( )设置排水坡度。
A. 不同材质　　B. 不同管径　　C. 不同长度　　D. 不同高度
E. 不同弯头
【答案】AB

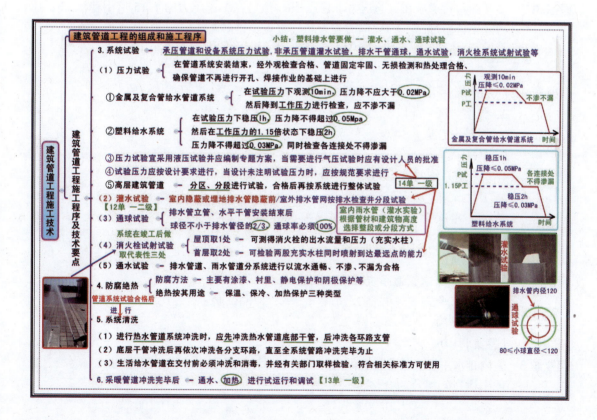

【解析】此部分考点较多，一般考查选择题，阀门检验可以出案例分析题，建议理解+记忆，例如：

真题1 【12单 一、二级真题】室内卫生器具的排水支管隐蔽前，必须做( )。
A. 压力试验　　B. 灌水试验　　C. 通球试验　　D. 泄漏试验

【答案】B

真题2　【14单 一级真题】关于建筑管道系统的说法，正确的是(　　)。
A. 采用气压试验时，应编制专项方案，并经监理批准
B. 室外排水管网按系统整体试验
C. 首层取两处室内消火栓试射，可检验两股充实水柱同时喷射到达最远点的能力
D. 当设计未注明试验压力时，应按类似工程经验数据进行压力试验
【答案】C

真题3　【13单 一级真题】采暖管道冲洗完毕后，应(　　)、加热，进行试运行和调试。
A. 试压　　　　B. 通水　　　　C. 通球　　　　D. 灌水
【答案】B

模拟题1　金属给水管道系统在试验压力下观察(　　)，压力降不应大于0.02MPa，然后降到工作压力进行检查，应不渗漏。
A. 5min　　　　B. 10min　　　　C. 15min　　　　D. 20min
【答案】B

模拟题2　塑料给水管道应在试验压力下稳压1h，然后在工作压力的1.15倍下稳压2h，压力降不得超过(　　)，同时检查各连接处不得渗漏。
A. 0.01MPa　　B. 0.02MPa　　C. 0.03MPa　　D. 0.04MPa
【答案】C

模拟题3　高层建筑管道应(　　)进行试验，合格后再按系统进行整体试验。
A. 先按分区、分段　　　　　　B. 对给水管道
C. 对排水管道　　　　　　　　D. 对中水管道
【答案】A

模拟题4　建筑管道系统的试验类型主要分为(　　)等试验。
A. 压力试验　　　　　　　　　B. 管路系统水击试验
C. 真空度试验　　　　　　　　D. 灌水试验
E. 通球试验
【答案】ADE

模拟题5　室内塑料排水管道系统的检验试验有(　　)。
A. 水压试验　　B. 通水试验　　C. 泄漏试验　　D. 灌水试验
E. 通球试验
【答案】BDE

模拟题6　室内排水主管安装后均应做通球试验，通球球径不小于排水管径的三分之二，通球率达到(　　)为合格。
A. 85%　　　　B. 90%　　　　C. 95%　　　　D. 100%
【答案】D

模拟题7　室内消火栓系统在竣工后应做试射试验，试射试验一般取有代表性的位置是(　　)。
A. 屋顶取两处　　　　　　　　B. 首层取一处
C. 屋顶取一处和首层取两处　　D. 屋顶取两处和首层取一处
【答案】C

模拟题8　管道的防腐方法主要有(　　)等。
　　A. 涂漆　　　　　　B. 衬里　　　　　　C. 静电保护　　　　D. 阳极保护
　　E. 阴极保护
　　【答案】ABCE

模拟题9　管道系统的清洗应在(　　)进行。
　　A. 系统试验前　　　　　　　　　　　B. 系统试验后
　　C. 保温后，系统试验前　　　　　　　D. 系统试验合格后
　　【答案】D

模拟题10　建筑热水管道系统冲洗要求是(　　)。
　　A. 先冲洗底部干管，后冲洗各环路支管
　　B. 先冲洗各环路支管，后冲洗底部干管
　　C. 先冲洗底部水平支管，后冲洗垂直干管
　　D. 先冲洗上部支管，后冲洗下部干管
　　【答案】B

模拟题11　下列表述正确的是(　　)。
　　A. 排水管道水平干管安装结束后，通球率必须达到50%
　　B. 屋顶试验用消火栓试射可测得消火栓的最远射程
　　C. 热水管道系统冲洗时，应先冲洗热水管道底部干管，后冲洗各环路支管
　　D. 对于建筑物内不同材质的管道，应先安装塑料管道，后安装钢制管道
　　【答案】C

2H314012　高层建筑管道施工技术要求

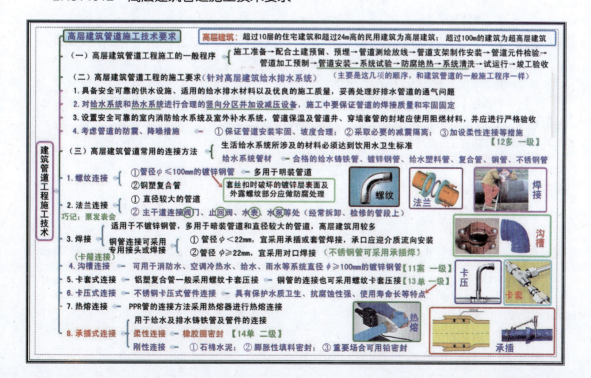

【解 析】 一般考查选择题，但沟槽连接在 2011 年出过案例分析题，建议理解+记忆，例如：

真 题 1 【14 单 二级真题】高层建筑给水及排水铸铁管的柔性连接应采用(　　)。
A. 石棉水泥密封　　　　　　　　B. 橡胶圈密封
C. 铅密封　　　　　　　　　　　D. 膨胀性填料密封
【答案】B

真 题 2 【13 单 一级真题】具有保护水质卫生、抗腐蚀性强、使用寿命长等特点的高层建筑给水管道的连接件是(　　)。
A. 钢塑复合管件　　　　　　　　B. 镀锌螺纹管件
C. 铸铁卡箍式管件　　　　　　　D. 不锈钢卡压式管件
【答案】D

真 题 3 【12 多 一级真题】高层建筑管道工程采取的防震降噪的保证措施有(　　)。
A. 水泵与基础间加设橡胶垫隔离　　B. 给水系统中加设减压设备
C. 管路中加装柔性连接　　　　　　D. 管道增设支吊架
E. 减少给水系统管路的连接件
【答案】AC

真 题 4 【11 案 一级真题】DN100mm 以上的空调水管与设备宜采用哪种连接方法？
【解析】DN100mm 以上的空调水管与空调设备连接应采用沟槽式连接（卡箍连接）、法兰连接。

模拟题 1 按照规范的规定，超过(　　)层的住宅建筑和超过 24m 高的民用建筑为高层建筑。
A. 8　　　　　　B. 10　　　　　　C. 12　　　　　　D. 16
【答案】B

模拟题 2 高层建筑给水排水系统必须对(　　)进行合理的竖向分区，并加设减压设备。
A. 给水系统　　B. 排水系统　　C. 热水系统　　D. 雨水系统
E. 污水系统
【答案】AC

模拟题 3 高层建筑中直径为 50mm 的给水镀锌钢管应采用(　　)。
A. 焊接连接　　B. 法兰连接　　C. 螺纹连接　　D. 卡套连接
【答案】C

模拟题 4 钢塑复合管一般使用(　　)连接。
A. 焊接　　　　B. 承插　　　　C. 热熔　　　　D. 螺纹
【答案】D

模拟题 5 高层建筑管道的法兰连接一般用在(　　)等处，以及需要经常拆卸、检修的管段上。
A. 直径较小的管道　　　　　　　B. 主干道连接阀门
C. 止回阀　　　　　　　　　　　D. 水泵
E. 水表
【答案】BCDE　　　巧记：泵发表会

2H310000 机电工程施工技术

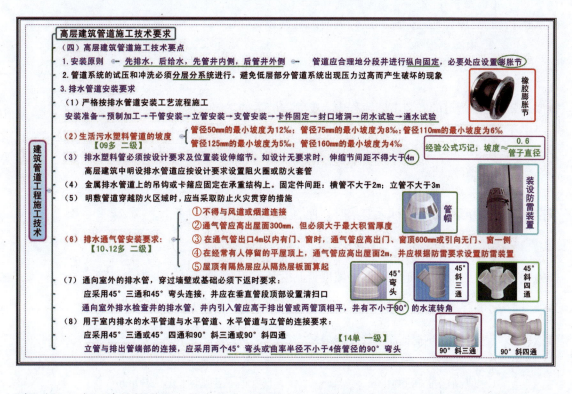

【解 析】 高压建筑管道施工技术是本目的重点，一般考查选择题，直接记忆，例如：

真题1 【09多 二级真题】高层建筑的生活污水塑料管道，水平敷设的坡度要求为( )。

A. 管径50mm的最小坡度为12‰ B. 管径75mm的最小坡度为9‰
C. 管径110mm的最小坡度为6‰ D. 管径125mm的最小坡度为5‰
E. 管径159mm的最小坡度为3‰

【答案】ACD

真题2 【10多 二级真题】高层建筑的排水通气管，应满足( )的要求。

A. 不能与风道连接 B. 不能与烟道连接
C. 不能穿过层面 D. 出口处不能有风
E. 必要时在出口处设置防雷装置

【答案】ABE

真题3 【12多 二级真题】高层建筑排水通气管的安装要求有( )。

A. 通气管应高出斜顶屋面0.3m
B. 在经常有人停留的平顶屋面，通气管应高出屋面2m
C. 通气管应与风道或烟道连接
D. 通气管应按防雷要求设置防雷装置
E. 高出屋顶的通气管高度必须大于最大积雪高度

【答案】ABDE

真题4 【14单 一级真题】用于室内排水的立管与排出管端部的连接应采用( )。

A. 90°斜四通 B. 两个45°弯头 C. 45°弯头 D. 90°斜三通

【答案】B

模拟题1 管道应合理地分段并进行纵向固定,必要处应( )。
A. 设减压设备　　　　　　　　B. 设置补水装置
C. 设置膨胀节　　　　　　　　D. 加设柔性连接
【答案】C

模拟题2 排水管道的安装工艺流程中,支管安装后的工序有( )。
A. 卡件固定　　　　　　　　　B. 封口堵洞
C. 闭水试验　　　　　　　　　D. 通水试验
E. 通球试验
【答案】ABCD

模拟题3 排水塑料管在设计无要求时,伸缩节的间距不得大于( )。
A. 4m　　　　B. 5m　　　　C. 6m　　　　D. 8m
【答案】A

模拟题4 关于生活污水塑料管道的坡度,其管径125mm的最小坡度为( )。
A. 12‰　　　　B. 8‰　　　　C. 6‰　　　　D. 5‰
【答案】D

模拟题5 民用建筑的排水通气管安装要求有( )。
A. 不得与烟道连接　　　　　　B. 可与风管连接
C. 应高出屋面600mm　　　　　D. 应高出屋顶门窗300mm
E. 在有人停留的平屋顶上,应高出屋面2m
【答案】AE

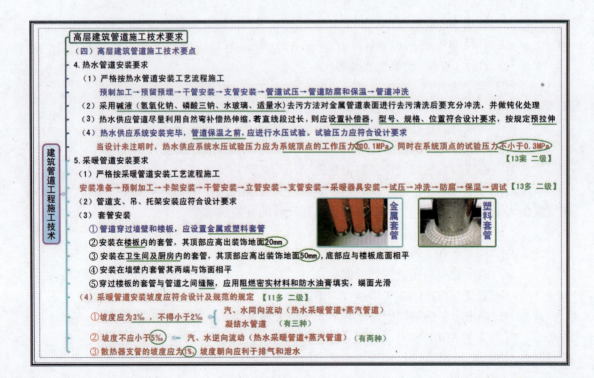

【解 析】 一般考查选择题,但热水供应系统试验压力知识点在2013年二级出过案例分析题,建议理解+记忆,例如:

真 题 1 【13案 二级真题】热水管道水压试验的压力要求有哪些?

【解析】热水管道水压试验的压力应为系统顶点的工作压力加0.1MPa,同时在系统顶点的试验压力不小于0.3MPa。

真 题 2 【13多 二级真题】高层建筑的采暖系统安装工艺流程中,采暖器具安装后的工序有(　　)。

A. 支架安装　　　　　　　　　B. 支管安装
C. 系统试压　　　　　　　　　D. 系统冲洗
E. 管道保温

【答案】CDE

真 题 3 【11多 二级真题】高层建筑中要求安装坡度为3‰、不得小于2‰的管道有(　　)。

A. 汽、水同向流动的热水采暖管道　B. 汽、水同向流动的蒸汽管道
C. 汽、水逆向流动的热水采暖管道　D. 凝结水管道
E. 散热器支管

【答案】ABD

真 题 4 【10单 二级】按照建筑给水、排水、供热及采暖管道工程的一般施工程序,在完成了管道安装之后,下一步应进行的施工程序是(　　)。

A. 管道附件检验　　　　　　　B. 管道防腐绝热
C. 管道系统清洗　　　　　　　D. 管道系统试验

【答案】D

模拟题 1 热水供应系统安装完毕,管道(　　)应进行水压试验。

A. 保温之前　　　　　　　　　B. 保温之后
C. 防腐之前　　　　　　　　　D. 冲洗之后

【答案】A

模拟题 2 在设计不明确时,热水供应系统的水压试验为系统顶点的工作压力加(　　)。

A. 0.1MPa　　　　　　　　　B. 0.2MPa
C. 0.3MPa　　　　　　　　　D. 0.4MPa

【答案】A

模拟题 3 建筑采暖管道穿过墙壁时应设置(　　)。

A. 水泥套管　　　　　　　　　B. 铸铁套管
C. 金属套管　　　　　　　　　D. 瓷质套管

【答案】C

模拟题 4 在采暖工程施工中,散热器支管的坡度为(　　),坡度朝向应利于排气和进水。

A. 0.5%　　　　　　　　　　B. 0.8%
C. 1%　　　　　　　　　　　D. 1.5%

【答案】C

高层建筑管道施工技术要求

建筑管道工程施工技术

（四）高层建筑管道施工技术要点

6. 消防喷淋支管应分两次安装
   (1) 吊顶施工前，将水平横管安装就位，并留出三通口
   (2) 装饰吊顶龙骨穿插安装支管
7. 机房、泵房管道安装前检查 —— 详细检查设备本体<u>进出口管径</u>、<u>标高</u>、<u>连接方法</u>等情况，经验证无误后方可配管
                              按流程检查各系统安装情况
8. 管道系统试压前检查并作好试验记录 —— 系统压力试验有监理、建设单位代表在场并作好单体试验记录
                                   试验成功当场办理签证

（五）高层建筑管道施工注意的问题

1. 泵类设备在采购和安装时应认真核定<u>设备型号</u>、<u>参数</u>
   如水泵的流量、扬程、水泵配用电机功率等，以免错用后达不到设计要求或不能满足使用需要
2. 安装给水排水及室内雨水管道时，应在结构封顶并经初沉后进行施工
3. 高层建筑物雨水管 —— <u>给水铸铁管</u>
4. 管道安装后要有可靠的防水措施。地下室或构筑物外墙有管道穿过往往设置有套管
5. 雨水系统采用的管材 ┬ 高层建筑雨水系统 —— <u>镀锌焊接钢管</u>
                     ├ 超高层建筑雨水系统 —— <u>镀锌无缝钢管</u>
                     └ 高层和超高层重力流雨水管 —— <u>球墨铸铁管</u>

【解 析】 一般考查选择题，直接记忆，例如：

模拟题1 机房、泵房管道安装前，详细检查设备本体（　　）等情况，经验证无误后方可配管。

A. 标高　　　　　　　　　　B. 中心线
C. 管口方位　　　　　　　　D. 进出口管径
E. 连接方法

【答案】ADE

模拟题2 泵类设备在安装时应认真核定水泵的型号、（　　）等。

A. 流量　　　　　　　　　　B. 扬程
C. 配用电机功率　　　　　　D. 供货单位
E. 进场时间

【答案】ABC

模拟题3 高层建筑的雨水管一般要用（　　）。

A. 给水铸铁管　　　　　　　B. 排水铸铁管
C. 给水塑料管　　　　　　　D. 排水塑料管

【答案】A

2H314020 建筑电气工程施工技术

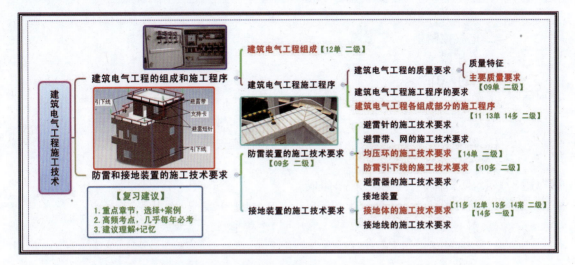

2H314021 建筑电气工程的组成和施工程序

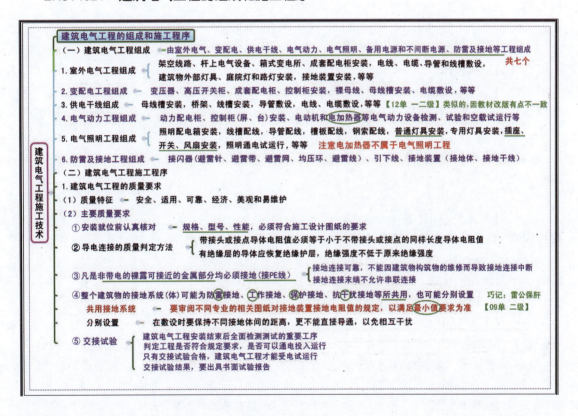

【解析】选择题考点，直接记忆，无需深究，例如：

真题1【09单 二级真题】如整个建筑物共用一个接地系统，其接地电阻值应满足不同专业对接地装置接地电阻（　　）的要求。

A. 规范值　　　　　　　　　　B. 最小值
C. 平均值　　　　　　　　　　D. 最大值

【答案】B

模拟题1 下列设备中,属于变配电工程组成的有( )。
　　A. 高压开关柜　　　　　　　B. 电动机
　　C. 电气控制柜　　　　　　　D. 裸导线
　　E. 变压器
　　【答案】ADE

模拟题2 下列设备中,不属于电气照明工程的是( )。
　　A. 导管配线　　　　　　　　B. 电加热器
　　C. 风扇安装　　　　　　　　D. 插座安装
　　【答案】B

模拟题3 建筑防雷保护装置由( )组成。
　　A. 接闪器　　　　　　　　　B. 接地干线
　　C. 引下线　　　　　　　　　D. 接地母线
　　E. 接地装置
　　【答案】ABCE

模拟题4 高层建筑物中常用的防雷接闪器有( )。
　　A. 引下线　　　　　　　　　B. 避雷针
　　C. 均压环　　　　　　　　　D. 避雷网
　　E. 接地体
　　【答案】ABCD

模拟题5 在安装就位前要认真检查核对被安装的设备,其( )必须符合施工设计图纸要求。
　　A. 大小　　　　　　　　　　B. 规格
　　C. 型号　　　　　　　　　　D. 性能
　　E. 重量
　　【答案】BCD

模拟题6 整个建筑物的接地系统的共用接地体可为( )所共用。
　　A. 防雷接地　　　　　　　　B. 工作接地
　　C. 保护接地　　　　　　　　D. 屏蔽接地
　　E. 虚拟接地
　　【答案】ABC

模拟题7 建筑电气工程安装结束后全面检测的重要工序是( ),以判定工程是否符合规定要求,是否可以通电投入运行。
　　A. 绝缘测试　　　　　　　　B. 交接试验
　　C. 耐压试验　　　　　　　　D. 镇定保护
　　【答案】B

建筑电气工程的组成和施工程序

（二）建筑电气工程施工程序
2. 建筑电气工程各组成部分的施工程序
（1）变配电工程的施工程序　【11单 二级】　巧记：响应姑母——小试（身）手
　① 成套配电柜（开关柜）的安装顺序→开箱检查→二次搬运→安装固定→母线安装→二次小线连接→试验调整→送电运行验收
　② 变压器的施工程序→开箱检查→变压器二次搬运→变压器安装→附件安装→变压器检查及交接试验→送电运行验收
（2）供电干线的施工程序　巧记：相伴期间叫牵手
　① 封闭插接母线　→开箱检查→支架制作、安装→封闭插接母线安装→绝缘测试→送电验收
　② 电缆敷设　→电缆验收→电缆搬运→电缆绝缘测定→电缆盘架设电缆敷设→挂标志→质量验收　巧记：蓝副手——搬圆盘表演
（3）电气动力工程的施工程序
　① 明装动力配电箱　→支架制作安装→配电箱安装固定→导管连接→送电前检查→送电运行
　② 动力设备　→设备开箱检查→安装前的检查→电动机安装、接线→电机干燥→控制、保护和起动设备安装→送电前的检查→送电运行
（4）电气照明工程的施工程序
　① 暗装照明配电箱　→配电箱安装固定→导管连接→送电前检查→送电运行　巧记：暗香谷——接钱运
　② 照明灯具　→灯具开箱检查→灯具组装→灯具安装接线→送电前的检查→送电运行　巧记：照明灯开，祖先前行
（5）室内配线的施工程序　【14多 二级】
　① 明配管　→测量定位→支架制作、安装→导管预制→导管连接→接地线跨接→刷漆　巧记：（朝廷命官）喂甲鱼——接地气
　② 暗管敷设　→测量定位→导管预制→导管连接固定→接地跨接→刷漆　巧记：暗埋埋骨地去
　③ 管内穿线　→选择导线→清管→穿引线→放线及断线→导线与引线的绑扎→放管穿线→导线并头→压接压帽→线路检查→绝缘测试
　④ 线槽配线　→测量定位→支架制作→支架安装→线槽安装→接地线连接→槽内配线→线路测试
　⑤ 钢索配线　→测量定位→支架制作→支架安装→钢索制作→钢索安装→导线敷设→导线连接→线路测试→线路送电
　⑥ 瓷瓶配线　→测量定位→支架制作→支架安装→瓷瓶安装→导线敷设→导线绑扎→导线连接→线路测试→线路送电
（6）防雷、接地装置的施工程序　→接地体安装→接地干线安装→引下线敷设→均压环安装→避雷带（避雷针、避雷网）安装
　　巧记：雷弟提干——人换代

【解　析】　电气工程（建筑和工业）的施工程序很多，记一些常考的即可，其余略看，一般考选择题，而工业电气工程的施工程序曾经考过案例题，建议理解+记忆，无需深究，例如：

真 题 1　【14多 二级真题】下列室内配线施工中，属于镀锌钢管明配的工序有（　　）。
　A. 测量定位　　B. 支架安装　　C. 钢管预埋　　D. 钢管连接
　E. 管内穿线
　【答案】ABD

真 题 2　【11单 二级真题】建筑电气装置施工中，成套配电柜安装固定后的紧后工序是（　　）。
　A. 开箱检查　　B. 母线安装　　C. 调整试验　　D. 送电运行
　【答案】B

模拟题 1　成套配电柜的安装程序中，配电柜安装固定的紧后工序是（　　）。
　A. 开箱检查　　B. 小线连接　　C. 母线安装　　D. 试验调整
　【答案】C

模拟题 2　电缆敷设施工程序中，电缆盘架设电缆敷设的紧前工序是（　　）。
　A. 电缆搬运　　B. 挂标志　　C. 绝缘测定　　D. 质量验收
　【答案】C

模拟题 3　动力设备施工程序中，电动机安装、接线之后要做的工作是（　　）。
　A. 电动机检　　　　　　　　B. 电机干燥
　C. 控制、保护设备安装　　　D. 起动设备安装
　【答案】B

模拟题 4　电气照明工程中，管内穿线的施工工序有（　　）等。
　A. 配管　　B. 清管　　C. 穿引线　　D. 穿导线
　E. 导线并头

147

【答案】BCDE

模拟题5 下列不是电气照明灯具的施工工序是( )。
A. 开箱检查　　B. 灯具组装　　C. 灯具安装　　D. 送电试运行
【答案】C

模拟题6 防雷接地装置施工程序正确的是( )。
A. 接地干线安装→接地体安装→引下线敷设→均压环安装
B. 接地干线安装→引下线敷设→避雷带安装→均压环安装
C. 接地干线安装→均压环安装→引下线敷设→避雷带安装
D. 接地干线安装→引下线敷设→均压环安装→避雷带安装
【答案】D

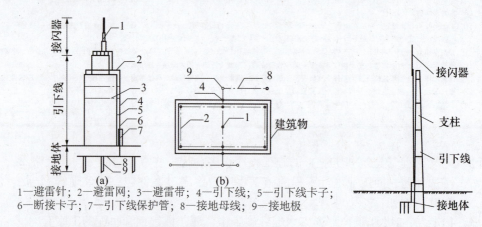

1—避雷针；2—避雷网；3—避雷带；4—引下线；5—引下线卡子；
6—断接卡子；7—引下线保护管；8—接地母线；9—接地极

2H314022　防雷和接地装置的施工技术要求

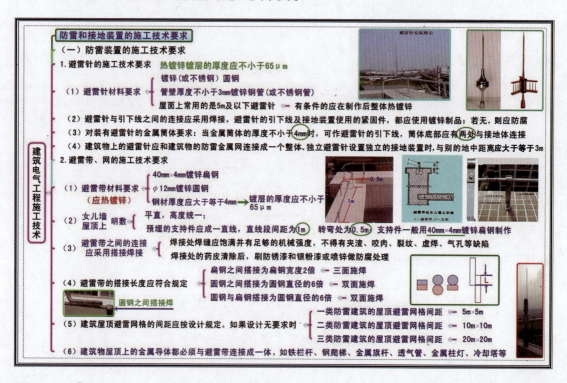

【解 析】 一般考查选择题，直接记忆，例如：

模拟题1 避雷针采用不锈钢钢管制作时，其管壁厚度应不小于（　　）。
   A．1.5mm   B．2.0mm
   C．2.5mm   D．3.0mm
   【答案】 D

模拟题2 金属筒体上安装避雷针，金属筒体的厚度不小于（　　）时，可作避雷针的引下线。
   A．2.5mm   B．3mm
   C．3.5mm   D．4mm
   【答案】 D

模拟题3 建筑物屋顶上的40mm×4mm扁钢避雷带应（　　），且镀层厚度不小于65μm。
   A．冷镀锌   B．热镀锌
   C．刷漆   D．镀塑
   【答案】 B

模拟题4 建筑屋顶上的避雷带应使用（　　）制作。
   A．40mm×4mm 镀锌扁钢   B．φ10mm 镀锌圆钢
   C．φ25mm 镀锌钢   D．40mm×4mm 镀锌角钢
   【答案】 A

模拟题5 避雷带在屋顶女儿墙上明敷要求有（　　）。
   A．预埋的支持件应成一直线   B．直线段间距为1m
   C．避雷带用25mm×4mm镀锌扁钢 D．转弯处 0.5m
   E．支持件用40mm×4mm镀锌扁钢制作
   【答案】 ABDE

模拟题6 避雷带的搭接长度规定有（　　）。
   A．扁钢之间搭接为扁钢宽度的1倍   B．扁钢之间搭接为扁钢宽度的2倍
   C．圆钢之间搭接为圆钢直径的4倍   D．圆钢之间搭接为圆钢直径的6倍
   E．圆钢与扁钢搭接为圆钢直径的3倍
   【答案】 BD

模拟题7 三类防雷建筑的屋顶避雷网格间距为（　　）。
   A．5×5m   B．10×10m
   C．15×15m   D．20×20m
   【答案】 D

模拟题8 下列设备中，可不与避雷带连接成一体的有（　　）。
   A．铁栏杆   B．金属柱灯
   C．冷却塔   D．塑钢窗
   【答案】 D

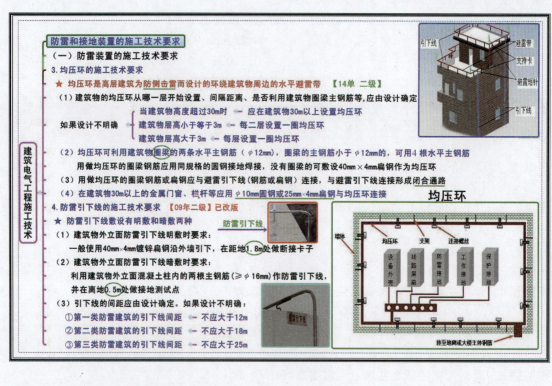

【解 析】 一般考查选择题，直接记忆，例如：

真 题 1 【14单 二级真题】高层建筑为防止侧击雷电，应在环绕建筑物周边设置（　　）。
A. 避雷针　　　　B. 均压环　　　　C. 接地线　　　　D. 引下线
【答案】B

模拟题 1 30层（层高3m）的住宅高层建筑在结构施工中，应设置（　　）均压环。
A. 10圈　　　　B. 15圈　　　　C. 20圈　　　　D. 30圈
【答案】A　90−30＝60m（因超过30m才设均压环）　60/3＝20层（每层3m）
20/2＝10圈（每两层一圈）

模拟题 2 均压环可利用建筑物（　　）内的主钢筋，并用圆钢焊接接地。
A. 结构　　　　B. 剪力墙　　　　C. 圈梁　　　　D. 立柱
【答案】C

模拟题 3 在建筑物30m以上的金属门窗、栏杆等应用（　　）与均压环连接。
A. ϕ5mm 圆钢　　B. ϕ6mm 圆钢　　C. ϕ8mm 圆钢　　D. ϕ10mm 圆钢
【答案】D

模拟题 4 防雷引下线沿建筑物外墙引下时，在距地（　　）处做断接卡子。
A. 1.0m　　　　B. 1.3m　　　　C. 1.5m　　　　D. 1.8m
【答案】D

模拟题 5 利用建筑物外立面混凝土柱内的主钢筋做防雷引下线时，应在离地（　　）处做接地测试点。
A. 0.5m　　　　B. 1.0m　　　　C. 1.5m　　　　D. 1.8m
【答案】A

模拟题6 防雷装置引下线的间距如果设计不明确时，可按规范要求确定（　　）。

A. 第一类防雷建筑的引下线间距不应大于10m

B. 第一类防雷建筑的引下线间距不应大于12m

C. 第二类防雷建筑的引下线间距不应大于18m

D. 第二类防雷建筑的引下线间距不应大于20m

E. 第三类防雷建筑的引下线间距不应大于25m

【答案】BCE

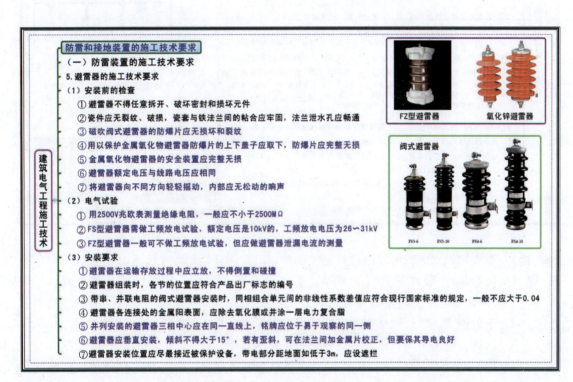

【解析】非重点，一般考查选择题，直接记忆，例如：

模拟题1 下列避雷器安装前的检查项目，正确的是（　　）。

　　A. 避雷器可以有细小的裂纹　　B. 避雷器额定电压大于等于线路电压

　　C. 避雷器内部有轻轻的响声　　D. 避雷器的防爆片应无损

【答案】D

模拟题2 下列避雷器的电气试验中，正确的是（　　）。

　　A. 绝缘电阻测量应不小于0.5MΩ

　　B. FZ型避雷器需做工频放电试验

　　C. FS型避雷器做工频放电，电压为6~10kV

　　D. FZ型阀式避雷器应做泄漏电流的测量

【答案】D

模拟题3 并列安装的避雷器三相中心应在同一直线上，铭牌位于易于观察的（　　）。

　　A. 顶端　　　　B. 同一侧　　　　C. 左侧　　　　D. 右侧

【答案】B

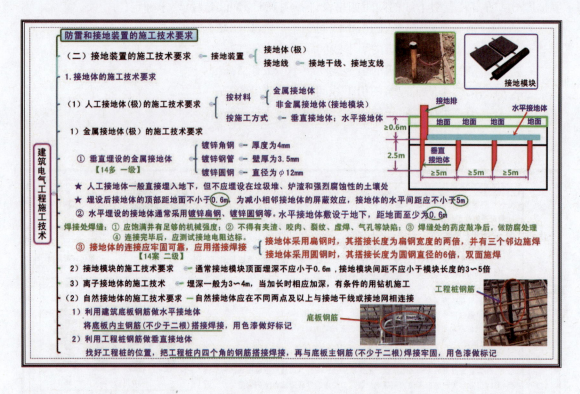

【解析】重要知识点，既可以出选择题，也可以出案例分析题，建议理解+记忆，例如：

真题1 【14案 二级真题】【背景节选】监理工程师组织分项工作质量验收时，发现35kV变电站接地体的接地电阻值大于设计要求。经查实，接地体的镀锌扁钢有一处损伤、两处对接虚焊，造成接地电阻不合格。

问题：写出本工程接地体连接的技术要求。

【解析】根据背景资料可知接地体材料为镀锌扁钢，所以本工程接地体连接的技术要求为：

（1）接地体的连接应牢固可靠，应用搭接焊接，接地体采用扁钢时，其搭接长度为扁钢宽度的两倍，并有三个邻边施焊；

（2）接地体连接的焊接处焊缝应饱满并有足够的机械强度，不得有夹渣、咬肉、裂纹、虚焊、气孔等缺陷，焊缝处的药皮敲净后，做防腐处理，接地体连接完毕后，应测试接地电阻，接地电阻应符合规范标准要求。

真题2 【14多 一级真题】常用做垂直埋设的人工接地体有（　　）。
　　A. 镀锌角钢　　B. 镀锌钢管　　C. 镀锌圆钢　　D. 地板钢筋
　　E. 桩基钢筋
　　【答案】ABC

模拟题1 下列人工接地体的施工，正确的是（　　）。
　　A. 可埋设在腐蚀性的土壤处　　B. 接地体的顶部距地面不小于0.5m
　　C. 垂直接地体的长度一般为2.5m　　D. 接地体的水平间距应不小于3m
　　【答案】C

模拟题2 下列自然接地体的施工技术要求，正确的是（　　）。

A. 将底板内一根主钢筋搭接焊接，并做好标记
B. 将底板内二根主钢筋搭接焊接，并做好标记
C. 把工程桩内的钢筋与底板钢筋焊接牢固
D. 将底板内钢筋与接地网相连接

【答案】B

防雷和接地装置的施工技术要求

建筑电气工程施工技术

（二）接地装置的施工技术要求

（3）接地体施工的注意事项（**重点**）
1）接地体要有足够的机械强度，接地体与接地干线的连接，应采用可拆卸的螺栓连接点，以便测量电阻
　① 在接地体施工结束后，应及时测量接地电阻，其值应符合规定要求
　② 接地电阻一般用接地电阻测量仪测量 ← 电气设备的独立接地体，其接地电阻应小于4Ω
　　　　　　　　　　　　　　　　　　　共用接地体电阻应小于1Ω
2）接地体应远离高温影响以及使土壤电阻率升高的高温地方
3）当设计规定用埋设金属管道作为接地体和接地线时，必须选用不输送可燃或可爆液体或气体的管道，例如压缩空气管道和水管金属管道与接地干线间应焊金属连接线，焊接不得影响管道的质量

2.接地线的施工技术要求（**非重点**）【注：这个知识点的不少内容与接地体的施工技术要求一致，建议类比记忆】
（1）接地干线的施工技术要求
1）接地干线　— 通常采用扁钢、圆钢、铜杆等，室内的接地干线多为明敷，一般敷设在电气井或电缆沟内
2）接地干线的连接采用搭接焊
3）接地干线应在不同的两点及以上与接地网相连接。接地干线与埋入地下的接地体连接必须焊接
4）利用钢结构作为接地极时，接地极与接地干线的连接应采用电焊连接
5）当电缆沿电缆沟敷设时，可利用电缆沟边缘的保护角钢作为接地线，角钢之间应可靠跨接，成为连续导体

（2）接地支线的施工技术要求
1）接地支线　— 通常采用铜线、铜排、扁钢、圆钢等，室内的接地支线多为明敷
　★ 接地支线沿建筑物墙壁水平敷设时，离地面距离宜为250～300mm，与建筑物墙壁间的间隙宜为10～15mm
2）接地线的连接应采用焊接，焊接必须牢固无虚焊。若不宜焊接，可用螺栓压接，但应进行除锈处理
3）每个电气装置的接地应以单独的接地线与接地干线相连接，不得在一个接地线中串接几个需要接地的电气装置
4）接地线的防腐涂漆的要求
5）接地装置由多个分接地装置部分组成时的要求

【解 析】　一般考查选择题，直接记忆，例如：

模拟题1　有关接地体施工的注意事项说法，错误的是(　　)。
A. 接地体施工结束后，应及时测量接地电阻，其值应符合规定要求
B. 接地电阻一般用兆欧表测量
C. 电气设备的独立接地体，其接地电阻应小于4Ω
D. 电气设备共用接地体，电阻应小于1Ω

【答案】B

模拟题2　接地支线沿建筑物墙壁水平敷设时，离地面距离宜为(　　)。
A. 0.3m　　　　B. 0.5m　　　　C. 1.0m　　　　D. 1.3m

【答案】A

模拟题3　建筑强电井内的接地支线通常采用(　　)。
A. 铜线　　　　B. 铜排　　　　C. 扁钢　　　　D. 圆钢
E. 角钢

【答案】ABCD

2H314030　通风与空调工程施工技术

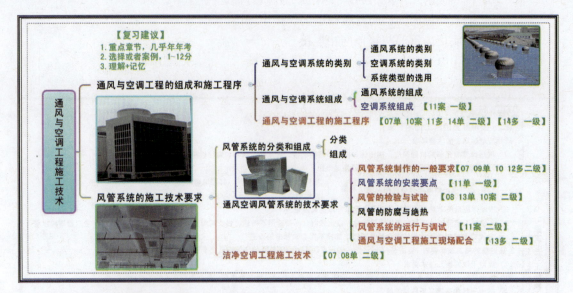

2H314031　通风与空调工程的组成和施工程序

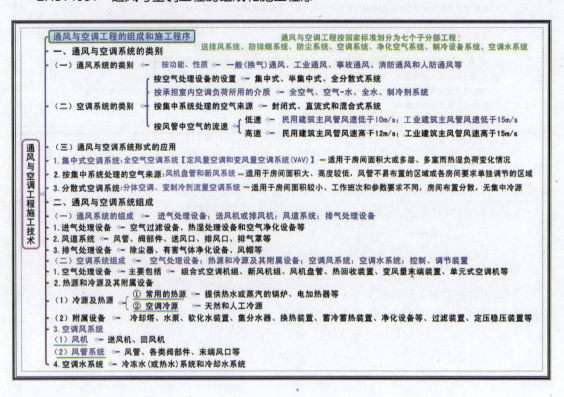

【解　析】　非重点部分，一般考查选择题，直接记忆，无需深究，例如：
模拟题1　空调系统按承担室内空调负荷所用的介质分为(　　)系统。
　　　　　A. 全空气　　　B. 空气-水　　　C. 全水　　　D. 制冷剂
　　　　　E. 全水-制冷剂

【答案】 ABCD

模拟题 2 工业建筑空调系统主风管风速低于( )。
A. 10m/s　　　B. 15m/s　　　C. 12m/s　　　D. 20m/s

【答案】 B

模拟题 3 全空气集中式空调系统又分为( )空调系统等。
A. 风机盘管+新风　　　　　　B. 定风量
C. 变风量（VAV）　　　　　　D. 分体
E. 变制冷剂流量

【答案】 BC

模拟题 4 通风系统的组成一般包括( )等。
A. 进气处理设备　B. 排风机　C. 风道系统　D. 空气处理设备
E. 排气处理设备

【答案】 ABCE

模拟题 5 空调系统通常由空气处理设备空调风系统、( )等组成。
A. 热源　　　B. 冷源　　　C. 电系统　　　D. 水系统
E. 控制、调节装置

【答案】 ABDE

模拟题 6 空调风系统由( )组成。
A. 进气处理设备　B. 风机　C. 风管系统　D. 排气处理设备
E. 热源和冷源

【答案】 BC

通风与空调工程的组成和施工程序

三、通风与空调工程的施工程序

（一）通风与空调工程的施工内容（七个子分部工程）（注：具体的细节，通读做了了解，混个脸熟）
设备安装、风管制作与安装、水管安装、阀部件的制作与安装、防腐与绝热、检测与试验、自控系统的安装、系统试运行与调试等

（二）通风与空调工程施工程序（一般施工程序）（注：准备——风管系统——空调设备——水管系统——风管测试、空调试运行）【07单 二级】
施工准备→风管及部件加工→风管及部件中间验收→风管系统安装→风管系统严密性试验→空调设备安装→空调水系统安装→管道严密性及强度试验→管道冲洗→管道防腐与绝热→风管系统测试与调整→系统试运行与调试→竣工验收→空调系统综合效能测试

1. 通风与空调设备的安装 — （在现场组装轴流风机的叶片应注意的问题）见教材P242【案例2H320100-1】 【10案 二级】
（1）若各叶片的角度不符合设备的技术文件的规定，将影响风机的出口风压和风量，叶片角度组装得不一致，将造成风机运转产生脉动现象
（2）为了减少离心风机运转时产生的振动对其他精密设备和建筑结构的影响，降低环境噪声在风机底座支架与基础之间放置各组减震器时，除要求基础表面平整外，应注意减震器的选择和安放位置，使受力的各组减震器承载重的压缩量均匀，不得偏心

2. 系统的运行和调试 — 安装完毕投入使用前，必须进行 — 设备单机试运转及调试、系统无生产负荷的联合试运转及调试【11多二级】
（1）进行单机试运转及调试的设备 — 冷冻水泵、热水泵、冷却水泵、轴流风机、离心风机、空气处理机组、冷却塔、【14单 一级】
风机盘管、电制冷（热泵）机组、吸收式制冷机组、水环热泵机组、风量调节阀、电动防火阀、电动排烟阀、电动阀等
（2）通风与空调系统无生产负荷的联合试运行及调试，应在设备单机试运转合格后进行
通风系统的连续试运行应不少于 2h，空调系统带冷（热）源的正常联合试运转应不少于 8h
（3）系统无生产负荷下的联合试运转与调试应包括的内容（注：后面四点的后缀是 测定与调整，记住前面的点即可）
① 监测与控制系统的检验、调测与联动运行　巧记：监控见正东，风水控排烟
② 系统风量的测定和调整（通风机、风口、系统平衡）　系统总风量实测值与设计风量的偏差允许值不应大于 10%
　　　　　　　　　　　　　　　　　　　　　　　　　各风口或吸风罩的总风量与设计风量的允许偏差不应大于 15%
③ 空调水系统的测定和调整　{ 空调冷热水、冷却水总流量测试结果与设计流量的偏差不应大于 10%　【14单 二级】
　　　　　　　　　　　　　　各空调机组盘管水流量经调整后与设计流量的偏差不应大于 20%
④ 室内空气参数的测定和调整　（见教材P160【案例2H320020-3】第4问：防排烟系统测定与调整的要求是什么？）
⑤ 防排烟系统测定和调整　防排烟系统测定风量、风压及疏散楼梯间等处的静压差，并调整至符合设计与消防的规定

【解 析】 重点部分，考点多，可以出选择题或者案例题，建议理解+记忆，无需深究，例如：

真 题 1 【14 单 二级真题】通风与空调系统经平衡调整后，各风口的总风量与设计风量的允许偏差不应大于( )。
A. 5% B. 10%
C. 15% D. 20%
【答案】 C

真 题 2 【14 多 一级真题】空调系统中，应进行单机试运转调试的设备有( )。
A. 空调处理机组 B. 板式换热器
C. 分集水器 D. 电动排烟阀
E. 热泵机组
【答案】 ADE

真 题 3 【11 多 二级真题】通风空调工程中，系统调试的主要内容包括( )。
A. 风管严密性试验 B. 风管漏光试验
C. 单机试运转 D. 无生产负荷联合试运转及调试
E. 风管漏风试验
【答案】 CD

真 题 4 【07 单 二级真题】通风空调工程施工程序中，综合效能测定和调整工序的紧前工序是( )。
A. 竣工验收 B. 系统无负荷联合运转与调试
C. 系统验收 D. 单机试运转及调试
【答案】 A

模拟题 1 通风与空调工程主要施工内容包括：通风与空气处理设备的安装，风机安装、风管系统的制作与安装、( )及试运行。
A. 电系统安装 B. 水管安装
C. 自控系统安装 D. 系统试运行与调试
E. 防腐与绝热
【答案】 BCDE

模拟题 2 风管系统安装的紧后工序是( )。
A. 风管系统严密性试验 B. 空调设备安装
C. 空调水系统安装 D. 管道防腐与绝热
【答案】 A

模拟题 3 通风与空调工程施工程序由施工准备到竣工验收后，还应包括( )。
A. 回访保修 B. 维修保养
C. 配合工艺设备试生产 D. 空调系统综合效能测定
【答案】 D

模拟题 4 下列通风与空调工程的一般施工顺序正确的是( )。
A. 风管及部件加工→风管及部件中间验收→风管系统安装
B. 风管系统安装→风管系统的严密性试验→风管及部件中间验收
C. 风管系统测试与调整→空调系统调试→风管及部件中间验收

D. 空调设备及空调水系统的安装→风管系统测试与调整→风管系统安装

【答案】A

模拟题5 通风空调系统风量平衡后,总风量实测值与设计风量的偏差允许值不应大于(　　)。

A. 10%　　　　　B. 12%　　　　　C. 15%　　　　　D. 5%

【答案】A

模拟题6 下列不属于通风与空调系统无生产负荷下的联合试运转与调试内容的是(　　)。

A. 系统风量测定与调整

B. 防排烟系统测定与调整

C. 监测与控制系统的检验、调整与联动运行

D. 综合效能测定与调整

【答案】D

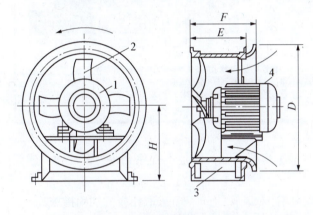

风机示意图　　风机叶轮

减震器　　减震器安装使用

2H314032 风管系统的施工技术要求

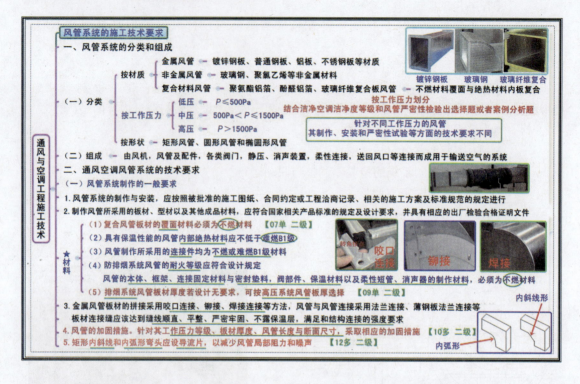

【解析】 此部分是高频考点，要重视，一般考查选择题，但是不排除会转为案例题，建议理解+记忆，例如：

真题1 【12多 二级真题】风管制作时，应针对风管的(　　)采取相应的加固措施。
A. 工作压力　　　　　　　　B. 风速流量
C. 板材厚度　　　　　　　　D. 风管长度
E. 断面尺寸
【答案】CDE

真题2 【10多 二级真题】通风空调矩形风管制作时，应设导流叶片的管件是(　　)。
A. 风机出口的变径管　　　　B. 内斜线弯头
C. 内弧形弯头　　　　　　　D. 消声器进风口
E. 风机进口的变径管
【答案】BC

真题3 【09单 二级真题】排烟系统的风管板材厚度若设计无要求时，可按(　　)系统风管板厚选择。
A. 负压　　　　　　　　　　B. 低压
C. 中压　　　　　　　　　　D. 高压
【答案】D

真题4 【07单 二级真题】施工单位选择风管的覆面材料必须是(　　)材料。
A. 不燃　　　　　　　　　　B. 阻燃
C. 耐热　　　　　　　　　　D. 绝缘

【答案】A

模拟题1 制作风管所采用的板材必须为不燃材料的是(　　)。
A. 非金属复合风管板材的敷面材料　　B. 保温性能的风管内部绝热材料
C. 连接件　　D. 消声器
E. 风管本体
【答案】ADE

模拟题2 风管板材的拼接缝的要求有(　　)。
A. 缝线平直　　B. 严密牢固
C. 不露防腐层　　D. 平整
E. 满足和结构连接的稳定性要求
【答案】BD

模拟题3 制作风管所采用的是非金属复合风管板材的覆面材料必须为(　　)材料。
A. 耐火　　B. 不燃
C. 难燃　　D. 难燃B级
【答案】B

模拟题4 矩形风管的内斜线和内弧形弯头应设(　　)，以减少风管内部阻力和噪声。
A. 导流片　　B. 隔板
C. 消声片　　D. 夹板
【答案】A

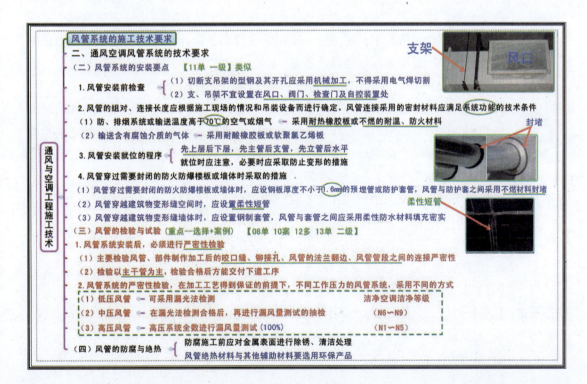

【解析】此部分是高频考点，要重视，一般考查选择题，但是风管系统的严密性检验可考查案例题，建议理解+记忆，例如：

真 题 1 【13单 二级真题】洁净度等级为 N3 的空调风管的严密性检查方法是(　　)。
　　A. 测漏法检测
　　B. 漏风量检测
　　C. 漏光法检测合格后，进行漏风量测试抽检
　　D. 漏光法检测合格后，全数进行漏风量测试
　　【答案】D

真 题 2 【12多 二级真题】风管制作安装完成后，必须对风管的(　　)进行严密性检验。
　　A. 板材　　　　　　　　　B. 咬口缝
　　C. 铆接孔　　　　　　　　D. 法兰翻边
　　E. 管段接缝
　　【答案】BCDE

真 题 3 【08单 二级真题】洁净度等级为 N5 风管系统安装后，应进行严密性检验，按(　　)进行漏风量测试。
　　A. 10%抽检　　　　　　　B. 30%抽检
　　C. 50%抽检　　　　　　　D. 100%全数
　　【答案】D

真 题 4 【10案 二级真题】【背景节选】某机电设备安装公司承担了通风空调系统施工任务。该工程设计工作压力为600Pa。风管系统按完毕后，严密性试验采用漏光法检测合格。当施工进入空调系统调试阶段时，系统出现问题：S1 系统调试中在风管所有阀门全开情况下，实测送入空调区风量小于设计风量且相差较大，而该系统风机出口风量实测值符合设计要求。
　　问题：分析 S1 系统送入空调区的风量与设计量相差较大的原因。
　　【解析】S1 系统送入空调区的风量与设计风量相差较大的主要原因：风管系统漏风。因为风管系统压力为600Pa，属于中压系统，其严密性试验应在漏光法检测合格后进行漏风量的测试，但实际只做了漏光法检测，精度不够，未能发现风管系统中的泄漏点。

模拟题 1 风管安装时，其支、吊架或托架不宜设置在(　　)。
　　A. 风口　　　　　　　　　B. 阀门
　　C. 风管法兰　　　　　　　D. 检查门
　　E. 自控装置
　　【答案】ABCE

模拟题 2 风管组对时，风管连接处采用密封材料应满足(　　)的技术条件。
　　A. 耐高温　　　　　　　　B. 耐潮湿
　　C. 系统功能　　　　　　　D. 抗疲劳
　　【答案】C

模拟题 3 防、排烟系统或输送温度高于70℃的空气或烟气，应采用(　　)。
　　A. 软聚氯乙烯板　　　　　B. 耐酸橡胶板

  C. 耐热橡胶板   D. 不燃的耐温材料

  E. 不然的防火材料

 【答案】CDE

模拟题 4 防、排烟系统或输送含有腐蚀介质的气体，应采用（　　）。

  A. 软聚氯乙烯板   B. 耐酸橡胶板

  C. 耐热橡胶板   D. 不燃的耐温材料

  E. 防火材料

 【答案】AB

模拟题 5 风管安装就位的程序通常为（　　）。

  A. 先上层后下层   B. 先下层后上层

  C. 先立管后水平管   D. 先主干管后支管

  E. 先支管后主干管

 【答案】AD

模拟题 6 某风管系统工作压力为 1500Pa，该系统的严密性试验应（　　）。

  A. 全部做漏光法检测

  B. 漏光法检测不合格时再做漏风量测试

  C. 漏光法检测合格后再做漏风量抽检

  D. 全部做漏风量测试

 【答案】C

模拟题 7 风管系统安装完毕，必须进行严密性检验，严密性检验应（　　）。

  A. 以主干管为主   B. 检验全部工程

  C. 按系统比例抽检   D. 以分部为主

 【答案】A

模拟题 8 关于风管系统安装要点说法中，正确的有（　　）。

  A. 切断支吊架的型钢应采用机械加工

  B. 支吊架设在风口、阀门、检查门、自控装置处

  C. 输送含有腐蚀介质的气体的风管应采用硬聚氯乙烯

  D. 风管穿过需要封闭的防火墙体或楼板时，应设厚度不大于 1.6mm 的预埋管或防护套管

  E. 风管与防护套管之间应采用不燃柔性材料封堵

 【答案】AE

模拟题 9 风管系统的绝热材料应采用（　　）的材料。

  A. 符合环保要求   B. 高密度

  C. 与施工方法匹配   D. 耐高温

 【答案】A

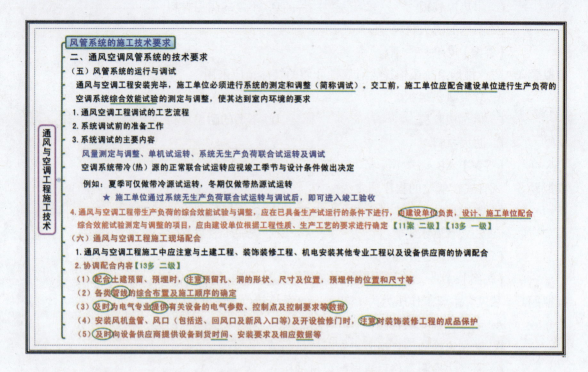

【解 析】 一般考查选择题,但是通风空调的综合效能调整需具备的条件以及调整项目的确定考查过案例题,建议理解+记忆,例如:

真题1 【13多 二级真题】通风与空调施工中,安装单位应承担的协调配合工作有(   )。

　　A. 向设备供应商提供设备到货时间
　　B. 与装饰单位协调风口开设位置
　　C. 向电气单位提供设备的电气参数
　　D. 复核及整改土建施工完毕的预留孔洞尺寸
　　E. 负责各机电专业管线综合布置的确定
　　【答案】AC

真题2 【13多 一级真题】通风与空调系统综合效能试验测定与调整的项目,应依据(   )确定。

　　A. 生产试运行的条件　　　　B. 产品要求
　　C. 工程性质　　　　　　　　D. 设备性能
　　E. 生产工艺
　　【答案】CE　　(用二级教材的知识点回答,CE较合适;假如是一级的知识点,选ACE正确)

真题3 【11案 二级真题】【背景节选】某总承包单位将一医院的通风空调工程分包给某安装单位,工程内容有风系统、水系统和冷热(媒)设备。设备有7台风冷式热泵机组,9台水泵,123台吸顶式新风空调机组,1237台风机盘管,42台排风机,均由业主采购。通风空调工程的电气系统由总承包单位施工。通风空调设备安装完工后,在总承包单位的配合下,安装单位对通风空调的风系统、水系统和冷热(媒)系统进行了系统调试。

问题:1. 风系统调试后还有哪几项调试内容?需哪些单位配合?

2. 通风空调的综合效能调整需具备什么条件?调整的项目应根据哪些要求确定?

【解析】1.(1)风系统调试后还有需调试的内容:防排烟系统、防尘系统、空调系统、净化空气系统、制冷设备系统、生产负荷的空调综合效能。(此处的突破的在于通风与空调划分的七个子分部工程,即送排风系统、防排烟系统、防尘系统、空调系统、净化空气系统、制冷设备系统、空调水系统。因此,除了背景资料已提供的以外,结合七个子分部工程,把背景资料里剩下的子分部工程对应写上,补充题多答不扣分)

(2)需建设单位、设计单位和施工单位的配合。

2.(1)通风空调的综合效能调整需已具备生产试运行的条件。

(2)调整的项目应(由建设单位)根据工程性质、生产工艺要求进行确定。

模拟题1 系统带生产负荷的综合效能试验是在具备生产试运行条件下进行的,由( )配合。

A. 施工单位负责,设计单位、供应商

B. 设计单位负责,施工单位、供应商

C. 供应商负责,建设单位、施工单位

D. 建设单位负责,设计和施工单位

【答案】D

模拟题2 综合效能试验测定与调整的项目,应由建设单位根据( )进行确定。

A. 工程性质 B. 生产工艺的要求

C. 工程进度 D. 施工条件

E. 交工季节

【答案】AB

模拟题3 施工现场通风与空调工程安装同机电安装其他专业工程协调配合,包括各类管线的( )及施工顺序的确定。

A. 空调设备安装 B. 冷却循环水系统

C. 综合布置 D. 风管及部件安装

【答案】C

```
┌─────────────────────────────────────────────────────────────────────────────────┐
│         ┌风管系统的施工技术要求┐                                                    │
│      ┌三、洁净空调工程施工技术         洁净空调系统除了满足洁净室所要求的温度、湿度、室内正压和噪声标准外,更重要的是使 │
│      │                              空气通过中效、高效过滤器过滤后,达到室内空气的洁净度要求 │
│      ├(一)洁净度等级 ── 空气净化的标准常用空气洁净度等级来衡量,现行规范规定了N1级至N9级的9个洁净度等级 │
│      ├(二)洁净空调系统的施工要点                                                   │
│      │ 1.风管制作的技术要点                                                        │
│      │  (1)洁净空调系统制作风管的刚度和严密性,均按高压和中压系统的风管要求进行        │
│      │     ① 高压风管 ← 空气洁净度N1~N5级                                         │
│  通   │     ② 中压风管 ← 空气洁净度N6~N9级           风管不得有横向接缝,尽量减少纵向拼接缝 │
│  风   │  (2)加工镀锌钢板风管应避免损坏镀锌层,如有损坏应做防腐处理  矩形风管边长不大于800mm时,不得有纵向接缝 │
│  与   │                                            风管的所有咬口缝、翻边处、铆钉处均必须涂密封胶 │
│  空   │ 2.风管系统安装的技术要点   洁净空调系统的风管安装同样对其清洁程度和严密性有更高的要求 │
│  调   │                         风管连接处必须严密,法兰垫料应采用不产尘和不易老化的弹性材料 │
│  工   │ 3.高效过滤器的安装要点   高效过滤器应在具备洁净条件下安装,避免其受到不洁净空气的污染,降低过滤器的使用寿命 │
│  程   │  (1)高效过滤器的运输、存放应按制造厂标注的方向放置,移动要轻拿轻放,防止剧烈振动与碰撞 │
│  施   │  (2)高效过滤器安装前,洁净室必须内装修工程全部完成,经全面清扫、擦拭,空吹12~24h后进行 │
│  工   │  (3)高效过滤器应在安装现场拆开包装,其外层包装不得带入洁净室,但其最内层包装必须在洁净室内方能拆开 │
│  技   │  (4)安装前应进行外观检查,重点检查过滤器有无破损漏泄等,合格后进行仪器检漏      │
│  术   │  (5)安装时要保证滤料的清洁和严密                                            │
│      │ 4.洁净空调工程调试要点   洁净空调工程调试前,洁净室各分部工程的外观检查已完成,且符合合同和规范的要求 │
│      │                       通风空调系统运转所需用的水、电、汽及压缩空气等已具备  │
│      │  (1)洁净空调工程调试包括:单机试运转,试运转合格后,进行带冷(热)源的不少于8h的系统正常联合试运转 │
│      └     系统的调试应在空态或静态下进行,其检测结果应全部符合设计要求              │
│         (2)洁净空调工程综合性能全面评定由建设单位负责,设计与施工单位配合。综合性能全面评定的性能检测应由有检测经验的单位承担 │
└─────────────────────────────────────────────────────────────────────────────────┘
```

【解 析】 一般考查选择题,直接记忆,例如:

真 题 1 【07单 二级真题】包装车间的洁净空调管道系统(N8级)为( )系统。
A. 常压　　　　B. 低压　　　　C. 中压　　　　D. 高压
【答案】C

真 题 2 【08单 二级真题】光源中心的空调系统风管(洁净度等级为N5)的制作安装应按( )系统要求进行。
A. 常压　　　　B. 低压　　　　C. 中压　　　　D. 高压
【答案】D

模拟题 1 洁净空调系统除了满足洁净室所要求的温度、湿度、室内正压和噪声标准外,更重要的是使空气通过( )后,达到室内空气的洁净度要求。
A. 加湿器处理　　　　　　　　B. 中效、高效过滤器过滤
C. 喷淋加热处理　　　　　　　D. 除尘净化处理
【答案】B

模拟题 2 洁净空调系统制作风管的( ),均按高压和中压系统的风管要求。
A. 每节长度　　B. 表面平整度　　C. 刚度　　D. 加固
E. 严密性
【答案】CE

模拟题 3 洁净室及洁净区空气中悬浮粒子洁净度等级共划分为( )等级。
A. 6　　　　B. 9　　　　C. 10　　　　D. 12
【答案】B

模拟题 4 洁净空调风管系统其中洁净度等级N1至N5的按( )系统的风管制作要求。

A. 无压　　　　　B. 低压　　　　　C. 中压　　　　　D. 高压

【答案】D

模拟题5 洁净空调风管系统其中洁净度等级 N6 至 N 9 的按( )系统的风管制作要求。

A. 无压　　　　　B. 低压　　　　　C. 中压　　　　　D. 高压

【答案】C

模拟题6 洁净空调风管不得有( )接缝。

A. 咬口式　　　　B. 焊接　　　　　C. 纵向　　　　　D. 横向

【答案】D

模拟题7 洁净空调系统风管的所有( )均必须涂密封胶。

A. 法兰连接处　　B. 咬口缝　　　　C. 翻边处　　　　D. 焊接缝

E. 铆钉处

【答案】BCE

模拟题8 洁净空调系统的风管连接处必须严密，法兰垫料应采用( )的弹性材料。

A. 耐油橡胶　　　B. 耐酸橡胶　　　C. 硬质光滑　　　D. 不产尘

E. 不易老化

【答案】DE

模拟题9 高效过滤器的运输、存放应按( )标注的方向放置。

A. 设计单位　　　B. 监理工程师　　C. 制造厂　　　　D. 供应商

【答案】C

模拟题10 净化空调系统的高效过滤器的安装必须在洁净室内装饰工程全部完成，经全面清扫、擦拭，并在空吹( )后进行。

A. 4~8h　　　　　B. 8~12h　　　　　C. 12~24h　　　　D. 24~48h

【答案】C

模拟题11 高效过滤器安装时要保证滤料的( )。

A. 湿度　　　　　B. 密封　　　　　C. 清洁　　　　　D. 软性度

E. 严密

【答案】CE

模拟题12 洁净空调工程调试前，通风空调系统运转所需的( )等已具备。

A. 用水　　　　　B. 用电　　　　　C. 油路通　　　　D. 用汽

E. 压缩空气

【答案】ABDE

模拟题13 洁净空调工程系统的调试应在( )下进行，其检测结果应全部符合设计要求。

A. 密封条件　　　B. 空态或静态　　C. 洁净环境　　　D. 一定温湿度条件

【答案】B

模拟题14 洁净空调工程系统的调试还包括进行带冷、热源的不少于( )的系统正常联合试运转。

A. 4h　　　　　　B. 8h　　　　　　C. 12h　　　　　D. 14h

【答案】B

模拟题15 洁净空调工程综合性能全面评定的性能检测应由( )单位承担。

A. 施工　　　　　B. 设计　　　　　C. 有检测经验的　D. 建设方委托的

【答案】C

2H314040 建筑智能化工程施工技术

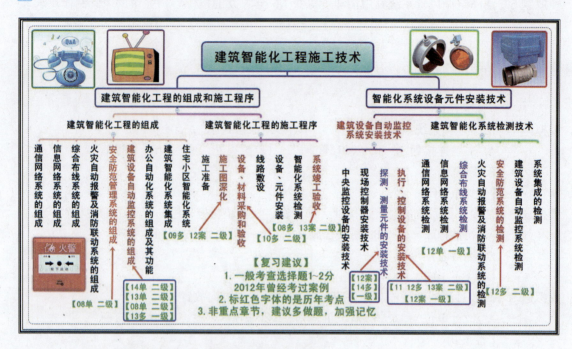

2H314041 建筑智能化工程的组成和施工程序

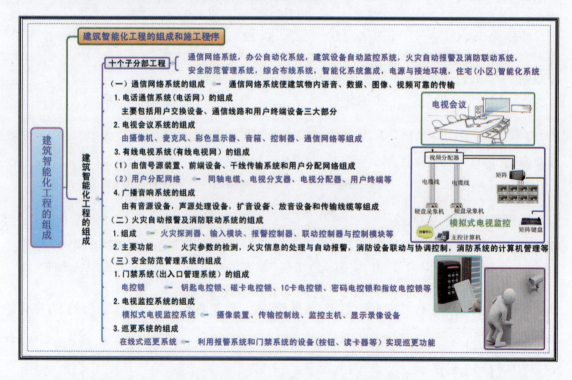

【解析】 非重点部分，一般选择题的考点，直接记忆，无需深究，例如：
模拟题1 有线电视的用户分配网络由（ ）组成。

A. 音源设备　　　B. 分配器　　　C. 用户终端　　　D. 同轴电缆
E. 分支器
【答案】BCDE

模拟题2 利用报警系统和门禁系统的设备，可以实现(　　)巡更。
A. 无线式　　　B. 分线式　　　C. 离线式　　　D. 在线式
【答案】D

建筑智能化工程的组成和施工程序

建筑智能化工程的组成 — 建筑智能化工程的组成
(四)建筑设备自动监控系统的组成
　主要由中央工作站计算机、现场控制器、传感器、执行器等设备及相应的软件组成
　监控对象 — 建筑物内空调通风、给水排水、变配电和照明等设备
1. 中央监控设备 — 由计算机、UPS、打印机、主控台和显示屏等组成
2. 现场控制器
　现场控制器(直接数字控制器DDC)能独立进行检测与控制
　控制器的接口有模拟量输入(AI)、模拟量输出(AO)、数字量的输入(DI)和数字量输出(DO)
3. 检测元件
(1)电量变送器 — 常用的电量变送器有电压、电流、频率、有功功率、功率因数变送器等。
　电量变送器均将各自的参数变为0～10VDC(4～20mA)电信号输出 【13单 二级】
(2)非电量传感器 — 有温度、湿度、压力、液位和流量传感器等
1)温度传感器 — 通过变送器将其与温度变化成比例的阻值信号转换成的0～10VDC(4～20mA)电信号
　例如：使用4个(1kΩ)(21℃)镍电阻检测一个大空间的平均温度，【14单 二级】
　　连接方式是2个串联再并联，电阻串并联后仍为1kΩ(21℃)
2)湿度传感器 — 用于测量室内、室外和风管内的相对湿度，其输出信号为4～20mA
3)压差开关 — 可用于监视风机运行状态和过滤网阻力状态的监测
4)流量传感器 — 由检测和转换单元组成，将被测的流量转换成4～20mA电信号输出
5)空气质量传感器：
　可监测空气中的烟雾、CO、CO_2、丙烷等多种气体含量，以0～10VDC输出或以干接点报警信号输出
4. 执行元件　其主要技术指标是控制精度、关阀压力等以及输入信号应为标准的0～10VDC或4～20mA
(1)电动执行机构输出方式有直行程、角行程和多转式类型，【13多 一级】
　分别同直线移动的调节阀、旋转的蝶阀、多转的调节阀等配合工作
(2)电动风门驱动器 — 用来调节风门，以达到调节风管的风量和风压
　技术参数有输出力矩、驱动速度、角度调整范围、驱动信号类型等

精密仪器

电动风门驱动器

【解　析】重点部分，一般选择题的考点，直接记忆，无需深究，例如：

真　题1 【14单 二级真题】将4个1kΩ(21℃)镍电阻两两串联再并联后，检测一个大房间的平均温度(21℃)，传递到变送器的电阻值是(　　)。
A. 0.5kΩ　　　B. 1.0kΩ　　　C. 2.0kΩ　　　D. 4.0kΩ
【答案】B

真　题2 【13单 二级真题】空调设备自动监控中的温度传感器是通过变送器将其温度变化信号转换成(　　)电信号。
A. 0～10mA　　　　　　　　　　B. 0～20mA
C. 0～10VAC　　　　　　　　　D. 0～10VDC
【答案】D

真　题3 【13多 一级真题】调节阀中的电动执行机构的输出方式有(　　)。
A. 直行程　　　B. 角行程　　　C. 步进式　　　D. 开关式
E. 多转式
【答案】ABE

模拟题1 建筑设备自动监控系统的监控对象为(　　)。

A. 空调设备　　　　　　　　B. 给水设备
C. 照明电器　　　　　　　　D. 电梯
E. 音响设备
【答案】ABC

模拟题 2 热电阻与温度变化成比例的阻值信号转换成（　　）的电信号。
A. 0~5VDC　　　　　　　　B. 0~10VDC
C. 0~15VDC　　　　　　　D. 0~20VDC
【答案】B

模拟题 3 使用 4 个 1kΩ 镍电阻检测一个大空间的平均温度（21°C），连接方式是 2 个串联后再并联，电阻串并联后的电阻为(　　)。
A. 0.5kΩ　　　　　　　　B. 1kΩ
C. 2kΩ　　　　　　　　　D. 4kΩ
【答案】B

模拟题 4 空气质量传感器可监测空气中的 CO 气体含量，以(　　)输出。
A. 通信协议　　　　　　　B. 0~10VDC
C. 干接点信号　　　　　　D. 数据格式
E. 接口软件
【答案】BC

模拟题 5 电动风门驱动器的技术参数有(　　)。
A. 输出力矩　　　　　　　B. 驱动速度
C. 最大关紧力　　　　　　D. 角度调整
E. 驱动信号
【答案】ABDE

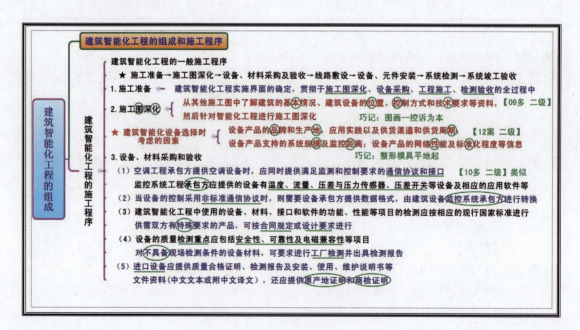

【解析】重点部分，选择题或案例题，建议理解+记忆，例如：

真题 1 【12案 二级真题】选择监控设备产品应考虑哪几个技术因素？

【解析】选择监控设备产品应考虑以下几个技术因素：

(1) 产品的品牌和生产地，应用实践以及供货渠道和供货周期等信息。

(2) 产品支持的系统规模及监控距离。

(3) 产品的网络性能及标准化程度。

真题 2 【10多 二级真题】建筑设备监控系统可以通过( )共享其他系统的数据，实现各系统的交互。

A. 反馈装置　　　　　　　　B. 监控元件

C. 通信协议　　　　　　　　D. 接口方式

E. 检测工具

【答案】CD

真题 3 【09多 二级真题】建筑智能化系统的深化设计中要注意( )。

A. 建筑的基本情况　　　　　B. 建筑设备的位置

C. 控制方式和技术要求　　　D. 产品的生产地及供货周期

E. 工程施工及检测要求

【答案】ABC

模拟题 1 确定建筑智能化工程的实施界面，应贯彻于( )的全过程中。

A. 设备选型　　　　　　　　B. 系统设计

C. 工程施工　　　　　　　　D. 成本核算

E. 检测验收

【答案】CE

模拟题 2 选择建筑智能化产品主要考虑( )等信息。

A. 产品的品牌和生产地　　　B. 产品支持的系统规模及监控距离

C. 产品的网络性能及标准化程度　D. 供货渠道和供货周期

E. 产品的体积大小

【答案】ABCD

模拟题 3 建筑空调监控系统工程承包商应提供的设备有( )。

A. 温度传感器　　　　　　　B. 流量传感器

C. 压差开关　　　　　　　　D. 动力控制箱

E. 阀门

【答案】ABC

模拟题 4 热泵机组对外采用非标准通信协议时，应由热泵机组供应商提供数据格式，由( )承包商进行转换。

A. 建筑　　　　　　　　　　B. 设备

C. 机电　　　　　　　　　　D. 监控

【答案】D

模拟题 5 建筑智能化工程中使用有特殊要求的产品，其功能和性能等项目的检测可按( )进行。

A. 施工要求　　　　　　　　B. 合同规定

C. 设计要求　　　　　　　　D. 使用要求

E. 调试性能

【答案】BC

模拟题6 建筑智能化设备的质量检测重点应包括( )及电磁兼容性等项目。
A. 安全性 B. 可靠性
C. 经济性 D. 开放性
E. 容错性

【答案】AB

模拟题7 对不具备现场检测条件的建筑智能化产品，可要求( )并出具检测报告。
A. 工厂检测 B. 旁站检测
C. 平行检测 D. 送样检测

【答案】A

模拟题8 进口设备应提供质量合格证明、检测报告及安装、使用、维护说明书等文件资料，还应提供( )。
A. 原产地证明 B. 商检证明
C. 出厂证明 D. 验收证明
E. 检测证明

【答案】AB

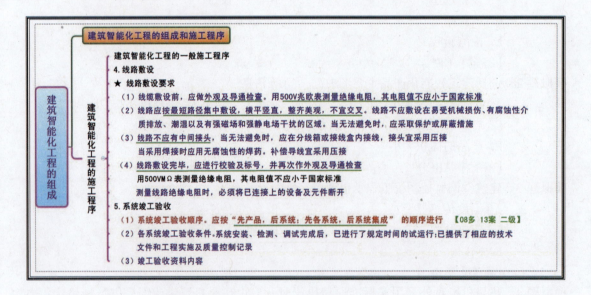

【解析】一般考查选择题，建议记忆，例如：

真题1【13案 二级真题】简述建筑智能化系统竣工验收顺序。
【解析】建筑智能化系统竣工验收应按"先产品，后系统；先各系统，后系统集成"的顺序进行。

真题2【08多 二级真题】线路自动监控计算机网络系统竣工验收顺序应遵循( )。
A. 先产品，后系统 B. 先系统，后产品
C. 先各系统，后系统集成 D. 先系统集成，后各系统
E. 先分部，后分项

【答案】AC

模拟题1 智能化工程施工中，线路敷设应满足下列要求（　　）。

A. 线缆敷设前，应做外观及导通检查

B. 用500V兆欧表测量绝缘电阻，其电阻值不应小于国家标准

C. 线路应按最短路径集中敷设

D. 线路在任何情况下都不应有中间接头

E. 线路敷设完毕，应进行校验及标号，并再次作外观及导通检查

【答案】ABCE

2H314042　智能化系统设备元件安装技术

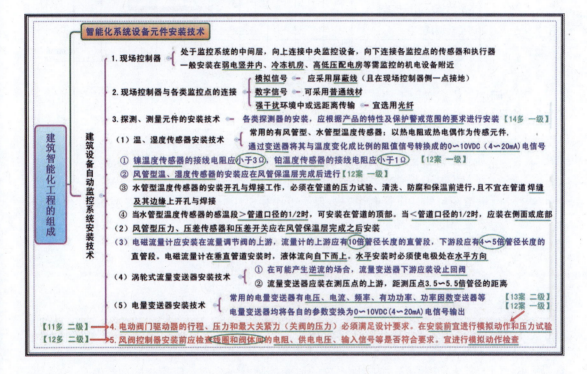

【解析】重点部分，高频考点区，选择题或案例题，建议理解+记忆，例如：

真题1【13案 二级真题】平衡调节阀更换前应做什么试验？

【解析】平衡调节阀更换前应做模拟动作和压力试验。

真题2【12案 一级真题】电动调节阀安装前应检验哪几项内容？

【解析】电动调节阀安装前根据说明书和技术要求，测量线圈和阀体间电阻，进行模拟动作试验和试压试验。

真题3【12案 一级真题】说明温度传感器的接线电阻的要求。

【解析】该工程用的铂温度传感器：接线电阻应小于1Ω。（若是镍温度传感器：接线电阻应小于3Ω）

真题4【12案 一级真题】【背景省略】横道图如下：

天(月) 工序	4月						5月					
	1	6	11	16	21	26	1	6	11	16	21	26
施工准备	▬											
设备开箱检验		▬										
空调机组安装		▬▬▬										
风管安装、保温			▬▬▬▬▬▬▬▬									
风口安装										▬▬		
冷热水管安装				▬▬▬▬▬▬								
水系统试压清洗保温							▬▬▬▬					
试运转调试											▬▬	
验收竣工												▬

问题：依据空调工程施工进度计划，写出温度传感器（风管型）可以安装的起止时间。

【解析】解题的突破口在于两个知识点：
1. 风管型温、湿度传感器的安装应在风管保温层完成后进行。
2. 风口安装开始前温度传感器安装完成。

由横道图可知，风管制作安装保温工作是5月5日结束，风口安装在5月16日开始，故温度传感器安装起始时间5月6日~5月15日。

真 题 5【14多 一级真题】入侵探测器的安装位置和安装高度，应根据（　　）。
A. 产品特性　　　　　　　　B. 警戒范围
C. 环境影响　　　　　　　　D. 尺寸大小
E. 支架底座

【答案】AB　（用二级教材的知识点回答，AB较合适；假如是一级的知识点，则ABC正确）

真 题 6【12多 二级真题】智能化系统的风阀控制器安装前，应检查的内容有（　　）。
A. 输出功率　　　　　　　　B. 线圈电阻
C. 供电电压　　　　　　　　D. 驱动方向
E. 输入信号

【答案】BCE　（按产品的特性及保护警戒范围的要求进行安装）

真 题 7【11多 二级真题】建筑智能化监控设备中，电动阀门驱动器参数必须满足设计要求的有（　　）。
A. 尺寸　　　　　　　　　　B. 行程
C. 压力　　　　　　　　　　D. 重量
E. 最大关紧力

【答案】BCE

模拟题 1　在建筑设备监控工程中，模拟信号的传送应采用（　　）敷设。
A. 控制线　　　　　　　　　B. 屏蔽线

C. 双绞线 D. 平行线

【答案】B

模拟题2 温度传感器是通过（　　）将其阻值变化信号转换成与温度变化成比例的电信号。

A. 变送器 B. 热电阻
C. 热电偶 D. 热敏元件

【答案】A

模拟题3 传感器至现场控制器之间的连接应尽量减少因接线引起的误差，镍温度传感器的接线电阻应小于（　　）。

A. 1Ω B. 2Ω C. 3Ω D. 4Ω

【答案】C

模拟题4 风管型温度传感器应在风管（　　）完成后进行安装。

A. 安装 B. 试验
C. 保温 D. 防腐

【答案】C

模拟题5 水管型温度传感器的安装开孔与焊接，必须在管道的（　　）前进行。

A. 安装 B. 压力试验 C. 清洗 D. 防腐
E. 保温

【答案】BCDE

模拟题6 有关温度、湿度传感器安装说法，正确的有（　　）。

A. 风管型传感器安装应在风管保温之前进行
B. 镍温度传感器的接线电阻应小于1Ω
C. 水管型温度传感器的安装开孔与焊接工作，必须在管道的压力试验前进行
D. 水管型温度传感器的感温段大于管道口径的1/2时，可安装在管道的底部

【答案】C

模拟题7 电磁流量计的上游侧应有（　　）倍管径长度的直管段。

A. 4 B. 5 C. 8 D. 10

【答案】D

模拟题8 安装在可能产生逆流场合的涡轮式流量变送器，其下游侧应装设（　　）。

A. 球阀 B. 直阀
C. 蝶阀 D. 止回阀

【答案】D

模拟题9 频率变送器是将电网频率变换为（　　）电信号输出。

A. 0~5VDC B. 0~10VDC
C. 0~12VDC D. 0~24VDC

【答案】B

模拟题10 电动阀门在安装前宜进行模拟动作和（　　）。

A. 压力试验 B. 行程试验
C. 关紧力试验 D. 绝缘测试

【答案】A

模拟题11 风阀控制器安装前应检查（　　）是否符合要求。

A. 阀体间的电阻　　　　　　　　B. 线圈
C. 供电电压　　　　　　　　　　D. 输入信号
E. 驱动速度
【答案】AB

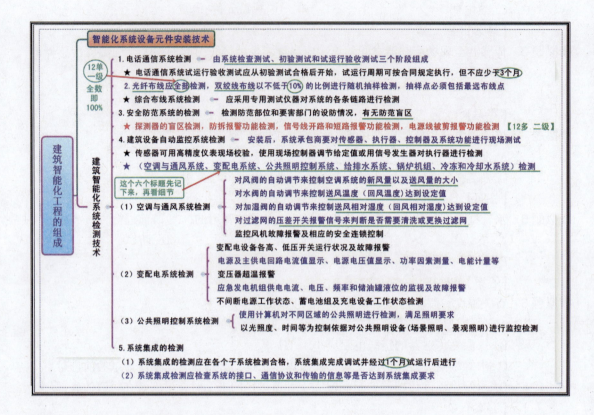

【解 析】 一般考查选择题，建议记忆，例如：
真 题 1 【12多 二级真题】安全防范系统的入侵报警探测器安装后，应对探测器的（　　）进行检查。
A. 防拆报警功能　　　　　　　　B. 短路报警功能
C. 电源线被剪断报警功能　　　　D. 信号线开路报警功能
E. 传输速度低报警功能
【答案】ABCD

真 题 2 【12单 一级真题】光纤布线的检测比例是（　　）。
A. 10%　　　　　　　　　　　　B. 30%
C. 50%　　　　　　　　　　　　D. 100%
【答案】D

模拟题 1 电话通信系统检测包括系统检查测试、初验测试和（　　）测试。
A. 复验　　　　　　　　　　　　B. 试运行验收
C. 运行验收　　　　　　　　　　D. 竣工验收
【答案】B

模拟题 2 综合布线系统的双绞线布线以不低于（　　）的比例进行随机抽样检测。

A. 10% B. 30%
C. 50% D. 100%

【答案】A

模拟题3 安全防范报警系统需要检测的功能有(　　)。
A. 盲区检测功能 B. 防拆报警功能
C. 信号线开路报警功能 D. 电源线被剪报警功能
E. 信号线短路报警功能

【答案】ABCD

模拟题4 建筑设备监控系统设备安装完成后，系统承包商要对(　　)功能进行现场测试。
A. 建筑设备 B. 传感器
C. 执行器 D. 控制器
E. 系统

【答案】BCDE

模拟题5 空调设备自动监控系统是依据(　　)来判断需要清洗过滤网。
A. 送风相对湿度信号 B. 回风温度信号
C. 送风量大小信号 D. 压差开关报警信号

【答案】D

模拟题6 系统集成检测应检查系统的接口、(　　)和传输的信息等是否达到系统集成要求。
A. 设备型号 B. 通信协议
C. 线缆接口 D. 线缆规格

【答案】B

2H314050 消防工程施工技术

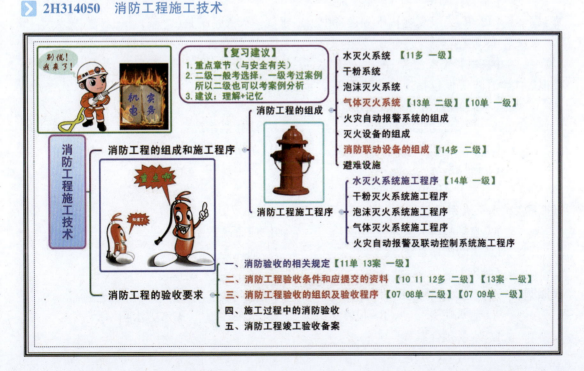

2H314051 消防工程的组成和施工程序

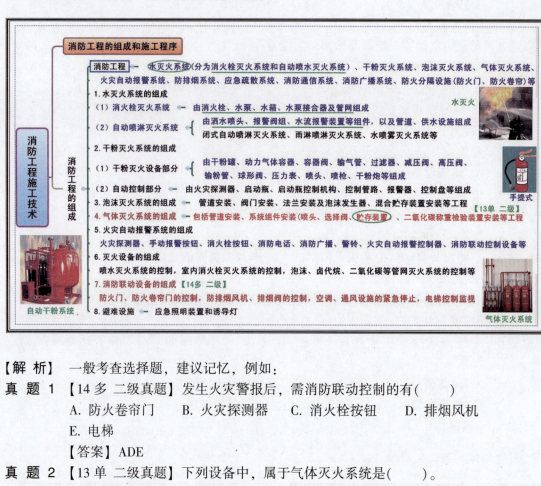

【解 析】 一般考查选择题,建议记忆,例如:

真 题 1 【14多 二级真题】发生火灾警报后,需消防联动控制的有(　　)
A. 防火卷帘门　　B. 火灾探测器　　C. 消火栓按钮　　D. 排烟风机
E. 电梯
【答案】ADE

真 题 2 【13单 二级真题】下列设备中,属于气体灭火系统是(　　)。
A. 贮存容器　　B. 发生装置　　C. 比例混合器　　D. 过滤器
【答案】A

模拟题1 消防工程包括:水灭火系统、干粉灭火系统、泡沫灭火系统、气体灭火系统、(　　)等。
A. 火灾自动报警系统　　　　B. 防排烟系统
C. 应急疏散系统　　　　　　D. 消防广播系统
E. 通风系统
【答案】ABCD

模拟题2 水灭火系统包括消火栓灭火系统和(　　)。
A. 自动喷淋灭火系统　　　　B. 应急疏散系统
C. 消防广播系统　　　　　　D. 通风
【答案】A

模拟题3 消火栓灭火系统由消火栓、(　　)及管网组成。
A. 洒水喷头　　B. 报警阀组　　C. 水泵　　D. 水箱
E. 水泵接合器

【答案】CDE

模拟题4 自动喷淋灭火系统由( )以及管道、供水设施组成。
A. 洒水喷头　　　　　　　　B. 报警阀组
C. 水流报警装置等组件　　　D. 探测器
E. 手动报警按钮
【答案】ABC

模拟题5 干粉灭火设备由( )、输气管、过滤器、球形阀、喷头、喷枪、干粉炮等组成。
A. 压力表　　B. 警铃　　C. 干粉罐　　D. 动力气体容器
E. 容器阀
【答案】ACDE

模拟题6 火灾自动报警系统包括火灾探测器、手动报警按钮、( )火灾自动报警控制器、消防联动控制设备等。
A. 消火栓按钮　　B. 消防电话　　C. 消防广播　　D. 警铃
E. 洒水喷头
【答案】ABCD

模拟题7 消防联动设备包括( )的控制,空调、通风设施的紧急停止,电梯控制监视等。
A. 洒水喷头　　B. 防火门　　C. 防火卷帘门　　D. 防排烟风机
E. 排烟阀
【答案】BCDE

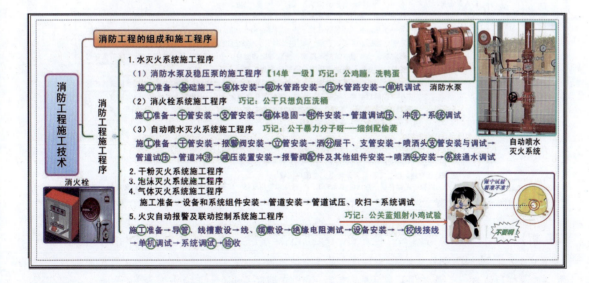

【解析】一般考查选择题,建议记忆,例如:
真题1 【14单 一级真题】在消火栓施工中,消火栓箱体安装固定的紧后工序是( )。
A. 支管安装　　B. 附件安装　　C. 管道试压　　D. 管道冲洗
【答案】B　　巧记:公干只想负压洗桶。

模拟题 1 消防水泵及稳压泵的施工程序中，泵体安装的紧后工序是(　　)。
　　A. 泵体稳固　　B. 吸水管路安装　C. 压水管路安装　D. 单机调试
【答案】B　　巧记：公鸡蹦，洗鸭蛋。

模拟题 2 自动喷水灭火系统施工程序是：施工准备→(　　)→管道试压冲洗→减压装置安装→报警阀配件及其他组件安装→喷洒头安装→系统通水调试等。

　　A. 干管安装→报警阀安装→立管安装

　　B. 干管安装→立管安装→报警阀安装

　　C. 干管安装→立管安装→喷洒分层干、支管安装

　　D. 干管安装→立管安装→喷洒头支管安装

【答案】A

模拟题 3 火灾自动报警及联动控制系统施工程序中，线缆敷设的紧后工序是(　　)。
　　A. 校线接线　　B. 绝缘电阻测试　C. 设备安装　　D. 单机调试
【答案】B

2H314052　消防工程的验收要求

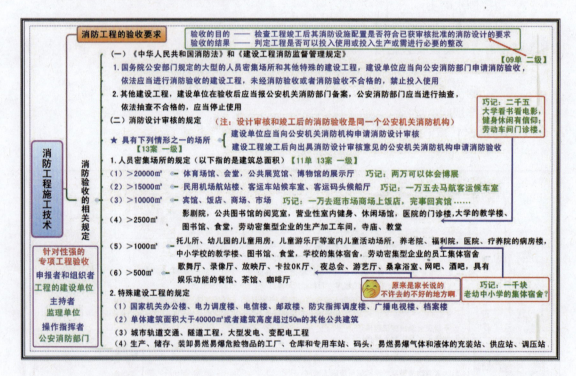

【解　析】此部分是新增内容，但是在一级机电实务曾经考过选择题和案例题，建议理解+记忆，例如：

真题 1 【09单 二级真题】工程竣工后的建筑消防验收，应检查其消防设施配置是否符合(　　)的要求。

　　A. 已获审核批准的消防设计　　B. 工程可投入使用或生产

　　C. 建筑防火等级标准　　　　　D. 公安消防部门管理

【答案】A

真题2 【11单 一级真题】下列场所的消防工程中，应该向公安消防机构申请消防设计审核的是( )。
 A. 建筑面积为15000m^2的展览馆　　B. 建筑面积为13000m^2客运车站
 C. 建筑面积为12000m^2的饭店　　　D. 建筑面积为10000m^2的会堂
 【答案】C

真题3 【13案 一级真题】【背景节选】某安装公司承担某市博物馆机电安装工程总承包施工，该工程建筑面积32000m^2，施工内容包括：给排水、电气、通风空调、消防、建筑智能化工程，工程于2010年8月开工，2011年7月竣工，计划总费用2100万元工程竣工验收合格后，建设方立即向公安机关消防机构报送了工程竣工验收报告，有防火性能要求的建筑构件、建筑材料、室内装饰材料符合国家标准或行业标准的证明文件、施工和监测单位的合法身份证明及资质等级证明文件等资料，申请备案。
 问题：建设方申请消防竣工验收备案是否正确？说明理由。
 【解析】(1) 不正确。
 (2) 理由是：博物馆面积为32000m^2，大于20000m^2，而根据相关规定，建筑面积大于20000m^2的博物馆要申请消防验收，因此必须向公安机关消防机构申请验收而不是备案。

模拟题1 消防验收的组织者是( )。
 A. 建设单位　　　　　　　　　B. 监理单位
 C. 设计单位　　　　　　　　　D. 施工单位
 【答案】A

模拟题2 消防验收的主持者是( )。
 A. 建设单位　　　　　　　　　B. 监理单位
 C. 设计单位　　　　　　　　　D. 公安消防部门
 【答案】B

模拟题3 消防验收的操作指挥者是( )。
 A. 建设单位　　　　　　　　　B. 监理单位
 C. 设计单位　　　　　　　　　D. 公安消防部门
 【答案】D

模拟题4 消防验收的结果是判定工程是否( )的依据。
 A. 需要认证　　　　　　　　　B. 可以投入使用
 C. 可以投入生产　　　　　　　D. 需进行必要的整改
 E. 符合业主要求
 【答案】BC

模拟题5 消防工程的验收应由( )组织向公安消防机构申报。
 A. 建设单位　　B. 监理单位　　C. 施工单位　　D. 设计单位
 【答案】A

模拟题6 不需要向公安机关消防机构申请消防验收的工程有( )。
 A. 国家机关办公楼
 B. 邮政楼

C. 公共建筑
D. 建筑总面积大于 $1.5 \times 10^4 m^2$ 的民用机场航站楼
【答案】C

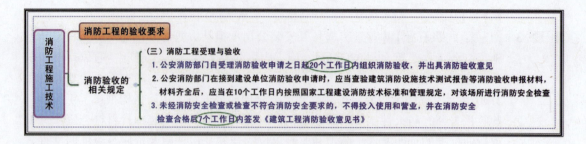

【解析】 一般考查选择题，尤其注意这几个时间，建议记忆，例如：
模拟题1 建筑物的消防工程未经验收或验收不合格的，建筑物所有者(　　)。
A. 暂时　　　　　　　　　　B. 可以
C. 不得　　　　　　　　　　D. 让步
【答案】C

模拟题2 公安消防部门在消防安全检查合格后(　　)签发《建筑工程消防验收意见书》。
A. 20个工作日内　　　　　　B. 7个工作日内
C. 15个工作日内　　　　　　D. 10个工作日内
【答案】B

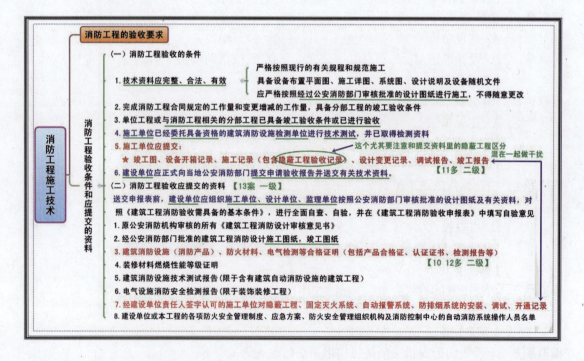

【解析】 此部分为高频考点，无论一级还是二级，都考过选择题和案例题，因此作为重点备考，建议理解+记忆，例如：

真 题 1 【12多 二级真题】建筑消防设施的合格证明文件有(   )。
  A. 产品合格证   B. 认证证书
  C. 检验报告   D. 使用说明书
  E. 外壳防护等级证明
  【答案】ABC

真 题 2 【11多 二级真题】消防工程验收时,施工单位应提交的资料有(   )。
  A. 竣工图   B. 隐蔽工程记录
  C. 安全记录   D. 设备开箱记录
  E. 验收记录
  【答案】ABD

真 题 3 【10多 二级真题】建筑消防产品的验收资料应包括(   )。
  A. 合格证书   B. 认证证书
  C. 检测报告   D. 开箱记录
  E. 调试记录
  【答案】ABC

真 题 4 【12案 二级真题】提交哪些资料,公安消防机构才受理?
  【13案 一级真题】消防竣工验收还应提交哪些资料?
  【解析】一级和二级在这个知识点上略有不同,此题仅作为复习的参考,建议按二级教材来回答。

模拟题 1 消防工程应严格按照经(   )审核批准的设计图纸进行施工。
  A. 建设单位   B. 设计单位
  C. 监理公司   D. 公安消防部门
  【答案】D

模拟题 2 消防工程验收应具备的条件包括(   )。
  A. 完成消防工程合同规定的工作量和变更增减工作量
  B. 与消防工程相关的分部工程已具备竣工验收条件或已进行验收
  C. 施工单位已进行技术测试
  D. 建设单位应正式向当地公安消防机构提交申请验收报告并送交有关技术资料
  E. 所需资料应完整、合法、有效
  【答案】ABDE

模拟题 3 消防验收时,施工单位应提交的记录包括(   )等。
  A. 设备开箱记录   B. 隐蔽工程验收记录
  C. 检测测试记录   D. 设计变更记录
  E. 调试记录
  【答案】ABD

模拟题 4 消防工程验收所需资料包括(   )。
  A. 消防设计施工图纸、竣工图纸   B. 防火材料的合格证明
  C. 设计变更文件   D. 防排烟系统调试记录
  E. 隐蔽工程验收记录
  【答案】ABD

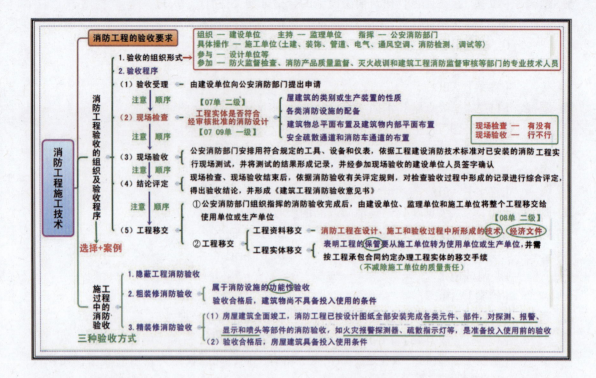

【解析】 此部分为重点，可以是选择题也可以是案例分析题，建议理解+记忆，例如：

真 题 1 【07单 二级真题】公安消防机构与其他单位共同核查工程实体是否符合经审核批准的消防设计的消防验收属于(　　)。
　　　　A. 结论评定　　　　　　　　B. 现场验收
　　　　C. 现场检查　　　　　　　　D. 验收受理
　　　　【答案】C

真 题 2 【08单 二级真题】光源中心的消防工程验收完成后，安装公司还应向使用单位移交在施工和验收过程中形成的(　　)文件。
　　　　A. 工艺　　　　　　　　　　B. 经济
　　　　C. 合同　　　　　　　　　　D. 设计
　　　　【答案】B

真 题 3 【09单 一级真题】消防工程现场检查主要是核查(　　)是否符合经审核批准的消防设计。
　　　　A. 测试的结果　　　　　　　B. 有关书面资料
　　　　C. 工程实体　　　　　　　　D. 工艺设备和仪表
　　　　【答案】C

真 题 4 【07案 一级真题】【背景节选】消防工程完工后，总承包公司向建设单位和公安消防机构提出申请，要求对竣工工程进行消防验收，征得公安消防机构同意后，建设单位组织监理、总承包公司和分包单位共同参加现场检查和现场验收。
　　　　问题：指出消防系统工程验收中不正确之处，正确的消防系统工程验收应如何进行？

【解析】1. 不正确之处有：
（1）总承包公司向建设单位和公安消防机构提出验收要求。
（2）建设单位组织现场检查和现场验收。
（3）现场检查和验收的单位只有建设单位、监理单位、总承包公司和分包单位（或缺少设计单位）。
2. 正确的消防系统工程验收是：
（1）消防系统工程竣工后，由建设单位向公安消防机构提出申请，要求对竣工工程进行消防验收。
（2）公安消防机构受理验收申请后，按计划安排时间，由建设单位组织设计、监理施工等单位共同参加进行现场检查、现场验收，得出验收结论，并形成消防验收意见书。
（3）最后整个工程将由建设单位、监理单位和施工单位移交给使用单位或生产单位。

模拟题1 消防验收的顺序包括（　　）。
A. 验收受理　　　　　　　　B. 现场检查
C. 现场验收　　　　　　　　D. 隐蔽工程验收
E. 结论评定
【答案】ABCE

模拟题2 消防验收现场检查主要是核查工程实体是否符合经审核批准的消防设计，其内容包括（　　）等。
A. 房屋建筑的类别　　　　　B. 消防车通道的布置
C. 消防实战演练情况　　　　D. 各类消防设施的配备
E. 安全疏散通道的布置
【答案】ABDE

模拟题3 消防验收程序中的现场检查主要是核查工程实体是否符合经（　　）的消防设计。
A. 审核批准　　　　　　　　B. 深化修改
C. 业主同意　　　　　　　　D. 图纸交底
【答案】A

模拟题4 消防验收的结论评定程序要形成（　　）。
A. 消防设施技术测试报告　　B. 消防验收意见书
C. 消防工程整改通知单　　　D. 工程移交清单
【答案】B

模拟题5 消防工程资料移交包括消防工程在设计、施工和验收过程中所形成的（　　）。
A. 安装文件　　　　　　　　B. 招标文件
C. 技术文件　　　　　　　　D. 经济文件
E. 合同文件
【答案】CD

模拟题6 消防工程验收后，经工程移交程序，以明确工程的（　　）责任。
A. 检修保养　　　　　　　　B. 检查整改
C. 维护保管　　　　　　　　D. 施工保修

【答案】C

模拟题7 施工过程中的消防验收包括( )。
A. 消防器材验收　　　　　　　B. 消防通道验收
C. 隐蔽工程消防验收　　　　　D. 粗装修消防验收
E. 精装修消防验收
【答案】CDE

模拟题8 粗装修消防验收属于消防设施的( )验收。
A. 完整性　　　　　　　　　　B. 功能性
C. 可用性　　　　　　　　　　D. 操作性
【答案】B

模拟题9 精装修消防验收，是对( )等部件的消防验收，是准备房屋建筑投入使用前的验收。
A. 消防设备和干线管网就位并调试　　B. 消防泵房的设备安装调试
C. 室内自动喷水灭火管网连通　　　　D. 火灾报警探测器
E. 疏散指示灯
【答案】DE

模拟题10 建筑物准备投入使用前的消防验收称( )验收。
A. 粗装修　　　　　　　　　　B. 精装修
C. 隐蔽工程　　　　　　　　　D. 现场检查
【答案】B

2H314060　电梯工程施工技术

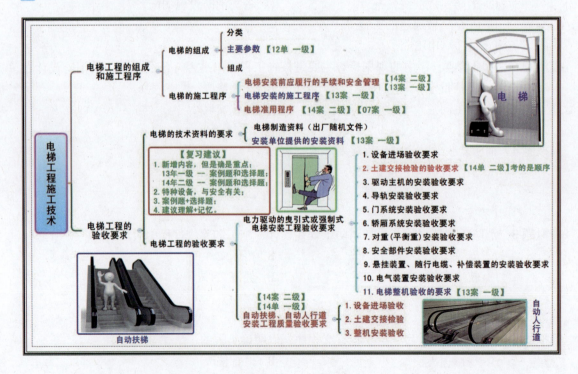

2H314061 电梯工程的组成和施工程序

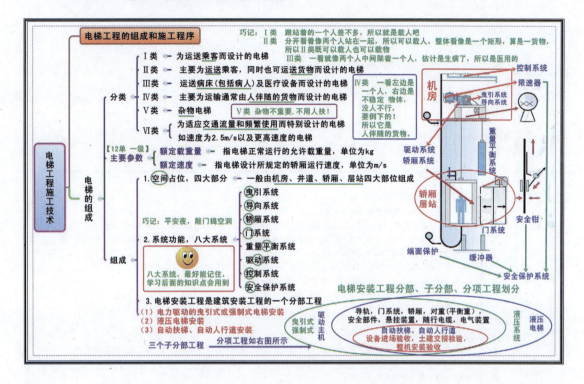

【解 析】 一般考查选择题，但是不排除考案例分析题，建议理解+记忆，无需深究，例如：

真 题 1 【14案 二级真题】本工程（自动扶梯）有哪几个分项工程质量验收？

【解析】自动扶梯、自动人行道安装由设备进场验收、土建交接检验、整机安装验收三个分项工程组成，故按照这三个分项工程质量验收。

真 题 2 【12单 一级真题】电梯的主要参数是（　　）。
A. 额定载重量和额定速度　　　　B. 提升高度和楼层间距
C. 提升高度和额定载重量　　　　D. 楼层间距和额定速度
【答案】A

模拟题 1 根据国家相关标准的规定，电梯分为六类，其中为运送病床（包括病人）及医疗设备而设计的电梯为（　　）。
A. Ⅰ类　　　　　　　　　　　　B. Ⅲ类
C. Ⅴ类　　　　　　　　　　　　D. Ⅵ类
【答案】B

模拟题 2 从空间占位看，电梯一般由（　　）组成。
A. 机房　　　　　　　　　　　　B. 井道
C. 轿厢　　　　　　　　　　　　D. 对重
E. 层站
【答案】ABCE

模拟题 3 从系统功能分，电梯通常由曳引系统、导向系统、（　　）、驱动系统、安全保护系统等系统构成。

A. 电力系统　　　　　　　　B. 控制系统
C. 轿厢系统　　　　　　　　D. 门系统
E. 重量平衡系统
【答案】BCDE　　巧记：平安夜敲门捣空洞

模拟题4 电梯安装工程是建筑安装工程的一个(　　)。
A. 单位工程　　　　　　　　B. 子单位工程
C. 分部工程　　　　　　　　D. 子分部工程
【答案】C

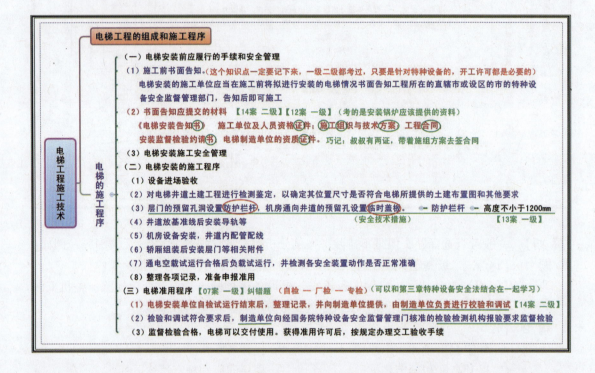

【解析】高频考点区，可以出选择题，也可以出案例分析题，建议理解+记忆，例如：

真 题 1 【14案 二级真题】安装公司在提交《安装告知书》时还应提交哪些材料？
【解析】安装公司提交的材料有：《电梯安装告知书》；施工单位及人员资格证件；施工组织与技术方案；工程合同；安装监督检验约请书；电梯制造单位的资质证件。

真 题 2 【14案 二级真题】由哪个单位对校验和调试的结果负责？
【解析】由电梯的制造单位负责进行校验和调试。

真 题 3 【13案 一级真题】项目部在机房、井道的检查中，应关注哪几项安全技术措施？
【解析】要注意的安全技术措施要点有：(结合二级教材来作答，一级的略有不同，仅做参考)
①层门洞（预留孔）靠井道壁外侧设置坚固的栏杆，栏杆的高度不小于1.2m，并设置警示标志或告诫性文字，防止经层门洞坠落人员及向井道内抛掷杂物。
②用临时盖板封堵机房预留孔，并在机房内墙壁上设有警示标语，以示盖板不能

随便移位，防止顶层有杂物向下跌落。

真题4 【07案 一级真题】【背景节选】电梯安装中接受了当地安全监察机构的指导和监控，安装结束经自检后，由总承包公司调试，最后由建设单位将检验和调试的结果告知国务院特种设备安全监督管理部门核准的检验检测机构，要求监督检验。

问题：指出电梯安装工程监督检验过程中不正确之处，并予以纠正。

【解析】1. 不正确之处有：

（1）"电梯安装中接受了当地安全监察机构的指导和监控"。

（2）电梯"由总承包公司调试"。

（3）"最后由建设单位将检验和调试的结果告知国务院特种设备安全监督管理部门核准的检验检测机构"。

2. 应纠正为：

（1）电梯安装中必须接受制造单位的指导和监控（见 P293《特种设备安全法》的相关规定）。

（2）电梯安装后，由制造单位检验和调试。

（3）由制造单位将检验和调试的结果告知国务院特种设备安全监督管理部门核准的检验检测机构。

模拟题1 电梯安装单位应当在施工前将拟进行的电梯情况书面告知工程所在地的（　　），告知后即可施工。

A. 县级以上电梯设备安全监督管理部门

B. 直辖市或设区的市特种设备安全监督管理部门

C. 市级质量安全监督管理部门

D. 省、自治区、直辖市起重设备安全监督管理部门

【答案】B

模拟题2 施工单位在电梯安装前书面告知中提交的材料有（　　）

A. 施工单位资格证件　　　B. 施工人员资格证件

C. 施工组织与技术方案　　D. 工程合同

E. 施工记录

【答案】ABCD

模拟题3 电梯安装施工程序中，安装层门等相关附件在（　　）之后。

A. 配管配线　　　　　　　B. 机房设备安装

C. 轿厢组装　　　　　　　D. 安装导轨

【答案】C

模拟题4 电梯安装试运行合格后，由电梯（　　）负责进行校验和调试。

A. 安装单位　　　　　　　B. 检测单位

C. 制造单位　　　　　　　D. 监督单位

【答案】C

2H314062 电梯工程的验收要求

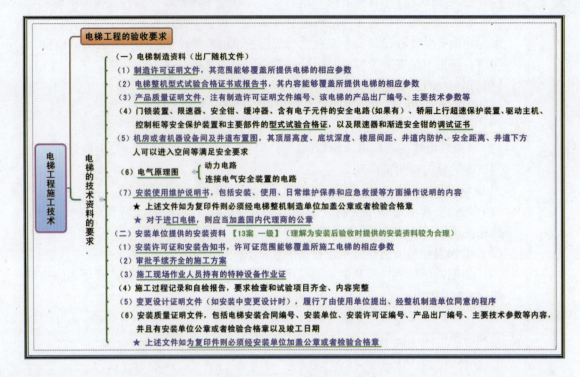

【解析】 选择题或者案例，建议理解+记忆，例如：

真 题 1 【13案 一级真题】电梯安装前，项目部应提供哪些安装资料？

【解析】项目部应提供的安装资料：

（1）安装许可证和安装告知书，许可证范围能够覆盖所施工电梯的相应参数。

（2）审批手续齐全的施工方案。

（3）施工现场作业人员持有的特种设备作业证。

（4）施工过程记录和自检报告，要求检查和试验项目齐全、内容完整。

（5）变更设计证明文件（如安装中变更设计时），履行了由使用单位提出、经整机制造单位同意的程序。

（6）安装质量证明文件，包括电梯安装合同编号、安装单位、安装许可证编号、产品出厂编号、主要技术参数等内容，并且有安装单位公章或者检验合格章以及竣工日期。

上述文件如为复印件，则必须经安装单位加盖公章或者检验合格章。

模拟题 1 电梯安装施工前，制造单位提供的资料有(　　)等。

A. 电梯试验合格证书　　　　　B. 机房及井道布置图
C. 安装使用维护说明书　　　　D. 安装告知书
E. 电梯施工方案

【答案】ABC

模拟题 2 电梯制造厂随机文件如为复印件，则必须经电梯整机制造单位加盖公章或者检验合格章；对于进口电梯，则应当加盖(　　)。

A. 采购单位公章　　　　　　　B. 国内代理商的公章
C. 海关公章　　　　　　　　　D. 商检公章

【答案】B

模拟题3 安装单位提供的电梯安装资料有(　　)等。
A. 安装许可证　　　　　　　　B. 安装告知书
C. 试验合格证书　　　　　　　D. 安装使用维护说明书
E. 电梯施工方案

【答案】ABE

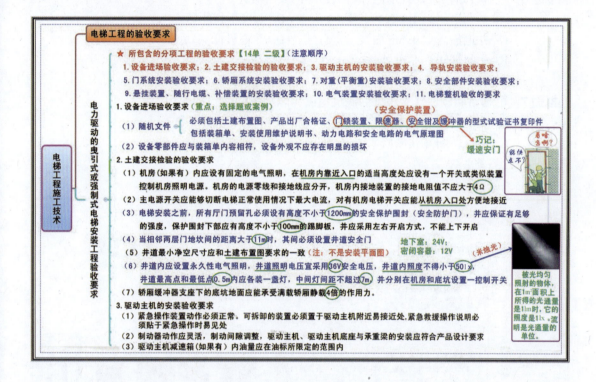

【解析】此部分是重点，选择题或者案例，建议理解+记忆，例如：

真题1【14单 二级真题】曳引式电梯设备进场验收合格后，在驱动主机安装前的工序是(　　)。
A. 土建交接检验　B. 轿厢导轨安装　C. 随行电缆安装　D. 安全部件安装

【答案】A

模拟题1 电力驱动的曳引式电梯技术资料中必须提供哪几个文件复印件？
【解析】必须包括土建布置图、产品出厂合格证、门锁装置、限速器、安全钳及缓冲器的型式试验证书复印件。

模拟题2 电梯的主电源开关应(　　)。
A. 在电梯机房内部　　　　　　B. 能从机房入口处方便地接近
C. 在电梯主机的旁边　　　　　D. 在电梯控制箱内

【答案】B

模拟题3 电梯安装之前，所有厅门预留孔必须设有高度不小于(　　)的安全保护围封。

A. 800mm　　　　B. 1000mm　　　　C. 1100mm　　　　D. 1200mm

【答案】D

模拟题 4 当相邻两电梯层门地坎间的距离大于( )时，其间必须设置井道安全门。

A. 7m　　　　B. 8m　　　　C. 10m　　　　D. 11m

【答案】D

模拟题 5 电梯井道内应设置永久性电气照明，井道照明电压宜采用( )安全电压。

A. 6V　　　　B. 12V　　　　C. 24V　　　　D. 36V

【答案】D

模拟题 6 电梯井道内应设置永久性电气照明的要求有( )。

A. 照明电压采用 220V 电压　　　　B. 照度不得小于 50lx

C. 井道最高点 0.5m 内装一盏灯　　D. 井道最低点 0.5m 内装一盏灯

E. 中间灯间距不超过 7m

【答案】BCDE

模拟题 7 电梯轿厢缓冲器支座下的底坑地面应能承受( )的作用力。

A. 满载轿厢静载 4 倍　　　　B. 满载轿厢动载 4 倍

C. 满载轿厢静载 2 倍　　　　D. 满载轿厢动载 2 倍

【答案】A

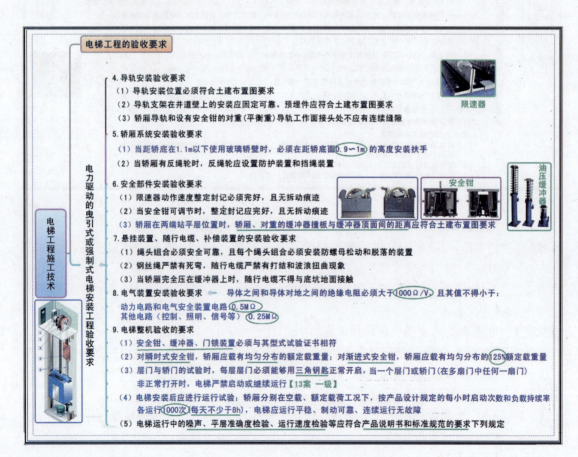

【解析】此部分是重点，考查选择题或者案例，建议理解+记忆，例如：

真 题 1 【13案 一级真题】写出电梯层门的验收要求。

【解析】层门与轿门的试验时，每层层门必须能够用三角钥匙正常开启，当一个层门或轿门（在多扇门中任何一扇门）非正常打开时，电梯严禁启动或继续运行。

模拟题 1 下列要求中，不符合导轨安装验收的有(　　)。
A. 导轨安装位置必须符合土建布置图要求
B. 导轨支架在井道壁上的安装应固定可靠
C. 轿厢导轨工作面接头处不应有连续缝隙
D. 对重导轨工作面接头处可以有连续缝隙
【答案】D

模拟题 2 当电梯轿厢使用玻璃轿壁时，必须安装(　　)高度的扶手。
A. 0.8m   B. 1m
C. 1.2m   D. 1.5m
【答案】B

模拟题 3 下列要求中，不符合安全部件安装验收要求的有(　　)。
A. 限速器动作速度整定封记完好
B. 安全钳有拆动痕迹时应重新调节
C. 轿厢缓冲器撞板与缓冲器顶面间的距离符合要求
D. 对重的缓冲器撞板与缓冲器顶面间的距离符合要求
【答案】B

模拟题 4 下列说法中，错误的是(　　)。
A. 每个绳头组合必须安装防螺母松动的装置
B. 随行电缆严禁有打结和波浪扭曲现象
C. 轿厢钢丝绳严禁有死弯
D. 随行电缆长度与底坑地面接触
【答案】D

模拟题 5 电梯电缆导体对地之间的绝缘电阻必须大于(　　)。
A. 100Ω/V   B. 200Ω/V
C. 500Ω/V   D. 1000Ω/V
【答案】D

模拟题 6 电梯设备中的(　　)必须与其型式试验证书相符。
A. 选层器   B. 召唤器
C. 限速器   D. 缓冲器
E. 门锁装置
【答案】CDE

模拟题 7 电梯在停电状态时，每层电梯层门必须用(　　)才能开启。
A. 三角钥匙   B. 召唤器
C. 专用工具   D. 选层器
【答案】A

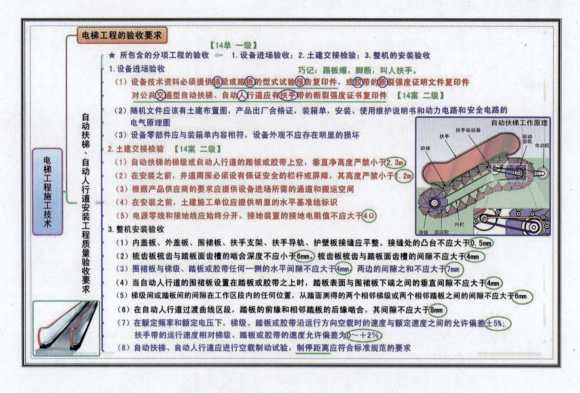

【解 析】此部分是重点，考查选择题或者案例，建议理解+记忆，例如：

真题1 【14案 二级真题】自动扶梯技术资料中必须提供哪几个文件复印件？

【解析】必须提供梯级或踏板的型式试验报告复印件，或胶带的断裂强度证明文件复印件；

对公共交通型自动扶梯、自动人行道应有扶手带的断裂强度证书复印件。

真题2 【14案 二级真题】在土建交接检验中，有哪几项检查内容直接关系到桁架能否正确安装使用？

【解析】在土建交接检验中，检查内容有：

（1）自动扶梯的梯级或自动人行道的踏板或胶带上空，垂直净高度严禁小于2.3m。

（2）在安装之前，井道周围必须设有保证安全的栏杆或屏障，其高度严禁小于1.2m。

（3）根据产品供应商的要求应提供设备进场所需的通道和搬运空间。

（4）在安装之前，土建施工单位应提供明显的水平基准线标识。

（5）电源零线和接地线应始终分开。接地装置的接地电阻值不应大于4Ω。

真题3 【14单 一级真题】电梯安装工程中，不属于自动扶梯分项工程的是(　　)。
A. 设备进场验收　B. 土建交接检查　C. 质量监督检验　D. 整机安装验收
【答案】C

模拟题1 自动扶梯的随机文件应该有(　　)等。
A. 土建布置图　B. 电气原理图　C. 安装说明书　D. 使用维护说明书
E. 安装方案

【答案】ABCD

模拟题2 自动扶梯的梯级踏板上空，垂直净高度严禁小于( )。
A. 2.3m　　　B. 2.6m　　　C. 2.8m　　　D. 3.0m
【答案】A

模拟题3 自动扶梯围裙板与踏板任何一侧的水平间隙不应大于( )。
A. 2mm　　　B. 4mm　　　C. 6mm　　　D. 8mm
【答案】B

模拟题4 自动扶梯在额定频率和额定电压下，梯级沿运行方向空载时的速度与额定速度之间的允许偏差为( )。
A. ±2.5%　　B. ±5%　　　C. ±7.5%　　D. ±10%
【答案】B

模拟题5 自动扶梯进行空载制动试验时，( )应符合标准规范的要求。
A. 制停距离　B. 制停速度　C. 制停时间　D. 制停载荷
【答案】A

2H320000 机电工程项目施工管理

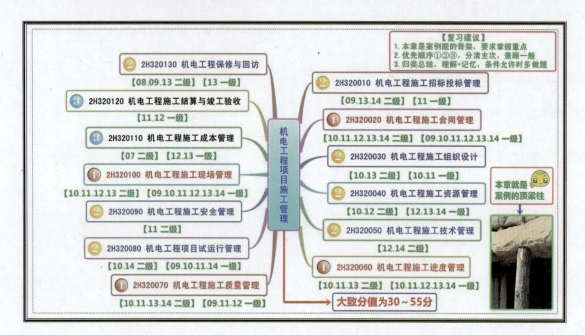

2H320010 机电工程施工招标投标管理

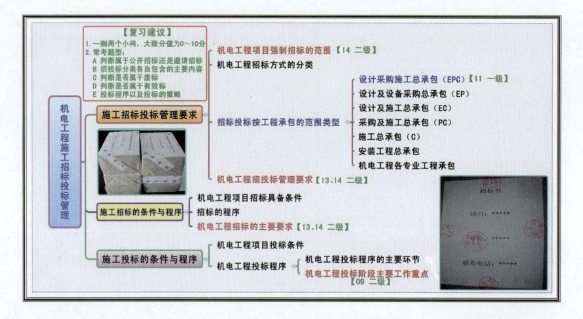

2H320011 施工招标投标管理要求

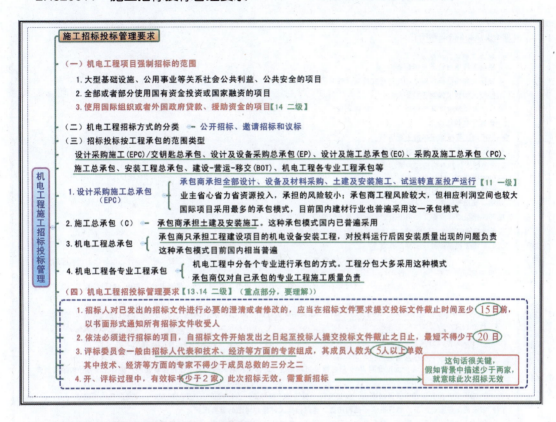

2H320012 施工招标的条件与程序

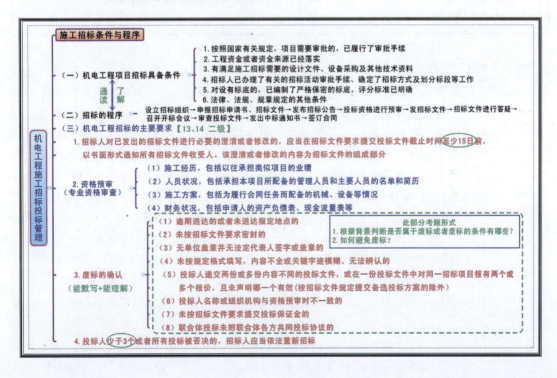

2H320013 施工投标的条件与程序

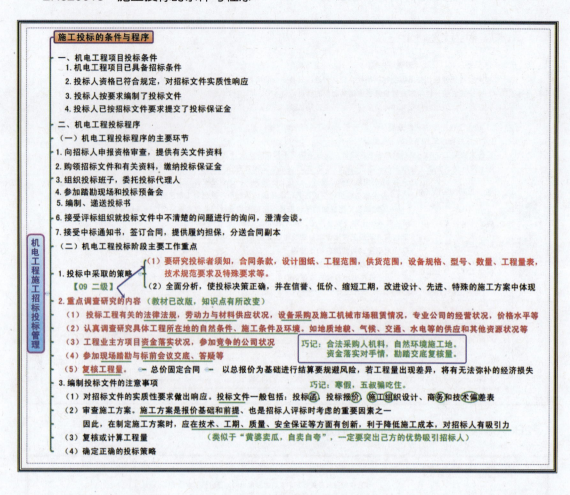

真题1 【14 二级真题】【背景节选】某中型机电安装工程项目,由政府和一家民营企业共同投资兴建,并组建了建设班子,建设单位拟把安装工程直接交于 A 公司承建,上级主管部门予以否定,之后,建设单位采用公开招标,选择安装单位,招标文件明确规定,投标人必须具备机电工程总承包二级施工资质,工程报价采用综合单位报价。经资格预审后,共有 A、B、C、D、E 五家公司参与了投标。投标过程中,A 公司提前一天递交了投标书;B 公司在前一天递交了投标书后,在截止投标前 10 分钟,又递交了修改报价的资料;D 公司在标书密封时未按要求加盖法定代表人印章;E 公司未按招标文件要求的格式报价。

经评标委员会评定,建设单位确认,最终 C 公司中标,按合同范本与建设单位签订了施工合同。

问题:1. 分析上级主管部门否定建设单位指定 A 公司承包该工程的理由。

2. 招投标中,哪些单位的投标书属于无效标书?此次招投标工作是否有效?说明理由。

【解析】1. 由背景可知,本工程由政府和一家民营企业共同投资兴建,属于全部或部分使用国有资金或国家融资的项目。根据《招标投标法》及《招标投标法实施条例》规定,本工程必须进行公开招标。

2.（1）属于无效标书的有：

①D 公司在标书密封时未按要求加盖法定代表人印章。

理由是：属于无单位盖章并无法定代表人签字或盖章的情况,故为无效标书。

②E 公司未按招标文件要求的格式报价。

理由是：属于未按规定格式填写,内容不全或关键字迹模糊、无法辨认的情况,故为无效标书。

（2）此次招投标工作有效。理由是：

①有效标书不少于三家；

②未再发现违规违法行为；

③评标"公平、公正、公开"。

真题2【13 二级真题】【背景节选】A、B、C、D、E 五家施工单位投标竞争一座排压 8MPa 的天然气加压站工程的承建合同。B 施工单位在投标截止时间前两天已送达了投标文件,在投标截止时间前一小时,递交了其法定代表人签字、单位盖章的标价变更文件。A 施工单位在投标截止时间后十分钟才送达标书。按评标程序,C 施工单位中标。

问题：分别说明 A 单位的标书和 B 单位的变更文件能否被招标单位接受的理由。

【解析】（1）B 单位在投标截止日期前对原投标的变更按规定是允许的,可以接受。

理由：B 施工单位在投标截止时间前两天已送达了投标文件,在投标截止时间前一小时,递交了其法定代表人签字、单位盖章的标价变更文件。是补充文件,属于有效投标文件。

（2）A 单位不能接受。

理由：A 施工单位在投标截止时间后十分钟才送达标书。属于无效标书。

真题3【09 二级真题】【背景节选】某机电安装公司依据电力建设公司工程项目招标文件给定的工程量清单内容,以及采用综合单价法计算的要求,综合施工方案和企业定额等编制了投标报价文件。该公司以低价中标,与电力建设公司签订了固定总价合同。机电安装公司虽然对工业锅炉安装比较熟悉,但对电厂循环流化锅炉安装工程缺少经验,对施工图分析不够,材料费估算有遗漏,二次搬运费和不可预见费估计偏低。加之在施工期间材料上涨,人工费提高；锅炉烟气采用电除尘和干式除尘系统与其他连接系统界定不明；电力建设公司提供的工程量有误。

问题：机电安装公司编制投标报价还应考虑哪些因素？

【解析】机电安装公司编制投标报价还应考虑因素：

1. 要研究投标者须知,合同条款、设计图纸、工程范围、供货范围、设备规格、型号、数量、工程量表、技术规范要求及特殊要求等。

2. 投标工程有关的法律法规,劳动力与材料供应状况、设备采购及施工机械市场租赁情况,专业公司的经营状况,价格水平等。

3. 认真调查研究具体工程所在地的自然条件、施工条件及环境。

4. 参加现场踏勘与标前会议交底、答疑等。

5. 复核工程量。

真 题 4　【11 一级真题】【背景节选】A 公司以 EPC 交钥匙总承包模式中标非洲北部某国一机电工程项目，中标价 2.5 亿美元，合同约定，总工期 36 个月。问题：A 公司中标的工程项目包含哪些承包内容？

【解析】A 公司中标的工程项目包含承包内容是：
承包商承担全部设计、设备及材料采购、土建及安装施工、试运转直至投产运行。

模拟题 1　由国家和民营企业共同兴建的某大型炼钢厂，工程采用施工总承包承包形式进行招投标。

A、B、C、D、E、F 通过了资格预审，并按规定时间完成了标书购买、投标书编制和投标，然而 D 公司投标时未办理投标保函。F 公司在投标截止时间晚 10 分钟递交标书。A 公司在标书编制前重点调研了工程有关的法律法规、施工所在地的施工条件、气候条件及环境、建设单位的资金情况，参加了标前会议交底和答疑，并认真复核了工程量，并且在施工组织设计编制中，重点描述了企业信誉、施工组织、进度计划、施工装备配置，尤其施工方案的编制，对评标人员及建设单位很有吸引力。开标后，唱标时 B 公司因施工过程估算费用偏高、工程量偏大、计价形式有误等原因造成总价过高，偏离招标规定而出局。评委发现 C 公司标书中所附的施工资质证书复印件与预审时提交的资质证书不一致，于是取消 C 公司的投标资格。评标委员会经公平、公正评审，A 公司中标。

问题：1. 该大型炼钢厂是否符合公开招标条件？说明具体理由。

2. 施工总承包模式包括哪些内容？

3. 招投标中，哪些单位的投标书属于无效标书？说明具体理由。

4. 本案例 A 公司在调查研究过程中还存在哪些缺陷？

5. 施工方案编制时，哪些内容对招标人员有吸引力？

6. 从 B 公司出局，分析在编制投标文件过程中应注意的事项。

7. 评委取消 C 公司投标单位的做法是否合理？为什么？

8. 简述资格审查的主要内容。

【解析】1. 符合。理由：某大型炼钢厂由国家和民营企业共同兴建，属于全部或部分使用国有资金或国家融资的项目。根据《招标投标法》及《招标投标法实施条例》规定，本工程必须进行公开招标。

2. 施工总承包模式包括承包商承担土建、安装施工。

3.（1）D 公司投标时未办理投标保函。理由是：未能在实质上响应的投标，故为无效标书。

（2）F 公司在投标截止时间晚 10 分钟递交标书。理由是：未能在实质上响应的投标，故为无效标书。

4. A 公司在调查研究过程中还存在的缺陷是：未调研当地劳动力及其价格，材料供应情况及其价格，施工机具市场租赁情况及价格水平等。

5. 从投标文件的编制注意事项分析，投标标书中，施工方案在技术、工期、质量、安全保证等方面有创新且利于降低施工成本，这些对招标人员最有吸引力。

6. 认真分析 B 公司出局的原因，从中总结出标书合成时：
（1）对招标文件的实质性要求做出响应。

(2) 审查施工方案。

(3) 复核或计算工程量。根据招标文件，预先确定施工方法和施工进度，是投标计算的必要条件，并与合同计价形式相协调。计算准确无误、不多计、不漏计。

(4) 确定正确的投标策略。

7. 不合理。理由是：

(1) 招标文件明确规定此招标是投标人资格预审而不是资格后审，招标法规定资格预审合格，招标单位才给合格的承包商发放标书。建设单位已向 C 单位发放了标书，就视为 C 单位资格预审合格。

(2) 公开招标文件明确规定是资格预审，而在具体操作时却采用资格后审，不符合招标文件规定。

以上两条失误和违规均由建设单位造成，即使 C 单位资格确实存在问题，此时取消其投标资格的决定也是不合理的。

8. 审查主要内容包括：施工单位的施工经历、人员状况、施工方案、财务状况。重点是专业资格审查。

2H320020 机电工程施工合同管理

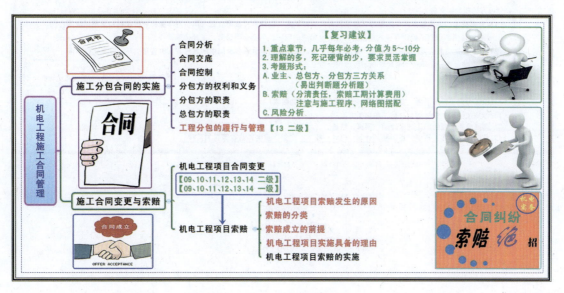

2H320021　施工分包合同的实施

施工分包合同的实施

1. **合同分析重点内容**
   （略看）
   （1）分包人的主要合同责任，工程范围，总包人的责任
   （2）合同价格，计价方法和价格补偿条件
   （3）工期要求和顺延条件，工程受干扰的法律后果，合同双方的违约责任
   （4）合同变更方式，工程验收方法，索赔程序和争执的解决等

2. **合同交底**
   （通读）
   （1）合同管理人员在对合同的主要内容进行分析、解释和说明的基础上，组织分包单位与项目有关人员进行交底
   （2）学习合同条文和合同分析结果，熟悉合同中的主要内容、各种规定和管理程序，了解合同双方的合同责任和工作范围，各种行为的法律后果等
   （3）将各项任务和责任分解，落实到具体的部门、人员和合同实施的具体工作上，明确工作要求和目标

3. **合同控制** —— 在工程实施的过程中，要对合同的履行情况进行合同实施监督、跟踪与调整，并加强工程变更管理，保证合同的顺利履行
   监督落实合同实施计划，为项目各部门的工作提供必要的保证

   （1）实施监督（略看）
   　协调项目各相关方之间的工作关系，解决合同实施中出现的问题
   　对具体实施工作进行指导，作经常性的合同解释，对工程中发现的问题提出意见、建议或警告
   　检查、监督合同实施情况，发现问题及时采取措施
   　对工程所用材料和设备开箱检查或作验收，看是否符合质量、图纸和技术规范等

   （2）跟踪与调整（掌握）
   　签订分包合同后，加强合同变更管理，若分包合同与总承包合同发生抵触时，应以总承包主合同为准
   　分包合同不能解除总承包单位任何义务与责任。分包单位的任何违约或疏忽均会被业主视为违约行为
   　因此，总承包单位必须重视并指派专人负责对分包方的管理，保证分包合同和总承包合同的履行
   　（注：当总包想推卸责任时，就回答这个）

4. **分包方的权利和义务**（理解）
   （1）只有业主和总承包方才是工程施工总承包合同的当事人，但分包方根据分包合同也应享受相应的权利和承担相应的责任
   　分包合同必须明确规定分包方的任务、责任及相应的权利，包括合同价款、工期、奖罚等
   （2）分包合同条款应写得明确和具体，避免含糊不清，也要避免与总承包合同中的发包方发生直接关系，以免责任不清
   　应严格规定分包单位不得再次把工程转包给其他单位

5. **分包方的职责**（理解）
   （1）保证分包工程的质量、安全和工期，满足总承包合同的要求
   （2）按施工组织总设计编制分包工程施工方案
   （3）编制分包工程的施工进度计划、预算、结算
   （4）及时向总承包方提供分包工程的计划、统计、技术、质量、安全和验收等有关资料

   记住两条：1. 保质保量保工期　2. 及时提供与工程相关的资料

（侧栏：机电工程施工合同管理）

真 题 1　【14 二级真题】【背景节选】某安装公司承接一条生产线的机电安装工程，范围包括工艺线设备、管道、电气安装和一座 35kV 变电站施工（含室外电缆建设）。合同明确工艺设备、钢材、电缆由业主提供。

工程开工后，由于多个项目同时抢工，施工人员和机具紧张，安装公司项目部将工程按工艺线设备、管道、电气专业分包给三个有一定经验的施工队伍。

问题：安装公司将工程分包应经谁同意？工程的哪些部分不允许分包？

【解析】（1）《建筑法》规定，一些专业性较强的分部工程分包，分包方必须具备相应技术资格。

总承包单位在决定分包和选定分包队伍前也应征得建设单位（业主）的同意。

（2）《建筑法》规定，主体工程部可分包。

根据背景可知，工程中的工艺线设备属于主体工程，故不可以分包。

真 题 2　【13 二级真题】【背景节选】A 施工单位作为总承包方对 B 分包单位的进场施工、竣工验收以及技术、质量、进度等进行了管理。

问题：A 施工单位对 B 分包单位的管理还应包括哪些内容？

【解析】A 施工单位对 B 分包单位的管理还应包括的内容有：

1. 施工准备；2. 工序交接；3. 工程保修；4. 安全；5. 工程款支付。

模拟题 1　某机电工程公司总承包一中型炼油厂项目，该公司把该厂的通用设备安装分包给 A 公司，防腐保温工程分包给 B 公司，给水排水工程分给 C 公司，这三家公司均具有相应的施工资质。并分别与 A、B、C 公司签了分包合同。合同执行过程中发生了下列事件：

201

工程竣工时，因 A、B 公司未按期完工，业主对总包单位进行了处罚，总包单位不服，认为是 A、B 公司的责任，与已无关。

问题：业主对总包单位的处罚是否合理？简述理由。

【解析】从总分包的权利和责任入手分析认为，处罚合理。总包单位负有连带责任。

模拟题2 在投产前两个月，安装公司总部组织生产大检查，发现因 B 公司自身力量不足及安装公司项目部协调不力使工期拖延 7 天。而 C 公司却因质量把关不严，有三处质量不合格。

问题：从合同管理的角度分析事件发生的原因。

【解析】从合同管理的角度分析，事件发生的原因是未认真进行合同控制。

（1）未认真进行合同交底，管理人员对质量和工期、进度底数不清或者本身素质就有问题。

（2）未认真进行合同跟踪，这是主要原因。合同跟踪的主要内容是质量和工期，若有责任心的管理人员，是不会出现这样的问题的。

2H320022 施工合同变更与索赔

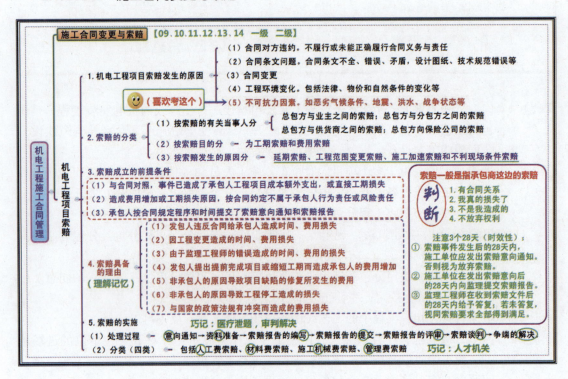

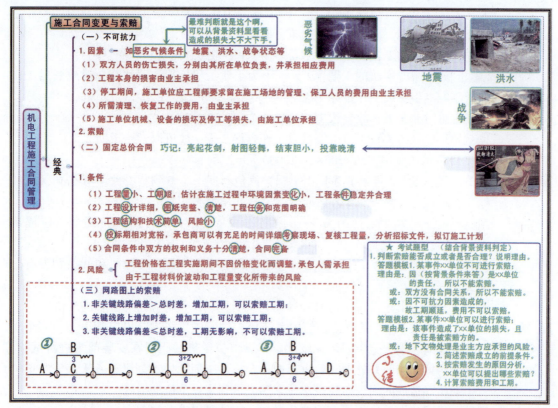

真题1【14 二级真题】【背景节选】开工后因建设单位采购的设备整体晚到，致使C公司延误工期10天，并造成窝工费及其他经济损失共计15万元；C公司租赁的大型吊车因维修延误工期3天，经济损失3万元；因非标准件和钢结构制作及安装工程量变更，增加费用30万元；施工过程中遭遇暴风雨，C公司延误工期5天，并发生窝工费5万元，施工机具维修费5万元。

问题：列式计算事件中C公司可向建设单位索赔的工期和费用。

【解析】（1）开工后因建设单位采购的设备整体晚到，致使C公司延误工期10天，并造成窝工费及其他经济损失共计15万元，属于建设单位的责任，可以索赔工期10天，费用15万元；

（2）C公司租赁的大型吊车因维修延误工期3天，经济损失3万元，属于C公司自己的责任，不可以索赔；

（3）因非标准件和钢结构制作及安装工程量变更，增加费用30万元，属于设计变更，建设单位的责任，可以索赔费用30万元；

（4）施工过程中遭遇暴风雨，C公司延误工期5天，并发生窝工费5万元，施工机具维修费5万元，属于不可抗力，费用各自承担，工期顺延，所以可以索赔工期5天。

综上，索赔工期：10+5=15天；索赔费用：15+30=45万元。

真题2【12 二级真题】【背景节选】施工期间，因车间变电所土建工程延迟7天移交，B公司虽然及时调整了高低压配电柜安装工作（紧后工作，总时差5天）的施工，但仍然导致后面的电缆敷设工作（关键工作）延误2天，造成50名安装工人窝工，窝工工资200元/工日。该工程的土建和安装施工网络计划图已经业主和监理公司批准。B公司向业主递交了索赔报告。

问题：应索赔的工期和费用分别是多少？（不考虑管理费和利润索赔）

【解析】（1）可索赔的工期：2天。因为土建工程延迟7天移交，导致紧后工作高低压配电柜安装工作延迟7天。

但其有总时差5天，故导致工期延长2（7-5=2）天。

也就导致后面的关键工作电缆敷设工作延误2天，故可以索赔工期2天。

（2）可索赔的费用：50×200×2=20000元=2万元

真题3【12 二级真题】【背景节选】由于锅炉汽包延期一个月到货，致使B公司窝工和停工，造成经济损失，B公司向A公司提出索赔被拒绝。

问题：A公司为什么拒绝B公司提出的索赔要求？B公司应向哪个单位提出索赔？

【解析】A公司拒绝B公司提出的索赔要求是对的，因为A公司和B公司没有合同关系。

因为工段设备由建设单位与C单位签订的合同，B公司应向建设单位索赔。

真题4【10 二级真题】【背景节选】管道系统压力试验中，塔进、出口管道上的多个阀门发生泄漏。检查施工记录，该批由建设单位供货的阀门在安装前未进行试验。安装公司拆卸阀门并处理完后重新试压合格，工期比原计划延误6天。安装单位就工期延误造成的损失向建设单位索赔，遭到建设单位的拒绝。

问题：说明建设单位拒绝安装单位对这一事件提出索赔的理由。

【解析】建设单位拒绝安装单位对这一事件提出的索赔的理由：阀门经重新试压合格，泄漏原因属于安装质量问题，属于安装公司的责任，故建设单位拒绝。

真题5【09 二级真题】某电力建设公司将电厂循环流化床锅炉安装工程进行邀请招标。某机电安装公司依据电力建设公司工程项目招标文件给定的工程量清单内容，以及采用综合单价法计算的要求，综合施工方案和企业定额等编制了投标报价文件。该公司以低价中标，与电力建设公司签订了固定总价合同。

机电安装公司虽然对工业锅炉安装比较熟悉，但对电厂循环流化锅炉安装工程缺少经验，对施工图分析不够，材料费估算有遗漏，二次搬运费和不可预见费估计偏低。加之在施工期间，材料上涨，人工费提高；锅炉烟气采用电除尘和干式除尘系统与其他连接系统界定不明；电力建设公司提供的工程量有误。为此，机电安装公司向电力建设公司提出费用调整和索赔。

问题：1. 分析机电安装公司提出索赔的合理性。

2. 机电安装公司可否提出费用调整，简述理由。

3. 基于该工程状况，指出固定总价签约合同可能存在的风险。

【解析】1. 在固定总价合同中，业主的风险很小，主要承担不可抗力的风险和合同规定的其他风险。

承包商除了承担合同明确规定的风险外；承包商的风险还包括价格风险、工程量风险。

本案例中所提出的索赔理由都属于价格风险和工程量风险，因此机电安装公司提出索赔不合理。

2. 机电安装公司不可提出费用调整。

理由：因为签订的是固定总价合同，以上所发生的事实都是承包商应承担的责任，故不可以索赔。

3. 基于该工程状况，固定总价签约合同可能存在的风险：

业主主要承担不可抗力的风险和合同规定的其他风险。

（1）承包商的价格风险包括：①报价计算错误的风险；②漏报项目的风险；③不正常的物价上涨和过度的通货膨胀的风险。

（2）承包商的工程量风险包括：①工程量计算的错误；②合同中工程范围不确定或不明确、表达含糊不清，或预算时工程项目未列全造成的损失；③投标报价时，设计深度不够所造成的误差。

真题 6【11 一级真题】【背景节选】A 公司以 EPC 交钥匙总承包模式中标非洲北部某国一机电工程项目，中标价 2.5 亿美元，合同约定，总工期 36 个月，支付币种为美元，设备全套由中国制造，所有技术标准、规范全部执行中国标准和规范。工程进度款每月 10 日前按上月实际完成量支付，竣工验收后全部付清，工程进度款支付每拖欠一天，业主需支付双倍利息给 A 公司。工程价格不因各种费率、汇率、税率变化及各种设备、材料、人工等价格变化而作调整，施工工程中发生下列事件：

事件 1：A 公司因：

（1）当地发生短期局部战乱，造成工期延误 30 天，直接经济损失 30 万美元；

（2）原材料涨价，增加费用 150 万美元；

（3）所在国劳务工因工资待遇罢工，工期延误 5 天，共计增加劳务工工资 50 万美元；

（4）美元贬值，损失人民币 1200 万元；

（5）进度款多次拖延支付，影响工期 5 天，经济损失（含利息）40 万美元；

（6）所在国税率提高，税款比原来增加 50 万美元；

（7）遭遇百年一遇的大洪水，直接经济损失 20 万美元，工期拖延 10 天。

问题：事件 1 中，A 公司可向业主索赔的工期和费用金额分别是多少？

【解析】（1）当地发生短期局部战乱，造成工期延误 30 天，直接经济损失 30 万美元；本事件为不可抗力，可索赔工期 30 天；

（2）原材料涨价，增加费用 150 万美元；按合同得不到索赔。

（3）所在国劳务工因工资待遇罢工，工期延误 5 天，共计增加劳务工工资 50 万美元；因工资待遇罢工属于内部协调问题，不可以索赔。

（4）美元贬值，损失人民币 1200 万元；按合同得不到索赔。

（5）进度款多次拖延支付，影响工期 5 天，经济损失（含利息）40 万美元；可索赔工期 5 天，费用 40 万美元。

（6）所在国税率提高，税款比原来增加 50 万美元；按合同得不到索赔。

（7）遭遇百年一遇的大洪水，直接经济损失 20 万美元，工期拖延 10 天。

本事件为不可抗力，费用各自承担，工期顺延。故可索赔工期 10 天，费用不可以索赔。

综上：可索赔工期：30+5+10＝45 天，可索赔费用：40 万元。

模拟题 1 土建施工单位 C 公司施工中发现地下文物,处理地下文物工作造成工期拖延 40 天。

问题:土建施工单位 C 公司可不可以向建设单位 A 公司提出索赔?说明理由。

【解析】可以。理由是:因地下文物处理是业主应承担的风险。

模拟题 2 施工中突遇百年不遇的大暴雨,导致安装公司 B 公司所安装的设备(建设单位采购的设备)被水浸泡损坏,土建施工单位 C 公司的挖掘设备被淹没出现了严重故障,总工期延期 30 天。两个公司的停工 30 天,窝工费 10 万元。

问题:B、C 两家公司可以向建设单位 A 公司提出索赔吗?

【解析】可以索赔工期,费用不可以索赔。

理由是:百年不遇的大暴雨属于不可抗力的因素,所以费用各自承担,工期顺延。

模拟题 3 A 公司经过招投标承包某轧钢生产线机电设备安装工程,合同暂估总价,结算例以合同约定的工程单价和实发工程量进行结算,工程单价不做调整。施工过程中发生列事件:

事件一:工程开工后,原材料涨价和机械租赁费涨价,施工单位因工程成本过高,向业主提出费用索赔。

事件二:B 分包单位在施工过程因设备制造质量问题及设备晚交付,向业主提出费用和工期索赔。

事件三:C 分包单位因 A 公司租赁的大型吊车运输途中发生故障延误 3 天,并造成人员窝工 3 天,向 A 公司进行工期和费用索赔。

事件四:整个施工过程中,A 公司因改变吊装工艺增加费用 2 万元;业主提出的工程变更稍加费用 5 万元,延误工期 2 天;业主要求施工单位赶工增加费用 20 万元;因暴雨造成停工 3 天,施工单位产生窝工费 10 万元,施工机具修理费 5 万元。给 C 公司租赁的吊装设备延误工期 3 天,增加费用 5 万元。

问题:1. 事件一中施工单位向业主提出费用索赔是否合理,简述理由。
2. B 分包单位向业主提出费用和工期存在什么问题?并予以纠正。
3. C 分包单位向 A 公司进行工期和费用索赔是否合理?为什么?
4. 列式计算事件四中 A 公司应向业主索赔的费用和工期,并说明不能索赔的理由。

【解析】1. 事件一中,施工单位提出索赔不合理。

理由是:合同已明确规定工程单价不作调整,工程单价主要是由人工费、材料费、机械台班费组成,若增加材料费和台班费,势必调整了工程单价,违背合同约定。

2. 从索赔程序分析,B 分包单位索赔的程序错误,分包单位不能直接向业主索赔。

应该把索赔资料先交总包商 A 公司审批,再由 A 公司交业主审批。

3. 从双方的责任和关系出发分析,C 分包单位向 A 公司进行的索赔合理。

因大型吊车是 A 公司租赁的,A 公司应准时交付分包单位,责任在 A 公司。

4.(1)费用索赔=5 万元+20 万元=25 万元

工期索赔=2 天+3 天=5 天

(2)不能索赔项：

①改变吊装工艺 2 万元已含在施工单位的技术措施费用。

②因暴雨窝工费 10 万元，机具修理费 5 万元，属不可抗力的自然灾害原因造成，合同法规定，不可抗力原因引起的费用损失各自承担，工期可顺延。

③用车租赁延长工期 3 天，增加费用 5 万元，因吊车是施工单位自己租赁，造成的工期延误和费用损失应自负。

2H320030 机电工程施工组织设计

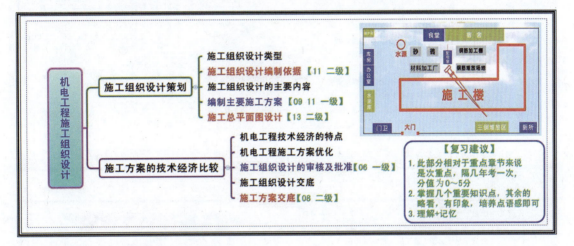

2H320031 施工组织设计策划

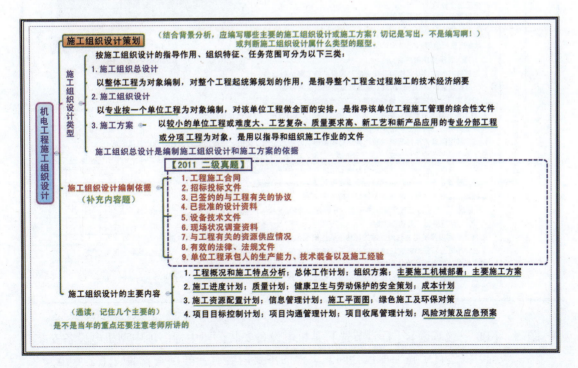

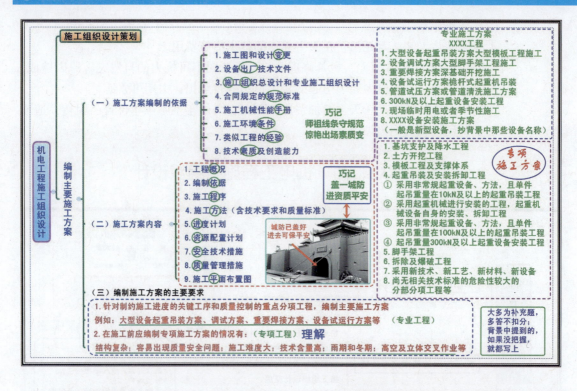

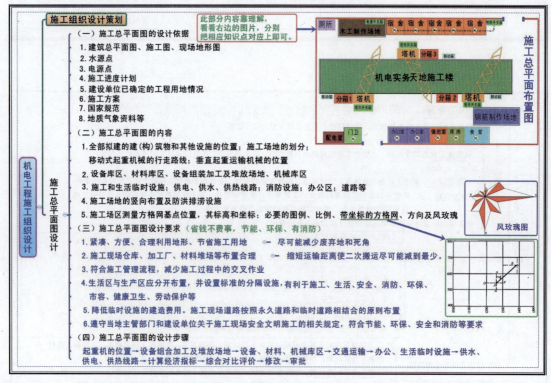

真题1【11 二级真题】【背景节选】某机电设备安装公司中标一项中型机电设备安装工程，并签订了施工承包合同。工程的主要内容有：静设备安装、工艺管道安装、机械设备安装等，其中静设备工程的重要设备为一台高为38m、重量为60t 的合

成塔，该塔属于压力容器，由容器制造厂整体出厂运至施工现场，机电安装公司整体安装。工程准备阶段，施工设计图样已经到齐。该公司组织编制了施工组织总设计，并根据工程的主要对象，项目部编制了"容器与合成塔安装方案"，"合成塔吊装方案"，"工艺管道安装、焊接技术方案"，"机械设备安装、调试方案"。

问题：1. 机电安装公司编制施工组织总设计的主要依据有哪些？

2. 根据背景资料，机电安装公司至少还应编制哪些主要施工方案？

【解析】1. 施工组织设计编制的依据有：工程施工合同；招标投标文件；已签约的与工程有关的协议；

已批准的设计资料；设备技术文件；现场状况调查资料；与工程有关的资源供应情况；

有效的法律、法规文件；单位工程承包人的生产能力、技术装备以及施工经验。

2. 根据背景资料，机电安装公司至少还应编制的主要施工方案：

合成塔运输方案、合成塔检验试验方案、工艺管道吊装方案、工艺管道检验试验方案、机械设备吊装方案、综合系统试验及无损检测方案。

【注：补充题，多答不扣分，可以把常见经济分析的主要施工方案写上，实在没把握，就把背景中的都抄上】

真 题 2 【09 一级真题】【背景节选】某机电安装工程公司承接一汽车厂重型压力机车间机电设备安装工程，工程内容包括设备建造、压力机的就位安装、压力管道安装、自动控制工程、电气工程和单机试运行等。其中压力机最高 22.5m，单件最重为 105t。合同工期为 4 个月。合同约定，工期每推迟一天罚 10000 元，提前一天奖励 5000 元。该公司项目部对承接工程进行分析，工程重点是压力机吊装就位，为此，制定了两套压力机吊装方案。

问题：该工程项目应编制何种类型施工组织设计和专项施工方案？

【解析】该工程项目应编制单位工程施工组织设计（机电安装工程施工组织设计）和压力机吊装、压力管道组焊和试压（压力管道安装）、单机试运行专项施工方案。

2H320032 施工方案技术经济比较

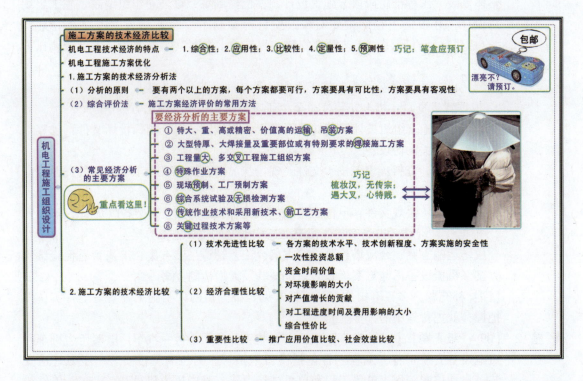

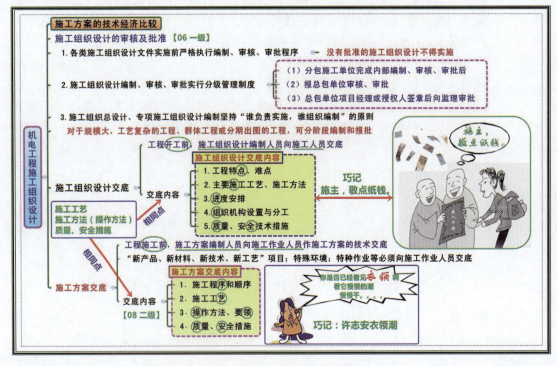

真 题 1【08 二级真题】【背景节选】技术人员对班组进行施工方案交底的主要内容是该工程的安装工程量、工程规模及现场的环境状况等。

问题：技术人员对班组施工方案交底的内容是否正确？简述理由。

【解析】（1）不正确。

（2）理由是：施工方案交底的主要内容是施工程序和顺序、施工工艺、操作方法、要领、质量控制、安全措施。

真题2 【06 二级真题】【背景节选】项目部编制了该工程施工组织设计，并编制压缩机施工方案，向分包单位进行交底，然后由分包单位组织施工。

问题：如果业主同意分包，项目部编制施工组织设计、施工方案后，即向分包单位交底的做法是否正确？分别说明理由。

【解析】（1）不正确。

（2）理由是：①项目部编制的施工组织设计应报监理单位批准后，才能向分包单位交底。

②施工方案应由分包单位制订，并报总承包项目部批准后，才能组织施工。

模拟题1 某省辖市新建坑口电厂一期安装工程，装机容量为 2×50MW 的汽轮发电机组。采用直接空冷凝汽器。汽轮机为抽、凝两用机，可供热。锅炉为循环硫化床。烟气采用电除尘和干式除灰系统进行处理。所有排放废水经过废水处理车间处理再循环使用。工程由 A 公司总承包，其中汽机岛由 B 公司分包。A、B 公司都具备施工资格。锅炉设备的主吊机械为 DBQ1500 塔吊。汽机间设备用 75t 行车吊装。计划工期为 10 个月。

A 公司精心策划了施工组织总设计。建立了质量管理体系和安全管理体系。制定了各专业的施工方案。烟气电除尘和干式除灰系统处理，采用了新产品、新材料、新技术、新工艺。

问题：1. A 公司策划的施工组织总设计是否包括 B 公司分包的工程？

2. 进行施工方案交底工作如何进行？

【解析】1. A 公司应做整个工程施工组织总设计，包括 B 公司分包的工程。B 公司可做其分包工程的施工组织设计。B 公司的施工组织设计应以电厂整体工程的施工组织总设计为编制依据。

2. 根据本工程的情况，进行施工方案交底的工作是：

（1）工程施工前，施工方案的编制人员应向施工作业人员作施工方案的技术交底。

（2）除分项、专项工程的施工方案需进行技术交底外，新产品、新材料、新技术、新工艺"四新"项目以及特殊环境、特种作业等也必须向施工作业人员交底。

（3）交底内容为该工程的施工程序和顺序、施工工艺、操作方法、要领、质量控制、安全措施等。

模拟题2 北方某公司投资建设一蜡油深加工工程，经招标，由 A 施工单位总承包。该工程的主要工程内容包括 2 台大型加氢裂化反应器的安装，高压油气工艺管道安装、分体到货的压缩机组安装调试工程、管道安装工程、电气安装工程、自动化仪表安装工程、土建工程等。其中，A 施工单位将单位工程压缩机厂房及其附属机电设备、设施分包给 B 安装公司。蜡油工程的关键静设备 2 台加氢裂化反应器，各重 300t，由制造厂完成各项检验试验后整体出厂，A 施工单位现场整体安装。压缩机厂房为双跨网架顶结构，房顶有一台汽液交换设备。

合同要求该工程 2012 年 9 月开工，2013 年 6 月 30 日完工。为了加快工程进度，业主要求，有条件的工程，冬期不停止施工作业。为了保证工程顺利进行，A 施工单位编制了静设备安装施工方案、动设备安装调试施工方案、管道组对焊接方案和电气、自动化仪表安装工程施工方案。B 安装公司编制了压缩机厂房工程施工方案。

问题：1. 针对本工程，A 施工单位和 B 安装公司各应编制何种施工组织设计？

2. A 施工单位和 B 安装公司除编制背景材料中所列的施工方案外，至少还应编制哪些主要施工方案？

【解析】1. A 施工单位应编制蜡油深加工工程施工组织总设计。B 安装公司应编制单位工程（压缩机厂房工程）施工组织设计。

2. A 施工单位至少还应编制：大型设备（反应器）吊装施工方案、管道清洗和试验方案、无损检测方案、单机试运行方案、冬期施工方案。

B 安装公司至少还应编制：网架吊装安装施工方案、汽液交换器吊装施工方案、高处作业施工方案。

模拟题 3 某发电厂安装工程，工程内容有锅炉、汽轮机、发电机、输煤机、水处理和辅机等设备。

工程由 A 施工单位总承包，其中输煤机、水处理和辅机等设备分包给 B 施工单位安装。因安装质量要求高，A 施工单位与建设单位签订合同后编制了该工程的施工组织设计和施工方案。锅炉主吊为塔吊，汽机间的设备用桥式起重机吊装，焊接要进行工艺评定。根据施工现场的危险源分析，制定了相应的安全措施，建立健全的安全管理体系。

问题：1. A 施工单位应编制什么类型的施工组织设计？

2. A 施工单位编制施工方案的主要依据是什么？

3. A 施工单位还应编制哪些施工方案？

4. 施工总平面布置应考虑哪些方面？

【解析】1. A 施工单位应编制单位工程施工组织设计。

2. A 施工单位施工方案的编制依据主要有：

（1）施工图和设计变更；

（2）设备出厂技术文件；

（3）施工组织总设计和专业施工组织设计；

（4）合同规定的规范标准；

（5）施工机械性能手册；

（6）施工环境条件；

（7）类似工程的经验；

（8）技术素质及创造能力。

3. A 施工单位还应编制锅炉、汽轮发电机组大型设备起重吊装方案和焊接方案。

4. 施工总平面布置应考虑：施工区域划分、竖向布置、交通运输、施工管线的平面布置、起重机械的布置、施工总平面管理。

2H320040 机电工程施工资源管理

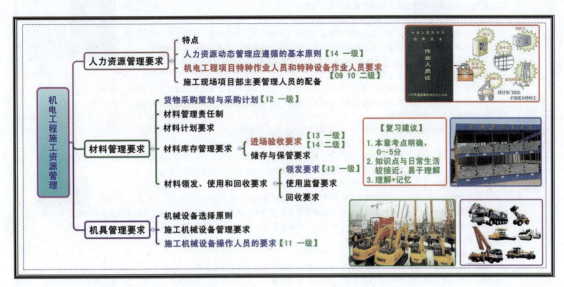

2H320041 人力资源管理要求

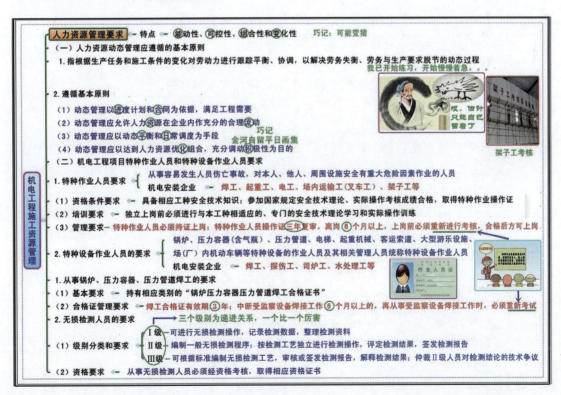

```
人力资源管理要求
（二）机电工程项目特种作业人员和特种设备作业人员要求
3. 施工企业对特种作业人员和特种设备作业人员的管理要求
（1）施工企业应建立并保持特种作业人员和特种设备作业人员的队伍，进行培训、管理并建立档案机制
（2）应根据施工组织设计和施工方案，配置特种作业人员的工种和数量，并体现在劳动力计划中
（3）用人单位应当聘（雇）用取得《特种作业人员证》、《特种设备作业人员证》的人员，从事相关管
    理和作业工作，并对作业人员进行严格管理
（4）特种设备作业人员作业时应当随身携带证件，并自觉接受用人单位的安全管理和质量技术监督部门的监督检查
（5）特种设备作业人员应积极参加安全教育和安全技术培训，严格执行操作规程和有关安全规章制度，遵守规定，
    发现隐患及时处置或者报告
（三）施工现场项目部主要管理人员的配备　　根据项目大小和具体情况而定
1. 项目部负责人　——项目经理（必须具有建造师资格）、项目副经理、项目总工
2. 项目部管理人员　　施工员、材料员、安全员、资料员、质量员、造价员等必须经培训、考试、持证上岗
                    施工员、质量员要根据项目专业情况配备，安全员根据项目大小配备
（四）劳务外包队伍管理
1. 对劳务外包施工队的资质、业绩和能力等进行审查，经批准并签约后，方可进入施工现场
2. 防止"以包代管"。对于工程的再发包完全不能减少或免除分包单位应承担的合同义务，应完全纳入项目管理的制度规程中
3. 将劳务外包队伍纳入共同管理。从经济上、制度上、监督检查上、各种手段上进行控制，确保工程质量、施工安全等
4. 不符合安全要求的劳务公司坚决不发包
   符合安全要求的劳务公司也要实行安全与经济效益挂钩
   对于施工过程安全管理混乱和发生事故的劳务公司实行一票否决，并坚决给予辞退
5. 从提高劳务人员自身能力着手，通过形式多样的培训、教育和宣传，使劳务外包人员的安全、质量、文明施工等水平得到提升
6. 不得克扣劳务人员的工资。按期支付劳务人员工资，不得拖延
```

真 题 1【10 二级真题】【背景节选】在设备配管过程中，项目经理安排了 4 名持有压力管道手工电弧焊合格证的焊工（已中断焊接工作 165 天）充实到配管作业中，加快了管线配管进度。

问题：说明项目经理安排 4 名焊工上岗符合规定的理由。

【解析】项目经理安排 4 名焊工上岗符合规定的理由：4 名焊工持有压力管道手工电弧焊合格证，同时中断焊接工作没有超过 6 个月。

真 题 2【09 二级真题】【背景节选】某施工单位承包一套燃油加热炉安装的单位工程，包括加热炉、燃油供应系统、钢结构、工艺管线、电气动力与照明、自动控制、辅助系统等分部工程。

燃油泵的进口管道焊缝要求 100% 射线检测，因法兰未到货，迟迟未能施焊。为不影响单机试运的进度要求，法兰到货并经现场验收后，项目部马上安排电焊工王某进行该管段施焊。当王某正在配电盘上连接电焊机电源导线时，监理工程师认为王某违反特种作业的规定而给予制止。随后监理工程师检查项目部特种作业人员配备情况，发现不足，要求改正。

问题：该项目部应配备哪些特种作业人员？

【解析】该项目部应配备焊工、起重工、电工、场内运输工（叉车工）、架子工等特种作业人员。（最好都写上）

模拟题 1 某施工单位承建某工业锅炉安装工程，主要工程内容是管道和设备安装。为组织好施工，项目部编制了施工组织设计和相应的施工方案，并对特种作业人员提出了要求。施工过程检查发现，有 1 名正在进行压力管道氩弧焊接作业的焊工，只有压力容器手工电弧焊合格证；另一名具有起重作业证书的起重工，因病休养 8

个月刚刚上班,正赶上大型设备安装,项目经理安排其负责设备吊装作业。项目部经调整人员后,质量、安全、进度都赶上去了,按要求顺利进行了锅炉试运行。

问题:1. 本工程的主要特种作业人员有哪些?

2. 项目经理对刚上班的起重工的工作安排是否妥当?说明理由。

3. 具有压力容器手工电弧焊合格证的焊工,为什么不能从事管道氩弧焊接工作?

【解析】1. 特种作业人员是指从事容易发生人员伤亡事故,对操作者本人、他人及周围设施的安全可能造成重大危害的作业的操作人员,本案例管道焊接和设备吊装属于这类作业,主要特种作业人员包括焊工、起重工、架子工、电工。

2. 根据国家安全生产监督机构对特种作业人员的有关规定,离开特种作业岗位达 6 个月以上的特种作业人员,应当重新进行实际操作考核,经确认合格后方可上岗作业。案例中该起重工虽有作业证,但已经离开工作岗位 8 个月,上岗前,应当进行实际操作考核,合格后方可上岗作业。因此不能立即从事起重作业。

3. 压力管道焊工既属于特种作业人员,同时也属于特种设备作业人员,应持特种设备作业证上岗。

案例中焊工虽然取得了压力容器手工焊接资格,可以从事压力管道手工焊接,但是按《锅炉压力容器压力管道焊工考试与管理规则》规定(记不住,就写"根据相关规定"),经焊接操作技能考试合格的焊工,当焊接方法改变时应重新考试,合格后,方可从事新方法的操作。手工焊接改为氩弧焊接属于焊接方法改变,案例中焊工进行氩弧焊接,属于无证操作。

模拟题 2 达海制药厂机电安装工程项目由 A 单位实施工程总承包,其与某劳务公司签订了劳务分包合同,约定该劳务公司安排 40 名农民工做力工,进行基础地基处理和材料搬运工作。进场前,对他们进行了安全教育。地基工程结束后,准备工艺设备吊装作业,发现吊装作业所需的劳动力不足,项目部从 40 名农民工中抽调 10 名工人,并另调 1 名持有特种作业操作证的起重工,充实到起重机械作业班组,配合起重吊装操作。然后再从余下 30 人中挑选 12 名体力好的青年到架子班进行脚手架搭设作业。项目安全员提出起重吊装和脚手架搭设属于特种作业,这 22 名力工没有特种作业操作证,不具备作业资格,不能从事这两项作业。但项目部主管施工的副经理认为这些力工从事的是辅助性工作,仍然坚持上述人员的调配。

问题:1. 施工中缺少 23 名作业人员违背了用工动态管理什么原则?

2. 背景中的起重工和架子工是否属于特种作业人员?简述理由。

3. 项目部副经理对力工安排新作业的做法是否正确?为什么?

【解析】1. 违背了动态管理以进度计划与劳务合同为依据的原则。

2. 属于特种作业人员,理由是:起重工从事起重机械作业、架子工从事登高架设作业,均容易发生人员伤亡事故,对操作者本人、他人及周围设施的安全有重大危险。

3. 不正确。原因在于:

(1) 起重工和架子工属于特种作业人员;

(2) 根据特种作业人员规定,其必须持证上岗;

(3) 项目部副经理所安排的 22 名农民工既没有经过相应特种作业培训,也没有特种作业上岗资格证书。

模拟题3 某施工单位承担了一项机电工程项目,施工单位项目部为落实施工劳动组织,编制了劳动力资源计划,按计划调配了施工作业人员。并与某劳务公司签订了劳务分包合同,约定该劳务公司提供60名劳务工,从事基础浇筑、钢结构组对焊接、材料搬运工作。进场前,对劳务工进行了安全教育。

基础工程结束、安装工程开始后,项目部发现原劳动力计划与施工进度计划不协调,而又难以在计划外增加调配本单位施工作业人员,在吊装作业和管道焊接等主体施工中劳动力尤为不足。项目部采取临时措施,重新安排劳务工工作,抽调12名劳务工充实到起重作业班组,进行起重作业。作业前,项目部用1天时间对12名劳务工进行了起重作业安全技术理论学习和实际操作训练。项目安全员提出12名劳务工没有特种作业操作证,不具备起重吊装作业资格,但项目部施工副经理以进行了培训且工程急需为由,仍然坚持上述人员的调配。

低合金钢管道焊接(手工焊)在2010年8月开始焊接。项目部抽调6名从事钢结构焊接的有焊工合格证的劳务工参加焊接工作。在水压试验前,监理工程师会同项目质量技术部门进行检查,发现:参与检测共有3名无损检测人员。3人的资格情况如下:No.1号:RTⅠ级、UTⅡ级;No.2号:RTⅠ级、MTⅡ级;No.3号:RTⅡ级、UTⅡ级、PTⅡ级;焊道射线检测的15C-04号报告共有3道焊口的检测结果,评定其中1道焊缝存在不合格的缺陷。该报告由No.1号评定检测结果,No.2号签发检测报告。

问题:

1. 从背景中,项目部出现劳动力不足和对劳务工重新进行的安排违背了用工动态管理哪些原则?说明理由。
2. 说明背景中起重工属于特种作业人员的理由。项目安全员和项目部施工副经理对抽调劳务工从事起重吊装作业的意见或做法是否正确?说明理由。
3. 15C-04号报告中评定检测结果和报告签发是否符合无损检测人员资格管理的要求?为什么?从背景中,应由哪位无损检测人员签发报告?
4. 施工企业对特种作业人员和特种设备作业人员的管理有何要求?

【解析】1. 违背了用工动态管理以进度计划与劳务合同为依据的原则。
(1) 原劳动力计划与施工进度计划不协调,说明原劳动力计划未按进度计划为依据进行编制;
(2) 劳务分包合同约定的劳务工工作范围为基础浇筑、钢结构组对焊接、材料搬运,将12名劳务工改为从事起重作业工作,违背了合同关于工作范围的约定。而在原约定的工作范围内,劳务公司一般也不会在该项目上提供足够数量的取得特种作业操作证的起重工。

2. (1) 起重工属于特种作业人员的理由是:从事起重作业容易发生人员伤亡事故,对操作者本人、他人及周围设施的安全有重大危险。
(2) 项目安全员的意见正确,项目主管施工副经理做法不正确。因为起重工属于特种作业人员,持证上岗是对从事特种作业人员管理的基本要求。对12名劳务工进行简单培训不能代替参加国家规定的安全技术理论和实际操作考核成绩合格并取得特种作业操作证。这12名劳务工未按规定要求取得特种作业操作证,不具备作业资格，不能从事该作业。

3．（1）不符合。

（2）各级别的无损检测持证人员只能从事与其资格证级别、方法相应的无损检测工作。

No.1号、No.2号无损检测人员只具备RT（射线检测）Ⅰ级资格，不能评定RT检测结果、签发检测报告。从背景中，应由具备RⅡT级资格的No.3号无损检测人员签发报告。

4．（1）建立并保持这类人员的队伍，进行培训、建档、配置；作业时随身携带证件，并自觉接受用人单位的安全管理和质量技术监督部门的监督检查。

（2）参加安全教育和安全技术培训，严格执行操作规程和有关安全规章制度，遵守规定，发现隐患及时处置或者报告。

2H320042　材料管理要求

材料管理要求

机电工程材料管理是指材料的采购、验收、保管、标识、发放、回收及对合格材料的处置等

（一）货物采购策划与采购计划

1．材料采购合同的履行环节

材料的交付、交货检验的依据、产品数量的验收、产品的质量检验、采购合同的变更等

巧记：娇颜素质变

2．制订货物采购计划。货物采购计划要涵盖施工全过程

（1）采购计划要与设计进度和施工进度合理搭接，处理好他们之间的接口管理关系

（2）要从贷款成本、集中采购与分批采购等全面分析其利弊安排采购计划

3．分析市场现状【12 一级】

（1）注意供货商的供货能力和生产周期，确定采购批量或供货的最佳时机

（2）考虑材料运距及运输方法和时间，使材料供给与施工进度安排有恰当的时间提前量，以减少仓储保管费用

（二）材料管理责任制

1．机电工程材料是工程成本的主体，其计划的优劣、质量的好坏是工期的重要保证，项目材料管理应建立材料管理各级岗位责任制

2．施工项目经理是现场材料管理全面领导责任者，施工项目部主管材料人员是施工现场材料管理直接责任人

3．材料员在主管材料人员业务指导下，协助班组长组织和监督本班组合理领、用、退料

（三）材料计划要求

1．项目开工前，材料部门提出一次性计划，作为供应备料依据

2．在施工中，根据工程变更及调整的施工预算，及时向材料部门提出调整供料月计划，作为动态供料的依据

3．根据施工图纸、施工进度，在加工周期允许时间内提出加工制品计划，作为供应部门组织加工和向现场送货的依据

4．根据施工平面图对现场设施的设计，按使用期提出施工设施用料计划，报供应部门作为送料的依据

5．按月对材料计划的执行情况进行检查，不断改进材料供应

（机电工程施工资源管理）

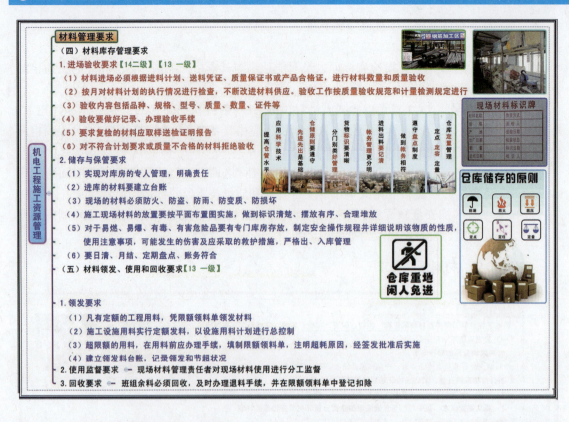

真题 1 【14 二级真题】【背景节选】施工过程中,项目部根据进料计划、送货清单和质量保证书,按质量验收规范对业务送至现场的镀锌管材仅进行了数量和质量检查,发现有一批管材的型号规格、镀锌层厚度与进料计划不符。

问题:对业主提供的镀锌管材还应做好哪些进场验收工作?

【解析】对业主提供的镀锌管材还应做好进场验收工作有:

(1)在材料进场时必须根据进料计划、送料凭证、质量保证书或产品合格证,进行材料的数量和质量验收;验收工作按质量验收规范和计量检测规定进行;
(背景中提到进料计划、送货清单和质量保证书)

(2)验收内容包括品种、规格、型号、质量、数量、证件等;(仅进行了数量和质量、规格检查)

(3)验收要做好记录、办理验收手续;

(4)要求复检的材料应有取样送检证明报告;

(5)对不符合计划要求或质量不合格的材料应拒绝接收。

真题 2 【13 一级真题】【背景节选】某机电工程施工单位承包一项设备总装配厂房钢结构安装工程。合同约定,钢结构主体材料 H 型钢由建设单位供货。

事件二:监理工程师在工程前期质量检查中,发现钢结构用 H 型钢没有出厂合格证和材质证明,也无其他检查检验记录。建设单位现场负责人表示,材料质量由建设单位负责,并要求尽快进行施工。施工单位认为 H 型钢是建设单位供料,又有其对质量的承诺,因此仅进行数量清点和外观质量检查后就用于施工。

事件三:监理工程师在施工过程中发现项目部在材料管理上有失控现象;钢结构

安装作业队存在材料错用的情况。追查原因是作业队领料时，钢结构工程的部分材料被承担外围工程的作业队领走，所需材料存在较大缺口。为赶工程进度，领用了项目部材料库无标识的材料，经检查，项目部无材料需用计划。为此监理工程师要求整改。

问题：1. 事件二中，施工单位对建设单位供应的H型钢放宽验收要求的做法是否正确？说明理由。施工单位对这批H型钢还应做出哪些检验工作？
2. 针对事件三所述的材料管理失控现象，项目部材料管理上应做哪些改进？

【解析】1.（1）不正确，因为进场材料均要按照材料检验程序和内容进行检查。业主所采购材料也不能例外或放宽要求，也必须同样管理。

（2）①进场材料要求：在材料进场时，必须根据进料计划、送料凭证、质量保证书或产品合格证，进行材料的数量和质量验收；
②验收工作按质量验收规范和计量检测规定进行；
③验收内容包括品种、规格、型号、质量、数量、证件等；
④验收要做好记录、办理验收手续；
⑤要求复检的材料应有取样送检证明报告；
⑥对不符合计划要求或质量不合格的材料应拒绝接收。

2. 从材料的领发要求上进行改进，具体方法如下：
（1）凡有定额的工程用料。凭限额领发材料；
（2）施工设施用料也实行定额发料制度。以设施用料计划进行总控制；
（3）超限额的用料，在用料前应办理手续，填制限额领料单，注明超额原因，经签发批准后实施；
（4）建立领发料台账，记录领发和节超状况。

真题3【12 一级真题】【背景节选】A安装公司承包某大楼空调设备监控系统的施工，主要监控设备有，现场控制器、电动调节阀、风阀驱动器、温度传感器（铂电阻型）等。大楼的空调工程由B安装公司施工，合同约定，全部监控设备由A公司采购，因施工场地狭小，为减少仓储保管，A公司项目部在制定监控设备采购计划中，采取集中采购，分配到货，使设备采购进度与施工进度合理。

问题：A公司项目部在编制监控设备采购计划时应考虑哪些市场现状？

【解析】（1）注意供货商的供货能力和生产周期，确定采购批量或供货的最佳时机。

（2）考虑材料运距及运输方法和时间，使材料供给与施工进度安排有恰当的时间提前量，以减少仓储保管费用。

模拟题1 某安装公司中标一汽车制造厂空压站安装工程，合同约定工程材料由施工单位采购。建设单位将一台滤油器直接交给施工单位项目部保管。空气压力管道终检时发现施焊的部分法兰焊口出现裂纹。经调查法兰供应商未经考核评定。采购员说，因法兰规格多，计划提得晚，现场又急用，直接送到施工班组使用。而为了节省开支，项目部将滤油器放在钢材库，安排材料员代为临时看管，等到滤油器安装时，发现其进口法兰密封面有很深的机械划伤，严重影响密封效果，因无法确定损坏原因，由该项目部负责进行了处理。

问题：1. 根据背景分析，该公司材料管理失控表现在哪些方面？

2. 造成法兰的密封面划伤，分析项目部在工程设备管理上有哪些环节失控？
3. 针对案例中事件说明，项目部对工程设备的管理应从哪些方面进行改进？

【解析】1. 根据背景分析，该公司材料管理失控表现在材料采购失控、材料验收失控、材料发放失控。

2. 造成法兰密封面损伤的失控环节包括：
（1）开箱检验没有发现；（2）存储保管不当；（3）吊装运输过程损坏；（4）没认真做检验记录。

3. 项目部应改进的地方包括：
（1）应建立工程设备管理控制程序或制度。
（2）配备专项管理人员，明确职责。
（3）完善信息反馈和记录见证手续，保持记录的真实、准确和完整。

模拟题2 事件一：施工单位项目部下属工程队中，甲队负责钢结构框架施工，乙队负责管架制作与安装。甲队认为框架还不具备预制施工作业条件，未立即领取材料，乙队为了抢进度和使用方便，在还未报送材料需用计划条件下就将本队钢结构施工相关的库存所有规格型号的型钢全部领走。

事件二：工程施工开始后，甲队领取了库存所剩有的型钢，并正计划进行框架钢结构预制时发现型钢规格型号不全，再次到项目部材料供应部门领取时，发现已经领完了，迫使甲队处于间歇停工待料状态。此时，乙队负责制作的管架预制基本完成，还剩余了部分材料。项目部材料供应部门将余料调剂到甲队，甲队的材料仍然有缺口。

问题：1. 甲、乙两个工程施工队在领取材料中各有哪些错误做法？正确的做法是什么？
2. 施工单位项目部材料供应部门在材料领发过程中存在哪些问题？应该怎样纠正？

【解析】1.（1）错误做法是：
①甲队不及时领料，乙队超限额乱领和多领材料；
②两队均未事先报送材料需用计划，违背了领料制度。
（2）正确做法是：
①用料前向项目经理部材料供应部门报送材料需用计划，并经供应部门审批和同意后，方可领料；
②按审批的材料需用计划实行限额领料；
③施工完后剩余材料应及时办理退库。

2.（1）施工单位项目部材料供应部门存在的问题是：
①仅按照设计材料表向建设单位领料；
②发放材料在时间上、数量上很随意；
③缺乏组织程序。
（2）解决该问题的措施是：
①建立和完善项目材料需用量和供应计划体系；
②严格执行材料使用限额领料制度。

2H320043 机具管理要求

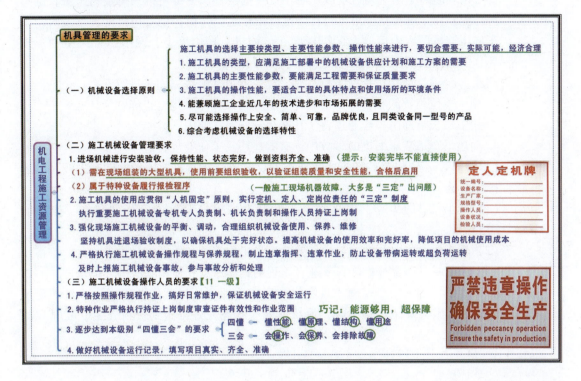

真题1 【11一级真题】【背景节选】联动试运行由建设单位组织,试运行操作人员刚经培训返回工厂,还未熟悉工艺流程和操作程序,为使工程尽快投产,建设单位认为联动试运行的条件已基本具备,可以进行联动试运行。

单位工程A中,一台换热设备封头法兰发生严重泄漏,经检测是法兰垫片损坏,需要隔断系统更换垫片,致使联动试运行中断3h。事后经检查分析,认定是操作工人误操作,致使系统工作压力超过了设计的规定限值。

问题:从操作工人出现误操作分析,试运行操作人员应具备哪些基本条件?

【解析】从操作工人出现误操作分析,试运行操作人员应具备以下基本条件:

(1) 操作、分析、维修等技能操作人员至少应在负荷试运行半年前到位。

(2) 要以国家职业标准为依据,针对装置工艺技术特点,进行严格的培训和考核;通过培训,熟悉工艺流程,掌握操作要领,做到"四懂三会"。

(四懂:懂性能、懂原理、懂结构、懂用途;三会:会操作、会保养、会排除故障)

(3) 应具有一定的技术技能、熟悉工艺流程和岗位工作。

(4) 需通过考核、持证上岗。

模拟题1 某施工单位为完成某机电工程项目施工任务,在选择施工机具时,以机械设备的切合需要、实际可能、经济合理的原则为指导,在市场上租赁了一台150t履带吊车进行大型设备吊装。吊车运达施工现场,组装完毕后即开始吊装作业。一个月后的一天,负责压缩机安装的钳工班长要求吊车司机在当天中午在压缩机厂房封顶前将压缩机吊装就位。当时,起重工和吊车司机还没有到岗,仅一名见习司机在车上，钳工班长便指挥见习司机进行吊装。该压缩机基础离吊车较远，厂房的部分山墙阻碍了吊车司机视线，看不见基础位置，见习司机只得按钳工班长的指挥作业。钳工班长指挥吊车过程中造成吊车超载失稳，见习司机处理不及时，吊车向压缩机厂房山墙倾翻，扒杆砸在压缩机厂房山墙上，两节扒杆严重变形损坏，山墙横梁也被砸坏。

问题：1. 项目部在选择施工机具时，还应着重从哪些方面来进行？

2. 施工单位租赁的履带吊车组装完毕就进行吊装作业是否正确？为什么？

3. 钳工班长指挥吊车作业违背了什么规定？简述原因。

4. 简述吊车吊装压缩机的事故中，有哪些违反了作业规程。

【解析】1. 施工机具的选择主要按类型、主要性能参数、操作性能来进行，其选择原则是：

（1）施工机具的类型，应满足施工部署中的机械设备供应计划和施工方案的需要；

（2）施工机具的主要性能参数，要能满足工程需要和保证质量要求；

（3）施工机具的操作性能，要适合工程的具体特点和使用场所的环境条件。

2. 不正确。因为吊车在施工现场组装完毕后即开始吊装作业违背了"进入现场的施工机械应安装进行验收，保持性能和状态完好，做到资料齐全、准确"的规定。

3. （1）违背了特种作业人员持证上岗的规定。

（2）原因是：

①起重吊装作业属于特种作业，操作人员必须持有特种作业上岗证；

②钳工班长没有特种作业资格证。

4. 吊车吊装压缩机的过程中违反操作作业规程的地方有：

（1）操作方面：

①见习司机不能独立进行吊装作业，属于违章操作；

②钳工班长没有特种作业资格证，属于违章指挥。

（2）专业技术方面：

①在视线受阻碍和看不见基础位置条件下作业，属于违规野蛮操作；

②超出吊车在该工况下的允许作业半径（或幅度），属于违规超负荷运转。

2H320050 机电工程施工技术管理

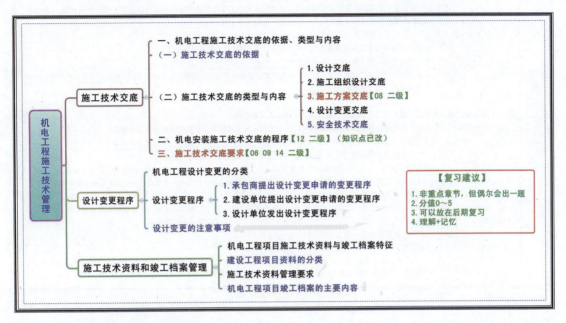

2H320051 施工技术交底

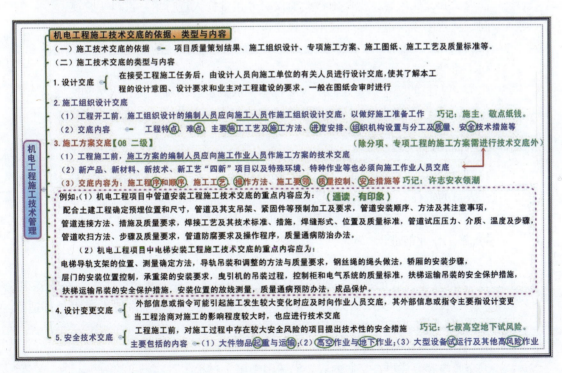

机电工程施工技术交底的依据、类型与内容

（二）机电安装施工技术交底的程序

1. 交底内容 — 项目管理、技术管理、质量管理、安全环保的要求。【12 二级】有一个简答题，但是在第四版教材此知识点已经改动
2. 交底要求 — 建设项目施工技术交底由项目总工程师主持，项目部所属的工程技术部门等相关部室以及施工队负责人参加。主要以批准后的施工组织总设计交底为主
3. 施工技术交底要求（首先记住八个标题，再着重看几条重点）—— 从上到下，层层交底，交到最底，有记录。记几个关键词即可

【07 14 二级】

机电工程施工技术管理

1. **建立技术交底制度** — 机电工程项目施工应建立适应本工程正常履行与实施的施工技术交底制度
   项目施工前，施工单位技术员必须向施工人员进行施工技术交底
   重要施工项目施工技术交底——由施工单位负责通知项目部施工、质检和安全部门专业工程师及项目部总工程师参加
   未经技术交底不得施工

2. **明确相关人员的责任**
   （1）明确项目技术负责人、技术人员、施工员、管理人员、操作人员的责任
   （2）对于重要的技术交底，其交底内容编制完成后应由项目负责人审核或批准，交底时技术负责人应到位

3. **分层次与分阶段进行** — 技术交底的对象应准确，机电工程项目施工技术交底分层次展开，应直至交底到施工操作人员
   未及时参加施工技术交底人员必须补充交底

4. **施工作业前进行**（应准备相关资料，在作业前完成施工技术交底）

5. **交底内容体现工程特点** 应与施工项目内容、施工工艺、材料、施工人员的技术水平、现场施工机具设备状况以及现场作业环境相对应） — 根据现场的实际情况，有针对性

6. **完成技术交底记录** — 参加施工技术交底人员（交底人和被交底人）必须签字。技术交底记录应妥善保存，竣工后作为竣工资料归档

7. **确定施工技术交底次数** — 一般情况下，工程施工仅做一次技术交底是不适宜的，应根据工程实际情况确定交底次数

8. **施工技术交底注意事项**
   （1）交底内容要详尽，交底内容要涵盖整个施工过程
   （2）交底必须针对工程特点、设计意图，充分体现针对性、独特性、实用性
   （3）交底要有可操作性。充分考虑本工程的经营状况和外部环境及现场操作人员的能力水平，适时改进和优化方案，激励工人的创造性
   （4）交底表达方式要通俗易懂。将复杂、专业的标准、术语，用相应的、通俗易懂的语言传达给现场的操作人员

真题 1 【07 14 二级真题】【背景节选】项目部虽然建立了现场技术交底制度，明确了责任人员和交底内容，但实施作业前仅对分包责任人进行了一次口头交底；

问题：指出项目部在施工技术交底要求上存在的问题。

【解析】根据背景，项目部在施工技术交底要求上存在的问题是交底不完整和交底不正确。

（1）不完整的是：只是建立了现场技术交底制度，明确了责任人员和交底内容；

（2）交底不正确的是：实施作业前仅对分包责任人进行了一次口头交底。

（3）施工技术交底要求是：

1）建立了现场技术交底制度。

2）明确相关人员的责任（项目技术负责人、技术人员、施工员、管理人员、操作人员的责任）

3）分层次与分阶段进行，分层次展开，应直至交底到施工操作人员。

4）施工作业前进行

5）交底内容体现工程特点

6）完成技术交底记录，参加施工技术交底人员（交底人和被交底人）必须签字

7）确定施工技术交底次数，一般情况下，工程施工仅做一次技术交底是不适宜的，应根据工程实际情况确定交底次数。

8）施工技术交底注意事项：

①交底内容要详尽，交底内容要涵盖整个施工过程。

②交底必须针对工程特点、设计意图，充分体现针对性、独特性、实用性。

③交底要有可操作性。

④交底表达方式要通俗易懂。

真题2 【12二级真题】本工程施工技术交底内容有哪些？
【解析】交底内容有：项目管理、技术管理、质量管理、安全环保的要求。
（注：与老版教材不一致）

2H320052 设计变更程序

设计变更程序

（一）机电工程设计变更的分类
1. 按照引起变更的责任方分类 → 设计原因的变更、非设计原因的变更
2. 按照变更的内容分类 → 重大设计变更、一般设计变更
（二）设计变更程序 → 设计变更程序中建设单位、监理单位的审批权限应视设计变更的性质与重要程度决定
1. 承包商提出设计变更申请的变更程序
  承包商提申请→监理或总监审核→报建设单位工程师→建设单位项目经理（或总经理）同意
  →设计单位工程师变更、出图纸→建设单位→监理工程师→承包商
2. 建设单位提出设计变更申请的变更程序
  建设单位工程师组织论证→建设单位项目经理（或总经理）同意→设计单位工程师变更、出图纸→建设单位→监理工程师→承包商
3. 设计单位发出设计变更程序
  设计院发出设计变更→建设单位组织总监、审计工程师论证→将论证结果报项目经理或总经理同意后→发至监理→发至承包商
（三）设计变更的注意事项
1. 承包商应随时收集与工程项目有关的要求变更的信息，包括：法律、法规要求、施工承包合同及本企业要求的变化
  必要时，应修改相应的项目质量管理文件
2. 工程变更确定后(14天)内承包商应提出变更工程价款的报告，经监理工程师确认后调整合同价款
3. 设计变更应按照变更后的图纸由承包商实施，监理工程师签署实施意见。原设计图已实施后，才发生变更，则应注明
  施工中发生的材料代用，办理材料代用单。杜绝没有详图或具体使用部位，而只是增加材料用量的变更
4. 建设单位对设计图纸的合理修改意见，应在施工之前提出
  在施工试车或验收过程中，只要不影响生产，一般不再接受变更要求
  原设计不能保证工程质量要求，设计有遗漏、错误或现场无法展开施工，此类变更应批准
5. 变更要求在技术经济上是合理的
  变更以后所产生的效益（质量、工期、造价）与现场变更引起的承包商索赔等所产生的损失加以比较后再做出决定
6. 设计变更必须说明变更原因和产生的背景。如工艺改变、工艺要求、设备选型不当，设计者考虑需提高或降低标准、
  设计漏项、设计失误或其他原因；变更产生的提出单位、主要参与人员、时间等的背景

（机电工程施工技术管理）

2H320053 施工技术资料与竣工档案管理

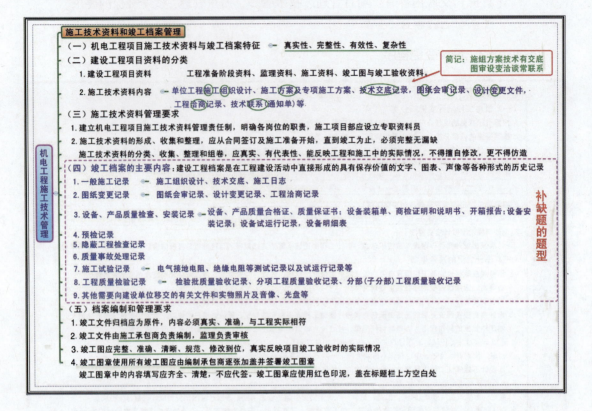

模拟题1 某机电安装公司承建一个石化项目的通风空调工程与设备安装工程，施工项目包括：地下车库排风兼排烟系统、防排烟系统、楼梯间加压送风系统、空调风系统、空调水系统、空调设备配电系统、动设备安装、静设备安装。该项目的所有施工内容及系统试运行已完毕，在进行竣工验收的同时，整理竣工资料与竣工图。工程施工技术资料的检查情况如下：采用的国家标准为现行有效版本。预检记录齐全，其中2份签名使用了圆珠笔。施工组织设计、技术交底及施工日志的相关审批手续及内容齐全、有效。预检记录、隐蔽工程检查记录、质量检查记录、设备试运行记录、文件收发记录内容准确、齐全。检查中发现缺少2个编号的设计变更资料。

问题：1. 国家标准是否是施工技术资料？说明理由。

2. 工程中采用的国家标准是否需要作为竣工资料归档？

3. 施工技术资料包括哪些内容？

4. 施工技术资料如何进行报验报审？

【解析】1. 国家标准不是施工技术资料，因为施工技术资料是施工单位在工程施工过程中形成的技术文件资料。

2. 竣工档案是在工程建设活动中直接形成的具有保存价值的文字、图表、声像等各种形式的历史记录，不应包括国家标准。

3. 施工技术资料包括：施工组织设计、施工方案、技术交底记录、设计变更文件、工程洽商记录等。

4. 施工技术资料应该按照报验、报审程序，经过施工单位的有关部门审核后，再报送建设单位或监理单位等单位进行审核认定。

报审具有时限性的要求，与工程有关的各单位宜在合同中约定清楚报验、报审的时间及应该承担的责任。如果没有约定，施工技术资料的申报、审批应遵守国家和当地建设行政主管部门的有关规定，并不得影响正常施工。

模拟题2 某机电施工单位承建某市文体中心空调冻水制造工程。工程内容包括：制冷机组、各类水泵、水处理设备、各类管道及防腐绝热、电气动力和照明、室外大型冷却塔等系统安装，其中冷却塔分包给制造商安装。

施工单位组织编制了施工组织设计和相关专业施工方案，并审查了分包单位制定的施工方案。在施工过程中，监理工程师发现水处理系统设计不合理，立即向施工单位发出设计变更图。在制冷机组吊装前，施工单位检查发现汽车吊其中的两个支腿支在回填土上。

问题：1. 该工程施工单位技术交底应有哪些方面？分别在何时交底？由谁向谁交底？

2. 施工单位审查分包方编制的施工方案，重点是哪些？

3. 施工单位对监理工程师发出的设计变更图可否接收？为什么？

【解析】1. 施工单位应做的技术交底有：施工组织设计交底，相关的专业施工方案交底，设计变更交底等。

（1）施工组织设计交底应在开工前，由编制人员向施工人员做技术交底。

（2）专业施工方案应在施工前，由编制人员向施工作业人员做施工方案交底。

（3）设计变更交底，施工单位收到原设计单位的设计变更后，由专业施工人员及时向作业人员交底。

2. 施工单位审查分包方编制的施工方案重点是：冷却塔安装质量、施工进度和安全生产的技术措施。

3. 施工单位不能接收监理工程师发出的设计变更图。因为监理工程师合理化建议，应按设计变更程序由建设单位向设计单位提出，经设计单位认可后，将设计变更图纸，发至建设单位，由建设单位转给监理工程师，再由监理工程师发至施工单位实施。

模拟题3 某机电安装公司承建一个生活小区室外热力管网工程安装任务。施工范围是由市政热力管网至各居民住宅楼号室外1m，管线是不通行地沟敷设。该项目的所有施工内容完毕，并与市政热力管网和各楼号热力管网接通后，在进行竣工验收的同时，项目经理部组织整理竣工资料与竣工图汇编工作如下：

（1）收集的工程施工资料的情况包括：施工方案、技术交底及施工日志；管材、阀门和相关部件及绝热材料等物资进行检查检验记录、产品质量合格证；隐蔽工程检查记录，质量检查记录，压力试验记录；

设计图纸和设计变更资料的收发记录等。

（2）整理一套设计新图纸和设计变更资料并编绘成竣工图。

（3）在施工资料整理检查时，发现：

①有两份物资进场检查记录使用了圆珠笔；

②一份隐蔽工程检查记录未经监理工程师确认签字，检查施工日志记载：当时监理工程师到现场检查；

③其他各种资料内容齐全、有效；记录的编号齐全、有效。

问题：1. 机电安装工程的施工资料应包括哪些内容？

2. 案例中哪些是施工记录？

3. 设计图纸和竣工图是否是施工资料？为什么？

4. 在资料整理检查时，发现的①和②问题应如何处理？

【解析】1. 施工资料主要包括：工程管理与验收资料、施工技术资料、施工测量记录、施工物资资料、施工记录、施工试验记录、施工质量验收记录。

2. 施工记录包括：工程物资进厂检查记录、隐蔽工程检查记录、质量检查记录、压力试验记录。

3. 设计图纸不是施工资料，而竣工图属于施工资料。因为设计图纸不是施工单位形成的文件，而是施工单位的施工依据；而竣工图是建设工程通过施工过程形成的结果，由施工单位编绘的。

4. 两份物资进场检查记录用圆珠笔填写的，应重新使用规定的笔填写和签名，一份隐蔽工程检查记录应请到场检查的监理工程师补签确认和签名。

2H320060　机电工程施工进度管理

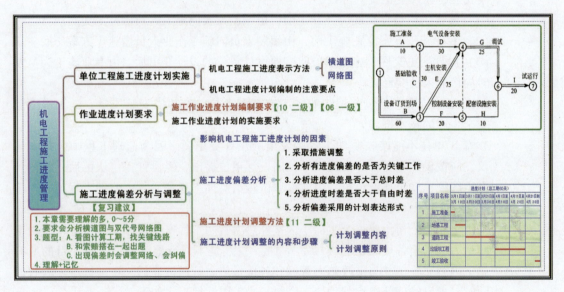

2H320061 单位工程施工进度计划实施

单位工程施工进度计划实施

（一）机电工程施工进度表示方法

1. 横道图 —— 左侧的工作名称及其工作的持续时间等基本数据部分和右侧的横道线部分
   - （1）优点 —— 编制方法简单，直观清晰便于计算劳动力、物资和资金的需要量
   - （2）缺点
     - 不能反映出工作所具有的机动时间
     - 不能明确地反映出影响工期的关键工作和关键线路，不利于施工进度的动态控制

2. 网络图
   - （1）明确表达各项工作之间的逻辑关系，通过网络计划时间参数的计算，可以找出关键线路和关键工作，也可以明确各项工作的机动时间；网络计划可以利用计算机进行计算、优化和调整
   - （2）网络计划可以反映出工期最长的关键线路，便于突出施工进度计划的管理重点
   - （3）能反映非关键线路中的时间储备，可以指导合理调度人力、物力，使计划执行平稳均衡，有利于降低施工成本

（二）机电工程进度计划编制的注意要点【10 二级】【06 一级】

1. 确定施工顺序，突出主要工程工作 → 要满足先地下后地上、先深后浅、先干线后支线（先大件后小件）等施工基本顺序要求
2. 在确定开竣工时间和搭接协调时考虑 巧记：大姐保留满月线
   - （1）保证重点，兼顾一般，分清主次，抓住重点，优先安排工程量大，工艺生产主线
   - （2）满足连续均衡施工要求，使资源充分利用，提高生产率和经济效益
   - （3）留出一些后备工程，以便在施工过程中作为平衡调剂使用
   - （4）全面考虑各种不利条件的限制和影响，缓解或消除不利影响
   - （5）业主的配合，当地政府部门的支持

3. 单位工程施工进度计划实施中的生产要素调度
   - （1）生产要素是指实施单位工程进度计划而创建工程实体所需要的各种要素即人力、材料、工程设备、施工机械、技术和资金等
   - （2）生产要素调度有正常调度和应急调度两种，正常调度是指进入单位工程的生产要素是按进度计划供应的，调度的作用是按预期方案进行将要素对各专业合理分配
     应急调度是指发现进度计划执行发生偏差先兆或已发生偏差，采用对生产要素分配的调整，目的是消除偏差
   - （3）进度计划调整后的生产要素调度
     由于实际进度与计划进度比较偏差较大，通过应急调度已无法消除进度偏差，需要对进度计划作出调整后再对生产要素重新分配

2H320062 作业进度计划要求

作业进度计划要求

（一）施工作业进度计划编制要求

（1）施工作业进度计划是对单位工程施工进度计划目标分解后的计划，根据单位工程施工进度计划编制施工作业进度计划
（2）各专业的施工作业进度计划起、止时间要符合单位工程施工进度计划的安排，若有差异在计划编制说明中应做出解释
（3）作业进度计划可按分项工程或工序为单元进行编制
（4）作业进度计划分为月计划、旬(周)计划和日计划三个层次

例如，用横道图表示的电梯（7 站 7 门）施工进度计划，
该计划明确地表示出各项工作的划分，
工作的开始时间、完成时间和持续时间，
工作之间的相互搭接关系，
以及电梯施工的开工、完工时间和总工期

（5）作业进度计划编制时已充分考虑了工作间的衔接关系和符合工艺规律的逻辑关系，所以其适宜用横道图计划表达
（6）作业进度计划应具体体现施工顺序安排的合理性，即满足先地下后地上、先深后浅、先干线后支线、先大件后小件等的基本要求（考理解，而不是单纯的死记硬背）【10 二级】【06 一级】
（7）工程总目标确定后，总包单位应将此目标分解到每个分包单位，要求分包单位按计划工期进一步分解

（二）施工作业进度计划的实施要求

1. 实施准备
2. 实施检查
3. 对照计划进行跟踪，检查进度实际情况
   检查内容 —— 关键工作进度，时差利用和工作衔接关系的变动情况，资源状况，成本状况，管理情况等
4. 分析产生进度偏差的原因，采取纠偏措施进行调整，形成新的计划，进行控制

2H320063 施工进度偏差分析与调整

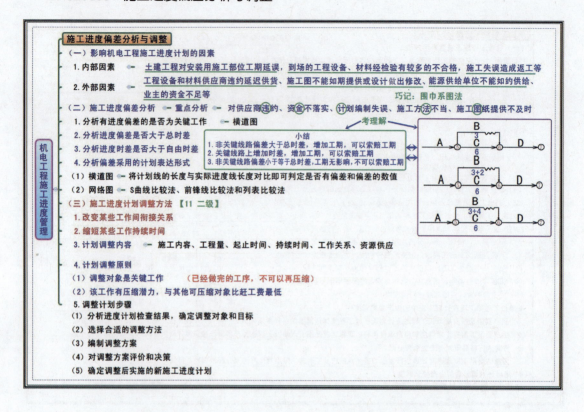

真题 1　【11 二级真题】项目部可采用哪些调整进度的措施来保证施工进度？

【解析】项目部可采用的措施有：1. 改变某些工作间的衔接关系；2. 缩短某些工作的持续时间。

（注：教材已改动，按新版的教材作答）

真题 2　【10 二级真题】某建筑空调工程中的冷热源主要设备由某施工单位吊装就位，设备需吊装到地下一层（-7.5m），再牵引至冷冻机房和锅炉房就位。施工单位依据设备一览表（见下表）及施工现场条件（混凝土地坪）等技术参数进行分析、比较，制定了设备吊装施工方案，方案中选用 KMK6200 汽车式起重机，起重机在工作半径 19mm、吊杆伸长 44.2m 时，允许载荷为 21.5t，满足设备的吊装要求。锅炉的泄爆口尺寸为 9000mm×4000mm，大于所有设备外形尺寸，设置锅炉房泄爆口为设备的吊装口，所有设备经该吊装口吊入，冷水机组和蓄冰槽需用卷扬机牵引到冷冻机房就位。在吊装方案中，绘制了吊装施工平面图，设置吊装区，制定安全技术措施，编制了设备吊装进度计划（见下表）。施工单位按吊装的工程量及进度计划配置足够的施工作业人员。

吊装设备一览表

设备名称	数量（台）	外形尺寸（mm）	重量（t/台）	安装位置	到货日期
冷水机组	2	3490×1830×2920	11.5	冷冻机房	3月6日

续表

设备名称	数量（台）	外形尺寸（mm）	重量（t/台）	安装位置	到货日期
双工况冷水机组	2	3490×1830×2920	12.4	冷冻机房	3月6日
蓄水槽	10	6250×3150×3750	17.5	冷冻机房	3月8日
锅炉	2	4200×2190×2500	7.3	锅炉房	3月8

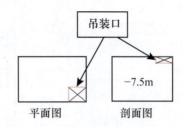

设备吊装进度计划

序号	日（顺序）工作	3月											
		1	2	3	4	5	6	7	8	9	10	11	12
1	施工准备	—	—	—									
2	冷水机组吊装就位						—	—					
3	锅炉吊装就位								—				
4	蓄水槽吊装就位										—	—	
5	收尾												

问题：1. 指出进度计划中设备吊装顺序不合理之处？说明理由并纠正。

2. 确定空调工程项目施工顺序有哪些原则？

【解析】1. 进度计划中设备吊装顺序不合理之处：锅炉吊装就位后进行蓄水槽吊装就位。

（1）理由：锅炉房泄爆口为设备的吊装口，所有设备经该吊装口吊入。（根据具体情况判定）

（2）纠正：应该在蓄水槽吊装就位后进行锅炉吊装就位。

2. 确定空调工程项目的施工顺序原则有：要突出主要工程和工作，要满足先地下后地上，先深后浅，先里后外，先干线后支线等施工的基本顺序要求，满足质量和安全的需要，满足用户要求，

注意生产辅助装置和配套工程的安排。

真题3 【06 一级真题】【背景节选】地下建筑物的平面及剖面简图如下图所示。

设备布置和设计要求是：

①-2.600层Ⅰ区安装冷却塔及其水池。

②-6.800层Ⅰ区安装燃油供热锅炉、Ⅱ区北侧安装换热器，南侧安装各类水泵。

③-11.800层Ⅰ区为变配电所、Ⅱ区北侧安装离心冷水机组，南侧安装柴油发电

机组。

④动力中心设有通风排气和照明系统，在-11.800层地面下有集水坑。各层吊装孔在设备吊装结束后加盖，达到楼面强度，并做防渗漏措施。

⑤每种设备均有多台，设备布置紧凑，周界通道有限。

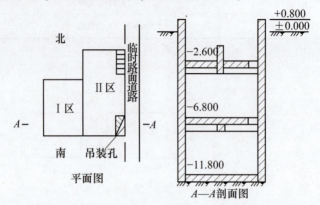

安装开工时，工程设备均已到达现场仓库。所有工程设备均需用站位于吊装孔边临时道路的汽车吊（40t），吊运至设备所在平面层，经水平拖运才能就位。

问题：根据建筑物设备布置和要求应怎样合理安排设备就位的顺序？理由是什么？

用任意一层（-2.600层除外）为例作设备就位流程图。

【解析】（1）先安装-11.800层的设备、后安装-6.800层的设备；每层先安装远离吊装孔的设备；最终安装靠近吊装孔的设备；-2.600层冷却塔安装可作作业平衡调剂用。理由是：使-6.800层吊装孔早日封闭，以利该层设备方便水平拖运，先远后近可避免发生因通道狭窄而使后装设备无法逾越现象。

（2）-6.800层的流程：换热器→供热锅炉→各类水泵

或-11.800层的流程：离心冷水机组→变配电设备→柴油发电机组

（注：理解满足先地下后地上、先深后浅、先干线后支线、先大件后小件等施工顺序的基本要求）

真题 4　【12 一级真题】某工业项目建设单位通过招标与施工单位签订了施工合同，主要内容包括设备基础、设备钢架（多层）、工艺设备、工业管道和电气仪表安装等。工程开工前，施工单位按合同约定向建设单位提交了施工进度计划，如下图所示。

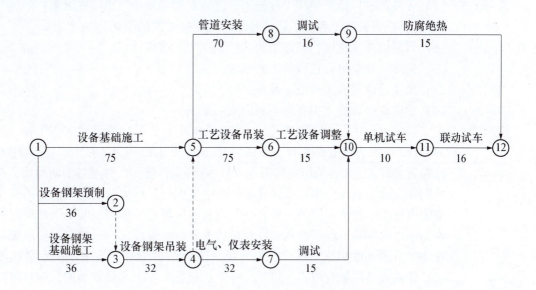

上述施工进度计划中,设备钢架吊装和工艺设备吊装两项工作共用 1 台塔式起重机(以下简称塔机),其他工作不使用塔机。经建设单位审核确认,施工单位按该进度计划进场组织施工。在施工过程中,由于建设单位要求变更设计图纸,致使设备钢架制作工作停工 10 天,(其他工作持续时间不变),建设单位及时向施工单位发出通知,要求施工单位按原计划进场,调整进度计划,保证该项目按原计划工期完工。施工单位采取工艺设备调整工作的持续时间压缩 3 天,得到建设单位同意,施工单位提出的费用补偿要求如下,建设单位没有全部认可。

(1) 工艺设备调整工作压缩 3 天,增加赶工费 10000 元。
(2) 塔机闲置 10 天损失费,1600 元/天(含运行费 300 元/天)×10=16000 元。
(3) 设备钢架制作工作停工 10 天,造成其他相关机械闲置、人员窝工等损失费 15000 元。

问题:1. 按节点代号表示施工进度计划的关键线路,该计划的总工期是多少天?
2. 按原计划设备钢架吊装与工艺设备吊装工作能否连续作业?说明理由。
3. 说明施工单位调整方案后能保证原计划工期不变的理由。
4. 施工单位提出的 3 项补偿要求是否合理?计算建设单位应补偿施工单位的费用。

【解析】1. 关键路线①→⑤→⑥→⑩→⑪→⑫,总工期 191 天。
2. 按原计划塔机进场不能连续作业,要闲置 7 天。因为钢结构吊装后尚不能吊装工艺设备。
3. 施工单位调整计划后能保证按原计划工期实现。因为钢结构设计制作耽误 10 天,但吊钢结构有自由时差 7 天,工艺设备压缩 3 天,总工期仍是 191 天。
4. 要求 1、3 合理,因设计变更,施工单位赶工是建设单位责任。要求 2 不合理,不应含塔机闲置运行费,实际耽误 3 天。(既然是闲置,那么就不会有运行费)故,施工单位应得到建设单位的总索赔费用:(1600−300)×3+10000+15000=28900 元。

真 题 5 【10 一级真题】泛光照明工程施工进度计划的编制应考虑哪些因素？

【解析】泛光照明工程施工进度计划的编制应考虑的因素：

（1）以幕墙施工进度为依据来制定泛光照明的进度计划；

（2）进度计划要符合连续施工的要求；

（3）要注意保证施工重点，兼顾一般；

（4）要全面考虑施工中各种不利因素的影响。

模拟题 1 某安装公司承接一公共建筑（地上 30 层和地下 2 层）的电梯安装工程，工程有 32 层 32 站曳引式电梯 8 台，工期为 90 天，开工时间为 3 月 18 日，其中 6 台电梯需智能群控，2 台消防电梯需在 4 月 30 日交付使用，并通过消防验收，在工程后期作为施工电梯使用。电梯井道的脚手架工程、机房及层门预留孔的安全技术措施由建筑工程公司实施。安装公司项目部进场后，将拟安装的电梯情况，书面告知了电梯安装工程所在地的特种设备安全监督管理部门。按合同要求编制了电梯施工方案和电梯施工进度计划（见下表）等，电梯安装采用流水搭接平行施工，作业人员配置有钳工、焊工、电工、起重工等。电梯安装前，项目部对机房和井道进行检测，设备基础位置、结构尺寸及外观质量均符合电梯安装要求；曳引电机、控制柜、轿厢、层门、导轨等电梯设备外观检查合格，并采用建筑塔吊及外措施工电梯将设备搬运到位，使电梯安装工程按施工进度计划实施，交付业主。

电梯施工进度计划

工序	工序时间(天)	4月						5月				
		1	6	11	16	21	26	1	6	11	16	26
导航安装	20											
机房设备安装	2+6											
井道配管配线	3+9											
轿厢、对重安装	3+9											
层门安装	6+18											
电气及附件安装	4+12											
点击试运行调试	2+6											
消防电梯验收	1											
群控试运行调试	4											
竣工验收交付业主	3											

问题：1. 消防电梯从开工到验收合格用了多少天？电梯安装工程比合同工期提前了多少天？

2. 电梯施工进度计划采用横道图表示时有哪些欠缺？

3. 安装公司项目都可怎样使用横道图计划来进行进度分析？

【解析】1.（1）电梯工程开工时间为 3 月 18 日，电梯安装准备工作、机房和井道的检测、电梯设备进场检查、基准线安装等工作用了 14 天，在 4 月 1 日开始电梯导轨安装，到 4 月 21 日消防电梯竣工验收，14+21＝35，故消防电梯从开工到验收合格用了 35d。（3月份有 31 号）

（2）5月份取31天时，即在5月31日竣工验收交付业主。故14+30+31=75，电梯安装的计划工期是75d，在电梯安装中，因电梯单机试运行比原工序时间多用了3d。又群控试运行、调试、竣工验收均按工序时间完成。合同工期为90d，90-（75+3）=12，电梯安装比合同工期提前了12d。

2. 电梯施工进度计划采用横道图表示时，不能反映出电梯施工所具有的机动时间，不能明确地反映出影响电梯工期的关键工作和关键线路，不利于电梯施工进度的动态控制。

3. 电梯施工进度计划采用横道图计划时比较直观，易于分析进度偏差，只要将计划进度线长度与实际进度线长度对比就可判定进度是否有偏差和偏差的数值。

2H320070 机电工程施工质量管理

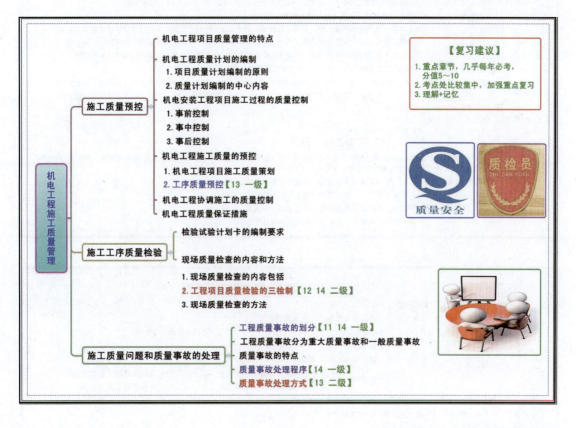

2H320071　施工质量预控

施工质量预控

- （一）机电工程项目质量管理的特点
  - 1. 施工中存在交叉施工　——　各专业、工种、施工单位需要相互协调配合
  - 2. 施工中要与不同单位协调配合　——　如土建、装饰、设备制造厂等
  - 3. 要进行系统的调试运行及各项功能参数的检测
- （二）机电工程质量计划的编制　——　原则　——以项目策划为依据，将企业管理手册、程序文件的原则要求转化为项目的具体操作要求
  - ★ 质量计划编制 的中心内容
    - （1）目标的展开
    - （2）明确岗位职责
    - （3）确定过程以及针对所确定的过程规定具体的控制方法
    - （4）为达到质量目标必须采取的其他措施（如更新检验技术、研究新的工艺方法和设备、用户的监督、验证等 ）
    - （5）相关岗位应完成的记录
- （三）机电安装工程项目施工过程的质量控制　——　一般分为三个阶段　——　事前控制、事中控制、事后控制

机电工程施工质量管理

1. 事前控制
   - 施工前准备阶段的质量控制，是对投入施工项目的资源和条件的控制
   - （1）施工准备质量控制：施工机具、检测器具质量控制；工程设备材料、半成品及构件质量控制；工程技术环境监督检查的控制；质量保证体系、施工人员资格审查、操作人员培训等管理控制；质量控制系统组织的控制；施工方案、施工计划、施工方法、检验方法审查的控制；新工艺、新技术、新材料审查把关控制等　（理解记忆）
   - （2）严格控制图纸会审及技术交底的质量、施工组织设计交底的质量、分项工程技术交底的质量

2. 事中控制
   - 施工过程中对所有的与工程最终质量有关的各个环节、包括对施工过程的中间产品（工序产品或分项、分部工程产品）的质量控制
   - （1）施工过程质量控制　（工序控制：工序之间的交接检查的控制；隐蔽工程质量控制；调试和检测、试验等过程控制 ）
   - （2）设备监造控制
   - （3）中间产品控制
   - （4）分项、分部工程质量验收或评定的控制
   - （5）设计变更、图纸修改、工程洽商、施工变更等的审查控制

3. 事后控制
   - 对通过施工过程所完成的具有独立的功能和使用价值的最终产品（单位工程或工程项目）及其有关方面（如质量文档）的质量进行控制也就是已完工工程项目的质量检验验收控制
   - （1）竣工质量检验控制　——　包括联动试车及运行，验收文件审核签认，竣工总验收、总交工
   - （2）工程质量评定　——　包括单位工程、单项工程、整个项目的质量评定控制
   - （3）工程质量文件审核与建档　——　这是最为重要的质量控制，要真实、准确
   - （4）回访和保修　——　是一种制度的控制，是反馈工程质量的最直接的真实评价

施工质量预控

机电工程施工质量管理

- （四）机电工程施工质量的预控
  - ★ 主要内容包括　——　机电工程项目施工质量策划、工序质量预控等
  - 1. 机电工程项目施工质量策划　（先记住六个标题，再记忆确定质量目标中的三条，尤其是质量管理原则）
    - （1）确定质量目标
      - 明确基本要求和质量目标、工作控制要点
      - 质量目标要层层分解，落实　（从小到大，从下级到上级）
      - 质量管理原则 { 以单位工程优良保证群体优良，以分部工程优良保证单位工程优良
        以分项工程优良保证分部工程优良，以工序优良保证分项工程优良
    - （2）建立组织机构
    - （3）制定项目经理部各级人员、部门的岗位职责
    - （4）建立质量保证体系和控制程序
    - （5）编制施工组织设计（施工方案）与质量计划
    - （6）机电综合管线设计的策划
    - 例如，一般机电工程涵盖通风空调、给水排水、强电、建筑智能等多项分部工程，管道包括风管、水管、电缆桥架等
      - ①当管道交叉时，上下左右及跨越排布在施工前应明确，一般自上而下应为电、风、水管
      - ②一般在管道综合排布时应首先考虑风管的标高和走向，但同时要考虑大管径水管的布置，尽量避免风管和水管多次交叉
      - ③一般布置原则是水管让风管、小管让大管、支管让干管、有压管让无压管

2H320000 机电工程项目施工管理

施工质量预控

(四) 机电工程施工质量的预控

工序质量控制的方法一般有质量预控、工序分析、质量控制点的设置三种,以质量预控为主

(1) 质量预控 —— 质量预控方案一般包括工序名称、可能出现的质量问题、提出质量预控措施等三部分内容

要求:会编制"质量预控方案"。

(2) 工序分析 —— 工序分析的方法
- 第一步是用因果分析图法书面分析
- 第二步进行试验核实 —— 可根据不同的工序用不同的方法,如优选法等
- 第三步是制定标准进行管理 —— 主要应用系统图法和矩阵图法

(3) 质量控制点的设置

1) 质量控制点是指对工程的性能、安全、寿命、可靠性等有严重影响的关键工序或对下道工序有严重影响的关键工序

2) 质量控制点的确定原则 【13 一级】(要求理解,不是死记硬背,学会灵活运用,尤其注意例如的部分)

① 施工过程中的关键工序或环节 —— 如电气装置的高压电器和电力变压器、钢结构的梁柱板节点、关键设备的设备基础、压力试验、垫铁敷设等

② 关键工序的关键质量特性 —— 如焊缝的无损检测,设备安装的水平度和垂直度偏差等

③ 施工中的薄弱环节或质量不稳定的工序 —— 如焊条烘干,坡口处理等

④ 关键质量特性的关键因素 —— 如管道安装的坡度、平行度的关键因素是人,冬季焊接施工的焊接质量关键因素是环境温度等

⑤ 对后续工程(后续工序)施工质量或安全有重大影响的工序、部位或对象

⑥ 隐蔽工程

⑦ 采用新工艺、新技术、新材料的部位或环节

3) 质量控制点的划分

根据各控制点对工程质量的影响程度,分为A、B、C 三级

① A级控制点:影响装置安全运行、使用功能和开车后出现质量问题有待停车才可处理或合同协议有特殊要求的质量控制点
必须由施工、监理和业主三方质检人员共同检查确认并签证

② B级控制点:影响下道工序质量的质量控制点
由施工、监理双方质检人员共同检查确认并签证

③ C级控制点:对工程质量影响较小或开车后出现问题可随时处理的次要质量控制点
由施工方质检人员自行检查确认。

施工质量预控

★ 质量预控方案:一般包括工序名称、可能出现的质量问题、提出质量预控措施三部分内容

【模板】
- 工序名称:背景中是什么名称就写什么名称
- 可能出现的质量问题:从五大施工生产要素开始
- 提出质量预控措施:针对五大施工生产要素的具体情况,采取相应的措施
- 要求:会编制"质量预控方案"

【例题1】由于南方沿海空气湿度大、昼夜温差大,夏天地下室结露严重,给焊接、电气调试、油漆、保温等作业的施工质量控制带来困难。项目部根据地下室的环境条件和比赛大厅高空作业多的特点,制定了施工技术措施,编制了质检计划和重点部位的质量预控方案等,使工程施工顺利进行,确保工程质量。
问题:为保证地下室管道焊接质量,针对环境条件,试编制质量预控方案。

【解析】预控方案为:
(1) 工序名称:地下室管道焊接质量预控方案;
(2) 可能出现的问题:气孔、夹渣;
(3) 采取的措施:焊工培训、焊条烘干、母材烘干、改善焊接环境。

【例题2】大件吊装质量预控方案
(1) 工序名称:大件吊装质量预控方案;
(2) 可能造成的质量问题:
① 作业人员资格失效; ② 施工机具失控; ③ 吊装方法失控; ④ 指挥失控; ⑤ 环境失控。
(3) 质量预控措施:对起重机作业的指挥、司索人员的资格进行控制,对吊装作业的施工机具能力进行控制,对大型设备吊装的方法进行控制,对吊装现场环境,包括周围障碍物和地下设施进行控制。

【知识点链接】从鱼刺图上看知识点

需结合背景,主要从人、机、料、法、环角度分析,同时考虑管理原因;以焊接为例
- 人:未持证上岗,或证件过了有效期;技术能力低或没有经过针对性培训;情绪低落;长期疲劳作业(休息不好)
- 机:型号规格不对;电流过大过小;检测器具未校准
- 料:焊条受潮;母材受潮;焊条类型不对;上道工序加工不良
- 法:焊接工艺不对;焊接作业指导书或者工艺卡出错;施工顺序不合理;破口处理方法不当
- 环:风、雨、雪、潮湿气候环境

施工质量预控

（四）机电工程施工质量的预控
（3）质量控制点的设置

> 主控项目也可以作为质量控制点：
> 例如：管道的焊接材质、压力试验、风管系统测定、电梯的安全保护及试运行等。

真题　【13 一级真题】气源由D325×8埋地无缝钢管，从局里总站420m的天然气管网接驳，管网压力1.0MPa。
问题：埋地管道D325×8施工中，有哪些关键工序？
【解析】关键工序：管道安装前检验；管道焊接；管道系统试验；管道系统调试及试运行；管道隐蔽。埋地敷设的管道，试验前不得埋土，以便压时进行检查。

（五）机电工程质量保证措施（条数太多，全部考案例的概率不大；掌握几条，其余的通读有印象即可）
(1) 建立健全工程质量保证体系和各项《质量管理制度》，对工程的全过程实行有效的质量控制
(2) 严格执行有关施工与验收规范、规程、技术法规等，严禁颠倒工序，减少质量通病的发生
(3) 接受各级质量监督检查部门的监督指导
(4) 关键工序编制作业指导书，如管道设备的试压、冲洗；通风空调工程风量分配；电气功能性试验等
(5) 强化质量意识，严格工序控制，按照施工图纸施工，认真贯彻落实施工组织设计、施工方案、技术交底及工艺标准等技术文件
(6) 各级质量检查员到岗到位，及时纠正、指导，及时发现质量问题或质量隐患，重要工序坚持旁站式管理
(7) 施工中所用的设备、材料、成品、半成品要严格质量控制，按要求进行质量检验、复试，合格后方可使用
(8) 在施工全过程中坚持自检、互检并加强过程检查，对不合格品进行整改，对重复发生或关键的质量问题制定纠正措施，制定预防措施以免再次发生
(9) 隐蔽过程在隐蔽前进行专门的质量检查，未达到合格标准不得进行下一道施工工序
(10) 各项安装记录、检验记录、评定报告要随工程进度按实际情况填写

2H320072　施工工序质量检验

施工工序质量检验

（一）检验试验计划卡的编制要求
1. 检验试验计划（卡）
　（1）是质量计划（或施工方案）中的一项重要内容，是整个工程项目施工过程中质量检验的指导性文件，是施工和质量检验人员执行检验和试验操作的依据
　（2）在检验试验计划（卡）中明确给出工序质量检验一般包括的内容。如标准、度量、比较、判定处理和记录等
2. 检验试验计划的编制依据——设计图纸、施工质量验收规范、合同规定内容
3. 检验试验计划的主要包括内容
　检验试验项目名称；质量要求；检验方法（专检、自检、目测、检验设备名称和精度等）
　检测部位；检验记录名称或编号；何时进行检验；责任人；执行标准

（二）现场质量检查的内容和方法
1. 现场质量检查的内容包括——开工前的检查、工序交接检查、隐蔽工程的检查、停工后复工的检查、分项、分部工程完工后检查、成品保护的检查
2. **工程项目质量检验的三检制【12、14 二级】（大多考查定义）**
（1）"三检制" 是工序交接检查，对于重要的工序或对工程质量有重大影响的工序应严格执行"三检制"，未经监理工程师（或建设单位技术负责人）检查认可，不得进行下道工序施工
（2）"三检制" 是指操作人员的"自检"、"互检" 和专职质量管理人员的"专检"相结合的检验制度
　1）自检是指由操作人员对自己的施工作业或已完成的分项工程进行自我检验，实施自我控制、自我把关，及时消除异常因素，以防止不合格品进入下道作业
　2）互检是指操作人员之间对所完成的作业或分项工程进行的相互检查，是对自检的一种复核和确认，起到相互监督的作用　可以是同组操作人员之间的相互检验/可以是班组的质量检查员对本班组操作人员的抽检/可以是下道作业对上道作业的交接检验
　3）专检是指质量检验员对分部、分项工程进行检验，用以弥补自检、互检的不足
　4）实行三检制，要合理确定好自检、互检和专检的范围。一般情况下，原材料、半成品、成品的检验以专职检验人员为主；生产过程的各项作业的检验则以施工现场操作人员的自检、互检为主，专职检验人员巡回抽检为辅。成品的质量必须进行终检认证

3. 现场质量检查的方法
（1）目测法——凭借感官进行检查，也称观感质量检验
（2）实测法——通过实测数据与施工规范、质量标准的要求和允许偏差值进行对照，以此判断质量是否符合要求
（3）试验法——通过必要的试验手段对质量进行判断的检查方法。主要包括：理化试验、无损检测

2H320073 施工质量问题和质量事故的处理

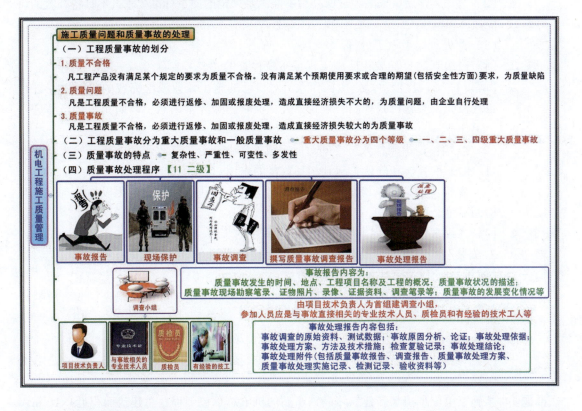

真 题 1【14 二级真题】在分项工程检验中,专检有什么作用?

【解析】专检是指质量检验员对分部、分项工程进行检验,用以弥补自检、互检的不足。

真 题 2【13 二级真题】【背景节选】管线与压缩机之间的隔离盲板采用耐油橡胶板。试压过程中橡胶板被水压击穿,外输气压缩机的涡壳进水。C 施工单位按质量事故处理程序,更换了盲板并立即组织人员解体压缩机,清理积水,避免了叶轮和涡壳遭受浸湿。由于及时调整了后续工作,未造成项目工期延误。

问题:C 施工单位处理涡壳进水事故的处置是否妥当?说明理由。此项处置属于哪一种质量事故处理方式?

【解析】（1）不妥当。

（2）理由：该质量缺陷经过修补后不能满足规定的质量标准要求，不具备补救的可能性。

（3）此处属于返工处理。

真题3 【12 二级真题】简要说明施工现场工序检查的"三检制"含义。

【解析】（1）自检：是指由操作人员对自己的施工作业或已完成的分项工程进行自我检验，实施自我控制、自我把关，及时消除异常因素，以防止不合格品进入下道作业。

（2）互检：是指操作人员之间对所完成的作业或分项工程进行的相互检查，是对自检的一种复核和确认，起到相互监督的作用。

（3）专检：是指质量检查员的对分部、分项工程进行的检查、用以弥补自检、互检的不足。

真题4 【11 二级真题】1. 列出质量事故处理程序的步骤。

2. 安装公司组织的事故调查小组应由谁组织？调查小组的成员有哪些？

【解析】1. 质量事故处理程序的步骤：
①事故报告；②现场保护；③事故调查；④撰写质量事故调查报告；⑤事故处理报告。

2.（1）安装公司组织的事故调查小组应由项目技术负责人组织；

（2）调查小组的成员有与事故相关的专业技术人员、质检员和有经验的技术工人等。

模拟题1 某施工单位承担某新建铁路高铁车站的机电总承包工程，总建筑面积近$3\times10^5 m^2$。机电工程包括通风空调、给水排水、消防、强电、建筑智能、电梯等。其中工程制冷供热分包给一家专业公司，制冷供热采用冷热电三联供技术，照明采用智能控制系统，大厅地面采用地板辐射冷、热双供技术。工程空调风管最大管径达到3000mm×1200mm，大管径水管道为邦29，车站上方机电工程管道排布密集。
业主与施工单位签订合同约定，工程的质量奖项目标为获得市级优质工程奖，并要求项目编制质量计划。

为达到这一目标，施工单位选派了一名优秀的项目经理承担此项工程施工任务。
问题：1. 项目经理在施工前应做哪些质量策划？

2. 针对本案例背景的施工关键点，应编制哪些确保质量的预控方案？

3. 本工程质量计划编制的主要内容有哪些？

【解析】1. 项目经理在施工前应做的质量策划有：建立工程项目的质量管理体系；确定先进可行的质量目标；建立完善的组织机构；明确项目经理部各级人员和部门的职责；组织编制先进合理的质量计划或施工组织设计、施工方案。

2. 根据本案例工程的背景资料，三联供机组的安装、地板辐射供暖供冷管道敷设、机电工程综合管线的合理排布、大管道风管的安装及加固、大管径水管的焊接等应作为关键技术加以控制。因此，应编制三联供机组的运输就位方案、地板辐射供暖供冷管道敷设方案、机电工程综合管线排布设计方案、大尺寸风管安装及加固方案、大管径水管安装方案等质量预控方案。应采取的预控措施有：对实施关键技术的人员、施工机具、材料、方法与工艺、环境等进行控制。

3. 质量计划主要内容包括：

（1）质量目标及展开。

（2）依据质量目标明确岗位职责。

（3）确定过程以及针对所确定的过程，规定具体的控制方法。

（4）为达到质量目标必须采取的其他措施，如更新检验技术、研究新的工艺方法和设备、用户的监督、验证等。

（5）相关岗位应完成的记录。

2H320080 机电工程项目试运行管理

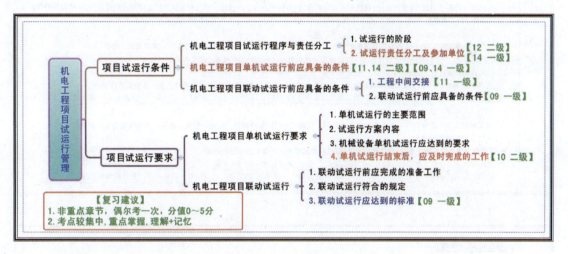

2H320081　项目试运行条件

项目试运行条件

（一）机电工程项目试运行程序与责任分工

1. 试运行的阶段
(1) 试运行（又称试运转、试车）目的
　　是检验单台机器和生产装置（或机械系统）的制造、安装质量、机械性能或系统的综合性能，能否达到生产出合格产品的要求
(2) 试运行阶段的划分 —— 单机试运行、联动试运行、负荷试运行（或称投料试运行、试生产）等阶段
　①单机试运行　—— 中小型单体设备工程一般只可进行单机试运行
　　指现场安装的驱动装置的空负荷运转或单台机器（机组）以空气、水等替代设计的工作（生产）介质进行的模拟负荷试运行
　②联动试运行　—— 适于成套设备系统的大型工程，例如炼油化工工程，连续机组的机电工程等
　　指对试运行范围内的机器、设备、管道、电气、自动控制系统等，在各自达到试运行标准后，以水、空气作为介质进行的模拟运行
　③负荷试运行　—— 是试运行的最终阶段，自装置接受原料开始至生产出合格产品、生产考核结束为止
　　指对指定的整个装置（或生产线）按设计文件规定的介质（原料）打通生产流程，进行指定装置的首尾衔接的试运行，以检验其除生产产量指标外的全部性能，并生产出合格产品

2. 试运行责任分工及参加单位　【12 二级】【14 一级】
(1) 单机试运行责任分工及参加单位　—— 由施工单位负责
　①工作内容包括　—— 负责编制完成试运行方案，并报建设单位审批；组织实施试运行操作，做好测试、记录
　②参加单位　—— 施工单位、监理单位、设计单位、建设单位、重要机械设备的生产厂家
(2) 联动试运行责任分工及参加单位　—— 由建设单位（业主）组织、指挥　【14 一级】
　①工作内容包括　—— 负责及时提供各种资源，编制联动试运行方案；选用和组织试运行操作人员；实施试运行操作
　②参加单位　—— 建设单位、生产单位、施工单位以及总承包单位(若该工程实行总承包)、设计单位、监理单位、重要机械设备的生产厂家
　③施工单位工作内容包括　—— 负责岗位操作的监护，处理试运行过程中机器、设备、管道、电气、自动控制等系统出现的问题并进行技术指导
　★若建设单位要委托施工单位(或总承包单位)组织联动试运行，可签订合同进行约定
(3) 负荷试运行责任分工及参加单位　—— 由建设单位（业主）负责组织、协调和指挥
　负荷试运行方案　—— 由建设单位组织生产部门和设计单位、总承包/施工单位共同编制，由生产部门负责指挥和操作

项目试运行条件

（二）机电工程项目单机试运行前应具备的条件　【14 二级】【09 14 一级】

1. 机械设备及其附属装置、管线已按设计文件的内容和有关规范的质量标准全部安装完毕，包括：
(1) 安装水平已调整至允许范围
(2) 与安装有关的几何精度经检验合格

2. 提供了相关资料和文件
(1) 各种产品的合格证书或复验报告
(2) 施工记录、隐蔽工程记录和各种检验、试验合格文件
(3) 与单机试运行相关的电气和仪表调校合格资料等

3. 试运行所需要的动力、材料、机具、检测仪器等符合试运行的要求并确有保证
4. 润滑、液压、冷却、水、气(汽)和电气等系统符合系统单独调试和主机联合调试的要求
5. 试运行方案已经批准
6. 试运行组织已经建立，操作人员经培训、考试合格，熟悉试运行方案和操作规程，能正确操作
   记录表格齐全，保修人员就位
7. 对人身或机械设备可能造成损伤的部位，相应的安全实施和安全防护装置设置完成
8. 试运行机械设备周围的环境清扫干净，不应有粉尘和较大的噪声

高频考点
1. 直接问单机试运行应具备的条件是什么
2. 背景给出一部分，要求补齐
3. 背景给出但是有错，要求找出并纠正

项目试运行条件

（三）机电工程项目联动试运行前应具备的条件

1. 工程中间交接【11 一级】

（1）联动试运行前必须完成联动试运行范围内工程的中间交接

（2）中间交接是施工单位向建设单位办理工程交接的一个必要程序，它标志着工程施工安装结束，由单体试运行转入联动试运行

（3）目的是 为了在施工单位尚未将工程整体移交之前，解决建设（生产）单位生产操作人员进入所交接的工程进行试运行作业的问题

（4）中间交接只是工程（装置）保管、使用责任（管理权）的移交，但不解除施工单位对交接范围内的工程质量、交工验收应负的责任

（5）工程中间交接完成包括的内容
　① 工程质量合格
　② "三查四定"问题整改消缺完毕，遗留尾项已处理
　　　三查 —— 查设计漏项、未完工程、工程质量隐患　　四定 —— 对查出的问题定任务、定人员、定时间、定措施
　③ 影响投料的设计变更项目已施工完
　④ 现场清洁，施工用临时设施已全部拆除，无杂物，无障碍

2. 联动试运行前应具备的条件（与单机试运行前应具备的条件对比记忆，事半功倍）

（1）试运行范围内的工程已按设计文件规定的内容全部建成并按施工验收规范的标准检验合格

（2）试运行范围内的机器，除必须留待负荷试运行阶段进行试运行的以外，单机试运行已全部完成并合格

（3）试运行范围内的设备和管道系统的内部处理及耐压试验、严密性试验已经全部合格

（4）试运行范围内的电气系统和仪表装置的检测系统、自动控制系统、联锁及报警系统等符合规范规定

（5）试运行方案和生产操作规程已经批准

（6）工厂的生产管理机构已经建立，各级岗位责任制已经制定，有关生产记录报表已配备

（7）试运行组织已经建立，参加试运行人员已通过生产安全考试合格

（8）试运行所需燃料、水、电、汽、工业风和仪表风等可以确保稳定供应，各种物资和测试仪表、工具皆已备齐

（9）试运行方案中规定的工艺指标、报警及联锁整定值已确认并下达

（10）试运行现场有碍安全的机器、设备、场地、走道处的杂物，均已清理干净

2H320082　项目试运行要求

项目试运行要求

（一）机电工程项目单机试运行要求

1. 单机试运行的主要范围　　　　巧记：用脚移动大电机，监控联保

通用机泵、搅拌机械、驱动装置、大型机组等及其相关的电气、仪表、计算机等检测、控制、联锁、报警系统

2. 试运行方案内容
　　工程概况或试运行范围；编制依据和原则；目标与采用标准；试运行前必须具备的条件
　　组织指挥系统；试运行程序与操作要求、进度安排；试运行资源配置；环境保护设施投运安排
　　安全与职业健康要求；试运行预计的技术难点和采取的应对措施

★ 试运行方案由施工项目总工程师组织编制，经施工企业总工程师审定，报建设单位或监理单位批准后实施

3. 机械设备单机试运行应达到的要求

（1）主运动机构和各运动部件应运行平稳，无不正常的声响；摩擦面温度正常无过热现象

（2）主运动机构的轴承温度和温升符合有关规定

（3）润滑、液压、冷却、加热和气动系统，有关部件的动作和介质的进、出口温度等均符合规定，并工作正常、畅通无阻、无渗漏现象

（4）各种操纵控制仪表和显示等，均与实际相符，工作正常、正确、灵敏和可靠

（5）机械设备的手动、半自动和自动运行程序，速度和进给量及进给速度等，均与控制指令或控制要求相一致，其偏差在允许的范围之内

4. 单机试运行结束后，应及时完成的工作【10 二级】

（1）切断电源和其他动力源

（2）放气、排水、排污和防锈涂油

（3）对蓄势器和蓄势腔及机械设备内剩余压力卸压

（4）对润滑剂的清洁度进行检查，清洗过滤器；必要时更换新的润滑剂

（5）拆除试运行中的临时装置和恢复拆卸的设备部件及附属装置。对设备几何精度进行必要的复查，各紧固部件复紧

（6）清理和清扫现场，将机械设备盖上防护罩

（7）整理试运行的各项记录。试运行合格后，由参加单位在规定的表格上共同签字确认

```
┌─────────────────────────────────────────────────────────────────────────┐
│  项目试运行要求                                                          │
│    (二) 机电工程项目联动试运行                                           │
│    1. 联动试运行前应完成的准备工作                                       │
│    (1) 完成联动试运行范围内工程的中间交接                                │
│    (2) 编制、审定试运行方案                                              │
│    (3) 按设计文件要求加注试运行用润滑油(脂)                              │
│  机 (4) 机器入口处按规定装设过滤网(器)                                   │
│  电 (5) 准备能源、介质、材料、工机具、检测仪器等                         │
│  工 (6) 布置必要的安全防护设施和消防器材                                 │
│  程 2. 联动试运行符合的规定                                              │
│  项 (1) 必须按照试运行方案及操作规程精心指挥和操作                       │
│  目 (2) 试运行人员必须按建制上岗,服从统一指挥                            │
│  试 (3) 不受工艺条件影响的仪表、保护性联锁、报警皆应参与试运行,并应逐步  │
│  运     投用自动控制系统                                                 │
│  行 (4) 划定试运行区域,无关人员不得进入        ┌──记忆技巧:──────────┐ │
│  管 (5) 认真做好记录                           │首先,想象成教练给你画个│ │
│  理 3. 联动试运行应达到的标准  ─────────→     │圈(首尾衔接),让你在圈 │ │
│    (1) 试运行系统应按设计要求全面投运,首尾衔接 │里练车                 │ │
│        稳定连续运行并达到规定时间              │其次,你在圈里要掌握开车│ │
│    (2) 参加试运行的人员应掌握开车、停车、事故  │、停车、事故处理已调整 │ │
│        处理和调整工艺条件的技术                │的技术                 │ │
│    (3) 联动试运行后,参加试运行的有关单位、     │最后,合格了,教练给你发 │ │
│        部门对其结果进行分析评定,合格后填写    │证书                   │ │
│        "联动试运行合格证书"                    └───────────────────────┘ │
│   ★ "联动试运行合格证书" 内容包括【00 一级】                            │
│   工程名称;装置、车间、工段或生产系统名称;试运行时间;试运行情况;试运行结果评定;附件;建设单位盖章、│
│   现场代表签字确认;设计单位盖章;现场代表签字确认;施工单位盖章,现场代表签字确认                    │
└─────────────────────────────────────────────────────────────────────────┘
```

真 题 1【14 二级真题】【背景节选】项目部总工程师编制了试运行方案,报 A 单位总工程师审批后便开始实施。但监理工程师认为试运行方案审批程序不对,试运行现场环境不符合要求,不同意试运行。后经 A 单位项目部整改,达到要求,试运行工作得以顺利实施。

问题:A 单位项目部是如何整改才达到试运行要求。

【解析】A 单位项目部应当按照单机试运行前应具备的条件的要求整改,具体如下:

(1) 机械设备及其附属装置、管线已按设计文件的内容和有关规范的质量标准全部安装完毕。

(2) 提供了相关资料和文件。

(3) 试运行所需要的动力、材料、机具、检测仪器等符合试运行的要求并确有保证。

(4) 润滑、液压、冷却、水、气(汽)和电气等系统符合系统单独调试和主机联合调试的要求。

(5) 试运行方案已经批准。

(6) 试运行组织已经建立,操作人员经培训、考试合格,熟悉试运行方案和操作规程,能正确操作。记录表格齐全,保修人员就位。

(7) 对人身或机械设备可能造成损伤的部位,相应的安全实施和安全防护装置设置完成。

(8) 试运行机械设备周围的环境清扫干净,不应有粉尘和较大的噪声。

真 题 2【14 一级真题】单机和联动试运行分别是哪个单位组织?

【解析】单机试运行由施工单位组织;联动试运行由建设单位组织。

真题 3 【12 二级真题】【背景节选】C 公司在空压机安装完成后，单机试运行前做了如下工作：试运行范围内的工程已按设计和有关规范全部完成；提供了产品合格证明书，施工记录，空压机段间管道耐压试验和清洗合格资料，压力表和安全阀的送检合格证明材料，空压机和冷却泵电气、仪表已调试完毕；建立了试运行组织，试运行操作人员已经过技术培训；试运行所需的冷却水有充分保证；测试仪表、工具、记录表格齐全。在编制了试运行方案并获总包单位批准后，C 公司通知 B 公司、业主和监理公司到场，即开始单机试运行，监理公司不同意。

问题：1. 单机试运行前的准备工作有哪些不足？

2. 单机试运行方案还应报哪个单位批准？试运行前 C 公司还应通知哪些人员到场？

【解析】1. 单机试运行前的准备工作有以下不足：

（1）提供资料不全：缺少施工检验合格文件；隐蔽工程记录；各装置的各类阀门试验合格记录；附有单线图的管道系统安装资料；机器润滑油、密封油、控制油系统清洗合格资料。

（2）试运行操作人员已经过技术培训但未经考试合格。

（3）保修人员未到位。

（4）试运行方案只获总包单位批准。

（5）试运行所需的冷却水有充分保证，但缺少其他资源，如燃料、动力、仪表空气等。

2.（1）单机试运行方案还应报建设单位批准。

（2）试运行前，C 公司还应通知 A 公司、设计单位、空压机生产厂家人员到场。

真题 4 【11 一级真题】【背景节选】某机电工程进行到试运行阶段，该工程共包括 A、B 两个单位工程，单位工程 A 办理了中间交接，单位工程 B 完成了系统试验，大部分机械设备进行了单机试运行。联动试运行由建设单位组织，试运行操作人员刚经培训返回工厂，还未熟悉工艺流程和操作程序，为使工程尽快投产，建设单位认为联动试运行的条件已基本具备，可以进行联动试运行。建设单位决定在联动试运行中，对单位工程 B 未进行单机试运行的机械设备一并进行运行和考核，待联动试运行完成后，再补办单位工程 B 的中间交接手续。

问题：建设单位把未办理中间交接的 B 单位工程直接进行联动试运行的行为是否正确？

中间交接对建设单位有什么作用？

【解析】（1）建设单位把未办理中间交接的 B 单位工程直接进行联动试运行的行为不正确。

（2）中间交接是施工单位向建设单位办理工程交接的一个必要程序，它标志着工程施工安装结束，由单体试运行转入联动试运行。中间交接只是装置保管、使用责任（管理权）的移交，不解除施工单位对工程质量、交工验收应负的责任。

真题 5 【10 二级真题】【背景节选】单机试运行结束后，项目经理安排人员完成了卸压、卸荷、管线复位、润滑油清洁度检查、更换了润滑油过滤器芯、整理试运行记录。随后项目经理安排相关人员进行竣工资料整理。

问题：背景资料中，单机试运行结束后，还应及时完成哪些工作？

【解析】背景资料中，单机试运行结束后，还应及时完成的工作：
(1) 切断电源及其他动力来源；
(2) 进行必要的排气、排水或排污；
(3) 按各类设备安装规范的规定，对设备几何精度进行必要的复查，各紧固部件复紧；
(4) 拆除试运行中的临时管道和设备部件及其附属装置。

真题 6【09 一级真题】【背景节选】某施工单位承包的机电安装单项工程办理了中间交接手续，进入联动试运行阶段。建设单位未按合同约定，要求施工单位组织并实施联动试运行，由设计单位编制试运行方案。施工单位按要求进行了准备，试运行前进行检查并确认：
(1) 已编制了试运行方案和操作规程；
(2) 建立了试运行须知，参加试运行人员已熟知运行工艺和安全操作规程。
压缩机安装检验合格后，由于运行介质不符合压缩机的要求，为进行单机试运行，经业主和施工单位现场技术总负责人批准留待后期运行。
经分析、评定确认联动试运行合格。施工单位准备了"联动试运行合格证书"。证书内容包括：工程名称；装置、车间、工段或生产系统名称；试运行结果评定；附件；建设单位盖章，现场代表签字；设计单位盖章，现场单位签字；施工单位盖章，现场单位签字。
问题：1. 按照联动试运行原则分工，指出设计单位编制联动试运行方案，施工单位组织实施联动试运行的不妥，并阐述正确的做法。
2. 指出试运行前检查并确认的两条中存在的不足。
3. 已办理中间交接的合金钢管道在联动试运行中发现的质量问题，应由谁承担责任？说明理由。
4. 压缩机由于介质原因未进行单机试运行，在联动试运行前施工单位应采取哪些措施？
5. 指出施工单位准备的"联动试运行合格证书"的缺项。

【解析】1.（1）按照联动试运行原则分工，设计单位编制试运行方案不妥。
(2) 施工单位组织实施联动试运行不妥。
正确做法：由建设单位组织编制联动试运行方案并组织实施。
2. 试运行前检查并确认的两个条件中存在的不足：
条件（1）中，试运行方案和操作规程还未经过批准。
条件（2）中，试运行参加人员还未通过安全生产考试（或持证上岗）。
3. 已办理中间交接的合金钢管道在联动试运行中发现的质量问题，应由施工单位承担质量责任。
理由：中间交接只是装置保管、使用责任（管理权）的移交，交接范围内的工程全部由建设单位负责保管、使用、维护。但不解除施工单位对工程质量、交工验收应负的责任。
4. 压缩机由于介质原因未进行单机试运行，在联动试运行前，应采取的措施：
(1) 将压缩机与试运行系统隔离（进行保护）；
(2) 切断动力源（解除连锁）。

5. 施工单位准备的联动试运行合格证书的缺项：试运行时间与试运行情况两项。

模拟题1 某施工单位承担了一化工厂建设工程的机电设备安装任务，进入单机试运行阶段。项目部计划对一台整体安装的大型离心泵进行试运行。经检查，试运行的准备工作达到如下条件：

（1）有关试运行范围内的机械设备及其附属装置、管线，除出口管道系统未进行水压试验外，其他工程已按设计文件的内容全部完成，并按质量验收标准检查合格。
（2）完工工程施工技术资料齐全，具备相关的全部文件。
（3）试运行方案编制完毕，已报送有关单位审批。
（4）试运行组织已经建立，试运行操作人员已经过培训，正在熟悉试运行方案。
（5）试运行所需要的动力、材料、机具、检测仪器等符合试运行的要求并确有保证。
（6）记录表格齐全，保修人员已经到位。

由于这台泵的试运行影响后续泵的试运行，项目部决定在出口管道系统水压试验前先进行离心泵试运行。离心泵采用水作为介质，运转半小时后，出口管道系统中出现多道法兰接口泄漏，试运行中止。

试运行作业人员将出口管道从法兰处卸开，对管道泄漏处理完成后，将出口管重新与离心泵连接并继续进行试运行。运转中有异常响声，轴承有较大的振动。

该单机试运行结束后，做了下列工作：
（1）断开电源。
（2）关闭泵的入口阀门，卸压，排水、排污、防锈涂油。
（3）拆除试运行中的临时装置及临时管道。
（4）检查机器设备运行系统各阀门，已在规定的开合状态。
（5）整理试运行的各项记录。

问题：1. 指明背景中单机试运行的哪些条件不符合试运行前应具备条件的要求？正确的是什么？
2. 从试运行前应要求具备的条件方面来分析离心泵被迫中止试运行的主要原因。
3. 出口管重新与离心泵连接后立即进入试运行程序是否正确？为什么？这种操作对离心泵运转可能会产生什么影响？
4. 补充试运行结束后所做工作中的缺项或该项工作不完整的内容。

【解析】1. 背景中第（1）、（2）、（3）、（4）项不符合。正确的是：
第（1）项：出口管道系统应进行水压试验，达到试运行范围内的工程"按设计文件的内容和有关规范的质量标准全部安装完毕"的要求。
第（2）项：补齐出口管道系统水压试验的记录，做到全部完工工程施工技术资料齐全。
第（3）项：试运行方案还应获得批准。
第（4）项：试运行操作人员应经过考试合格，并熟悉试运行方案和操作方法，能正确操作。

2. 离心泵被迫中止试运行的主要原因是泵出口管道系统未进行水压试验，没有达到试运行前必须具备的条件。出口管道系统工程未经水压试验合格，可能存在质量隐患，未能在试运行前事先消除。试运行中，泵出口管道系统承受压力，质量隐患处就发生泄漏，单机试运行中止。

3. 不正确。出口管道卸开后重新与离心泵连接，应复查泵的安装精度。这种操作可能导致离心泵承受附加外力，引起泵运转中轴承有较大的振动，产生异常响声。

4. 试运行结束后应做工作中有两项缺项：
一是对润滑剂的清洁度进行检查，清洗过滤器；必要时更换新的润滑剂。
二是清理和清扫现场，将机械设备盖上防护罩。
工作不完整的有：背景第（3）项中，还应对试运行时拆卸的设备部件、附属装置（包括正式管道）进行恢复。以及对设备几何精度进行必要的复查，各紧固部件复紧。
背景第（5）项中，应要求参加单位在规定的表格上签字确认。

2H320090 机电工程施工安全管理

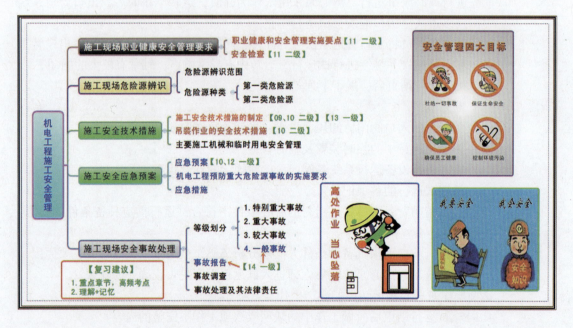

2H320091 施工现场职业健康安全管理要求

施工现场职业健康安全管理要求

（一）职业健康和安全管理实施要点

1. 施工安全管理职责的划分
   - 项目经理部根据安全生产责任制的要求，把安全责任目标分解到岗，落实到人
   - 安全生产责任制必须经项目经理批准后实施

（1）项目经理对本工程项目的安全生产负全面领导责任

（2）项目总工程师对本工程项目的安全生产负技术责任　【11 二级】

（3）工长（施工员）对所管辖劳务队（或班组）的安全生产负直接领导责任

（4）安全员的安全职责
   - 落实安全设施的设置，对施工全过程的安全进行监督，纠正违章作业
   - 配合有关部门发现、排除安全隐患，组织安全教育和全员安全活动，监督劳保用品质量和正确使用

（5）作业队长的安全职责
   ① 向作业人员进行安全技术措施交底，组织实施安全技术措施
   ② 对施工现场安全防护装置和设施进行验收；对作业人员进行安全操作规程培训
   ③ 对作业人员进行安全操作规程培训，提高作业人员的安全意识，避免产生安全隐患
   ④ 当发生重大或者恶性安全事故，应组织保护现场，立即上报并参与事故调查处理

（6）班组长的安全职责
   【09 一级】
   （类似这样的题）
   ① 安排施工生产任务时，向本工种作业人员进行安全措施交底
   ② 严格执行本工种安全技术操作规程，拒绝违章指挥
   ③ 作业前，应对本次作业所使用的机具、设备、防护用具及作业环境进行安全检查，消除安全隐患，标识方法和内容是否正确完整
   ④ 组织班组开展安全活动，召开上岗前安全生产会；每周应进行安全讲评

（7）承包人对分包人的安全生产责任
   ① 审查分包人的安全施工资格和安全生产保证体系，不应将工程分包给不具备安全生产条件的分包人
   ② 在分包合同中应明确分包人安全生产责任和义务
   ③ 对分包人提出安全管理要求，并认真监督检查
   ④ 对违反安全规定冒险蛮干的分包人，应令其停工整改
   ⑤ 承包人应统计分包人的伤亡事故，按规定上报，并按分包合同约定协助处理分包人的伤亡事故

（8）分包人安全生产责任　【12 二级】
   ① 分包人对本施工现场的安全工作负责，认真履行分包合同规定的安全生产责任
   ② 遵守承包人的有关安全生产制度，服从承包人的安全生产管理
   ③ 及时向承包人报告伤亡事故并参与调查，处理善后事宜

施工现场职业健康安全管理要求

（一）职业健康和安全管理实施要点

3. 安全技术交底制度

（1）工程开工前，工程技术人员要将工程概况、施工方法、安全技术措施等向全体职工详细交底

（2）分项、分部工程施工前，工长（施工员）向所管辖的班组进行安全技术措施交底

（3）两个以上施工队或工种配合施工时，工长（施工员）要按工程进度向班组长进行交叉作业的安全技术交底

（4）班组长要认真落实安全技术交底，每天要对工人进行施工要求、作业环境的安全交底

（5）安全技术交底可以分为施工工种安全技术交底；分项、分部工程施工安全技术交底；采用新技术、新设备、新材料施工的安全技术交底

4. 安全技术交底记录

（1）工长（施工员）进行书面交底后，应保存安全技术交底记录和所有参加交底人员的签字

（2）交底记录由安全员负责整理归档

★ 交底人及安全员应对安全技术交底的落实情况进行检查，发现违章作业应立即采取整改措施，安全技术交底记录一式三份，分别由工长、施工班组和安全员留存

（二）安全检查　【11 二级】

1. 安全检查的类型　定期性、经常性、季节性、专业性、综合性和不定期　巧记：定不定机场中转？

2. 安全检查的内容　查思想、查管理、查隐患、查整改、查事故处理　巧记：管事一整死人了！

3. 安全检查的重点
   - 违章指挥和违章作业
   - 在安全检查过程中应编制安全检查报告，说明已达标项目，未达标项目，存在问题，原因分析，纠正和预防措施

真 题 1　【12 二级真题】【背景节选】某机电工程项目经招标由机电安装工程总承包一级

资质的 A 安装工程公司总承包，其中锅炉房工程和涂装工段消防工程由建设单位直接发包给具有专业资质的 B 机电安装工程公司施工。合同规定，施工现场管理由 A 安装工程公司总负责。A 公司制定了现场安全生产管理目标和总体控制规定，B 公司没有执行。

问题：B 公司应如何执行 A 公司的安全管理制度？

【解析】（1）分包人对施工现场的安全工作负责，认真履行分包合同规定的安全生产责任；

（2）遵守承包人的有关安全生产制度，服从承包人的安全生产管理；

（3）及时向承包人报告伤亡事故并参与调查，处理善后事宜。

真题 2　【11 二级真题】【背景节选】某机电工程公司承接了一座 110kV 变电站建设项目，工期一年，时间紧、任务重。对此，该公司首先在内部组织了施工进度计划、施工生产资源、工程质量、施工安全、卫生及环境管理等协调工作，以便工程顺利展开；其次，明确各级各类人员的安全生产责任制，以加强项目安全管理；再次，施工过程中公司组织了与工程对应的季节、专业和综合等安全检查，以保障施工过程安全。

问题：1. 根据公司安全生产责任制，该工程项目部领导各应承担何种性质的安全生产责任？

2. 公司组织的与工程对应的安全检查中，除背景资料指出的检查外还有哪些？安全检查的重点是什么？

【解析】1. 工程项目部领导各应承担的安全生产责任有：

（1）项目经理对本工程项目的安全生产负全面领导责任。

（2）项目总工程师对本工程项目的安全生产负技术责任。

（3）工长（施工员）对项目部的分承包方（劳务队或班组）的安全生产负直接领导责任。

2.（1）公司组织的与工程对应的安全检查中，除背景资料指出的检查外还有定期、经常和不定期检查。

（2）安全检查的重点是违章指挥和违章作业。

2H320092 施工现场危险源辨识

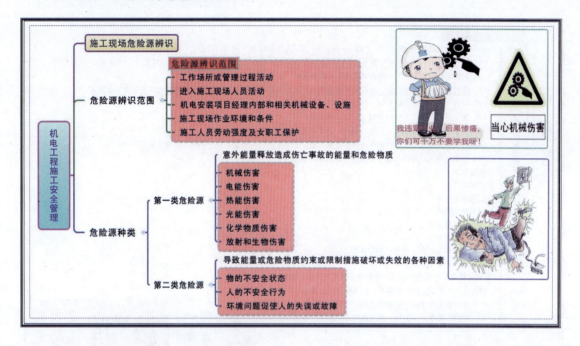

2H320093 施工安全技术措施

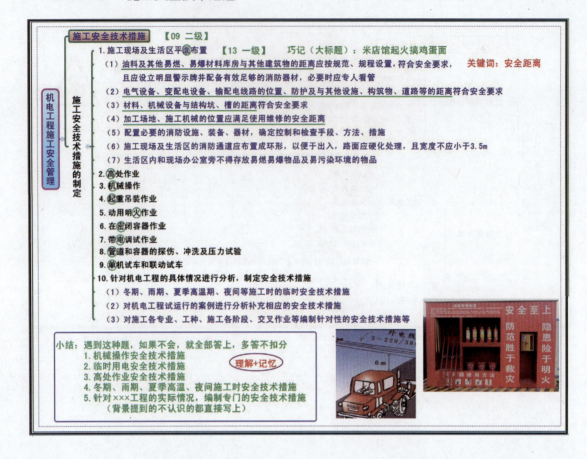

真题1【09 二级真题】【背景节选】某机电安装公司承担了某钢厂新厂区油罐组焊，燃气、氧气管道安装施工，设计要求焊缝进行射线无损探伤检查。强度试验采用气压试验方法。

该公司在编制施工方案时，对油罐组焊、管道焊接方案采用综合评价法进行了技术经济比较，选定了最优方案。

项目部根据现场危险源辨识，编制了高处作业、机械操作、起重吊装、临时用电安全技术措施。

问题：指出该公司编制的安全技术措施还有哪些不完善的地方。

【解析】该公司编制的安全技术措施还应该包括：
(1) 施工现场及生活区平面布置；
(2) 动用明火作业；
(3) 在密闭容器内作业；
(4) 带电调试作业；
(5) 管道和容器的探伤、冲洗及压力试验；
(6) 单机试车和联动试车。
（注：做这样补充的题，能多写就多写，因为多写不扣分）

真题2【13 一级真题】

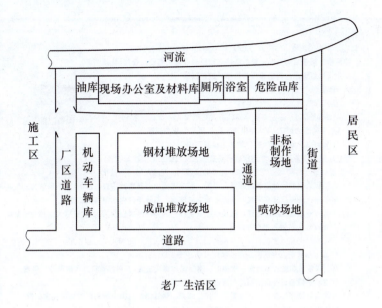

问题：项目部的施工平面布置，对安全和环境保护会产生哪些具体危害？

【解析】对安全和环境保护产生的危害：

（1）油库作为易燃易爆放在办公区危险。

（2）非标件生产，有光声污染。离居民区太近。

（3）喷砂会产生空气污染，沙尘污染。

（4）浴室厕所污水直接排入河中有水污染。

（5）危险品离河流太近，泄漏会造成水污染。

真题3 【10 一级真题】【背景节选】某施工单位承接一高层建筑的泛光照明工程。建筑高度为180m，有3个透空段，建筑结构已完工，外幕墙正在施工。泛光照明由LED灯（55W）和金卤灯（400W）组成。LED灯（连支架重100kg）安装在幕墙上，金卤灯安装在透空段平台上，由控制模块进行场景控制。施工单位依据合同、施工图、规范和幕墙施工进度计划等编制了泛光照明的施工方案，方案中LED灯具的安装，选用吊篮施工，吊篮尺寸为6000mm×450mm×1180mm，牵引电动机功率为1.5kW×2，提升速度为9.6m/min，载重630kg（载人2名）。按进度计划，共租赁4台吊篮。

问题：吊篮施工方案中应制订哪些安全技术措施和主要的应急预案？

【解析】（1）应制订的安全技术措施有：

①高处作业安全技术措施；

②施工机械安全技术措施；

③施工用电安全技术措施

（2）应制订主要的应急预案是：高处作业时吊篮发生故障的应急预案。

施工安全技术措施

机电工程施工安全管理 — 吊装作业的安全技术措施

1. 在主要施工部位、作业点、危险区，都必须挂有安全警示牌
   夜间施工配备足够照明，电力线路必须由专业电工架设及管理，并按照规定设红灯警示，并装设自备电源的应急照明
2. 季节施工时，特别是冬雨期施工要针对各个季节的特点认真落实季节施工安全防护措施
   ★ 吊装施工时，要设专人定点收听天气预报
   （1）当风速达到15m/s（6级以上）时，吊装作业必须停止
   （2）做好台风雷雨天气前后的防范检查工作
3. 新进场机械设备在投入使用前，必须按照机械设备技术试验规程和有关规定进行检查、鉴定和试运转，经验收合格后，方可入场投入使用
   （1）大型起重机的行驶道路必须坚实可靠，其施工场地必须进行平整、加固，地基承载力满足要求
   （2）吊装作业地面应坚实平整，支脚必须支垫牢靠，回转半径内不得有障碍物
   （3）吊装作业应划定危险区域，挂设明显安全标志，并将吊装作业封闭，设专人加强安全警戒，防止其他人员进入吊装危险区
   （4）施工现场必须选派具有丰富吊装经验的信号指挥人员、司索人员、起重工，并熟练掌握作业的安全要求 【10 二级】
   作业人员必须持证上岗，吊装挂钩人员必须做到相对固定
   （5）两台或多台起重机吊运同一重物时，钢丝绳应保持垂直，各台起重机升降应同步，各台起重机不得超过各自的额定起重能力
   （6）在输电线路下作业时，起重臂、吊具、辅具、钢丝绳等与输电线的距离应按规定执行
   （7）吊装的构件、交叉作业、施工现场环境应符合要求

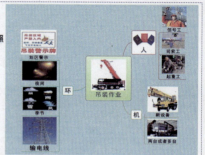

真 题 1 【10 二级真题】设备吊装工程中应配置哪些主要的施工作业人员？

【解析】设备吊装工程中应配置的主要施工作业人员：信号指挥人员、司索人员和起重工。

模拟题1 某电力安装公司承担了一电厂煤粉制备车间扩建工程。扩建期间，原车间不停产，新车间生产线距原生产线约10m，中间用临时墙隔开，以防止原生产线车间内煤粉飘落至扩建施工现场。

施工过程中发生下列事件：

由于新生产线采用的是最新式的立式辊磨机，设备吊装时，引来原生产线员工大量围观。

问题：立式辊磨机吊装时，针对围观人员应采取哪些安全措施？

【解析】大型设备吊装时：

（1）作业应拉警戒线，悬挂警示牌，严禁非作业人员进入警戒线内。

（2）派专职安全人员监督。

2H320094 施工安全应急预案

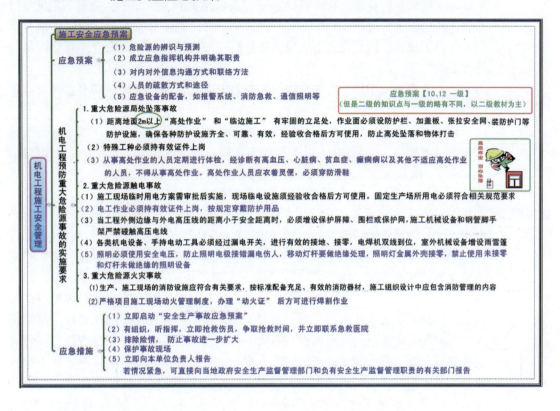

2H320095 施工现场安全事故处理

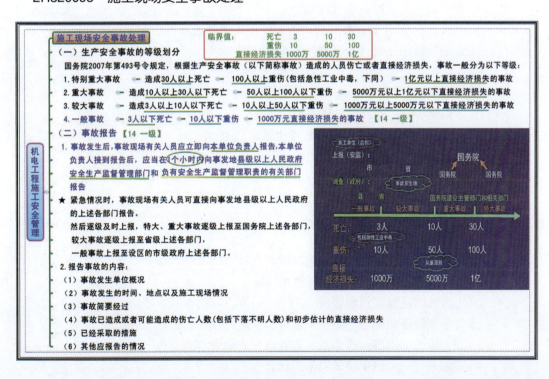

真题1 【14 一级真题】【背景节选】施工班组利用塔吊转运材料构件时，司机操作失误导致吊绳被构筑物挂断，构件高处坠落，造成地面作业人员2人重伤，起重工1人重伤经抢救无效死亡。5人轻伤。事故发生后，现场有关人员立即向本单位负责人进行了报告。该单位负责人接到报告后，向当地县级以上安全监督管理部门进行了报告。

问题：安全事故属于哪个等级？该单位负责人应在多少时间内向安全监督管理部门报告？

【解析】（1）按照《安全生产事故报告和调查处理条例》规定，一般事故是指造成3人以下死亡，或者10人以下重伤的事故。该事故造成1人死亡，1人重伤，5人轻伤。因此该事故为一般事故。

（2）该单位负责人应在1小时内向安全监督管理部门报告。

模拟题1 某机电安装A公司承接了某钢厂中板生产线安装工程，合同签订时工程内容包括推钢式加热炉筋管耐热滑块的焊接安装。11t的加热炉气包吊装，吊装高度24m，16台行车吊装，四辊可逆轧机安装，单件最大重量102t；高压水系统，液压润滑系统安装（包括管道的化学处理）。其中大型设备的吊装工程分包给B公司承包。由于工期紧，交叉施工多，深基坑多。项目经理部在开工前组织各部门及各分包单位制定了安全生产责任书，编制了应急预案，并进一步细化责任，落实到人，并定期不定期进行安全检查。明确了各单位及相关人员的安全责任。同时对一些重要分部工程编制了详细的施工方案。吊装过程中，起重机转向突然失控致使在高空中正在作业的两名工人，一人重伤，一人运往医院途中死亡。

问题：1. 该工程施工过程中存在哪些危险源？
2. 项目部编制的应急预案主要包括哪些内容？
3. 安全检查主要检查哪些内容？
4. 总包A公司对于分包B公司的安全生产责任有哪些？
5. 大型设备吊装时，应有哪些人员组成及要求？
6. 本案例伤亡事故发生时应有哪些应急措施？

【解析】1. 危险源：

（1）高度24m，存在高处作业风险。
（2）16台行车及轧机存在吊装安全风险。
（3）施工中有大量的焊接和电器工程，存在火灾和触电风险。
（4）交叉作业多，基坑多，存在物体击打和坠落风险。
（5）化学处理管道存在中毒伤害和化学物质腐蚀风险。

2. 应急预案编制的主要内容：

（1）危险源的辨识与预测。
（2）成立应急指挥机构并明确其职责。
（3）对内对外信息沟通方式和联络方法。
（4）人员的疏散方式和途径。
（5）应急设备的配备，如报警系统、消防急救、通信照明等。

3. 安全检查的内容：查思想、查管理、查隐患、查整改、查事故处理。

4. 总包单位对分包单位的安全责任有：

(1) 审查其安全资质及安全保证体系。
(2) 分包合同中应明确其安全生产责任和义务。
(3) 对其提出要求，并实施监督、检查；对违反规定者令其停工整改。
(4) 对其伤亡事故，按规定上报并协助对事故的处理。

5. 大型设备吊装时，C公司需配备信号指挥人员，司索人员和起重工。组成人员必须持证上岗并掌握作业安全要领。

6. 应急措施：
(1) 立即启动"安全生产事故应急预案"。
(2) 有组织，听指挥，立即抢救伤员，争取抢救时间，并立即联系急救医院。
(3) 排除险情，防止事故进一步扩大。
(4) 保护事故现场。
(5) 立即向本单位负责人报告；若情况紧急，可直接向当地政府安全生产监督管理部门和负有安全生产监督管理职责的有关部门报告。

模拟题2 某机电安装公司承担了某化工装置安装工程，组建了施工项目部。2010年7月22日11时左右，施工作业队某焊工在离地面约10m高的钢结构顶部进行钢结构焊接工作。在操作过程中，该焊工在往侧向移动时脚踏在了一个探头跳板上，探头板侧翻，焊工不慎从操作平台上跌落，坠落过程中安全帽脱落，焊工头部着地。送医院抢救途中死亡。经事故调查，焊工当时在钢结构顶部搭设的操作平台上进行焊接作业，操作平台为钢模板构成，铺设在用钢管搭设的简易脚手架横杆上，模板没有绑扎固定，没有防护栏杆。操作平台距离地面高度约10m，由钢结构安装工人自行搭设，搭设后没有进行检查验收。焊工在钢结构顶部作业时未系好安全带，也未系好佩戴的安全帽下颚带。7月23日下午，施工项目部安全部门负责人向机电安装公司上报了事故，机电公司负责人接到报告后，认为已是周末，于是等到7月26日（周一）上午报告了当地人民政府安全生产监督管理部门。为了加强施工作业的安全，项目部组织进行了安全技术交底。施工过程中安装公司组织了与工程对应的季节、专业和综合等安全检查，以保障施工过程安全。

问题：1. 分析本次人身伤亡事故的直接原因。
2. 本次事故属于什么生产安全事故等级？说明依据。
3. 本次事故上报程序为什么不正确？
4. 安全技术交底制度应包括哪几个方面的内容？
5. 简述高空作业的安全措施。

【解析】1. 事故的直接原因是：
(1) 施工现场搭设的简易脚手架（操作平台）不符合搭设的要求；防护设施、保险装置缺陷；脚手架未进行检查验收并符合要求，安全标志缺失等是事故的直接原因。
(2) 死者高处作业踩踏探头跳板，未系好安全带，也未正确佩戴安全帽，未正确使用个人安全防护用品、用具。

2. 本次事故属于一般事故。
依据国务院2007年第493号令规定，生产安全事故（以下简称事故）根据造成的人员伤亡或者直接经济损失，事故分级为四级，其中：一般事故，是指3人以下死亡，或者10人以下重伤，或者1000万元直接经济损失的事故。本次事故死亡1人，在一般事故分级范围之内。

3. 事故报告规定的要求是：事故发生后，事故现场有关人员应立即向本单位负责人报告，本单位负责人接到报告后，应当在1小时内向事发地县级以上人民政府安全生产监督管理部门和负有安全生产监督管理职责的有关部门报告。

背景中，事故现场有关人员没有立即向本单位负责人报告，而是过了1天，而单位负责人接到报告后，没有在规定的1小时内向事发地县级以上人民政府安全生产监督管理部门报告，而是过了2天。

4. 安全技术交底制度包括以下几个方面的内容：
（1）工程开工前，工程技术人员将工程概况、施工方法、安全技术措施等向全体职工进行详细交底。
（2）分项、分部工程施工前，工长（施工员）向所管辖的班组进行安全技术措施交底。
（3）两个以上施工队或工种配合施工时，工长（施工员）按工程进度向班组长进行交叉作业的安全技术交底。
（4）班组长要认真落实安全技术交底，每天对工人进行施工要求、作业环境的安全交底。
（5）安全技术交底按施工工种安全技术交底；分项、分部工程施工安全技术交底；采用新工艺、新技术、新设备、新材料施工的安全技术交底。

5. 高空作业的安全措施：
人员在高空作业，如意外从高空跌落，可能造成人身伤害。
高空作业安全技术措施应主要从防护着手，包括：职工的身体状况（不允许带病作业、疲劳作业、酒后高空作业）和根据具体情况制定的防护措施（佩戴安全带，设置安全网、防护栏等）。

2H320100 机电工程施工现场管理

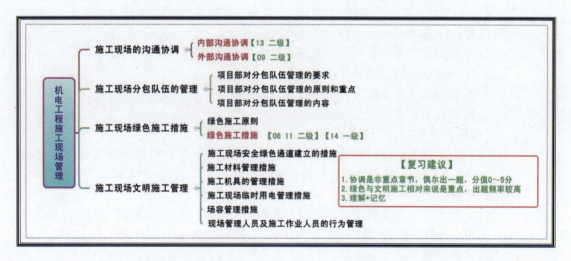

2H320101 施工现场的沟通协调

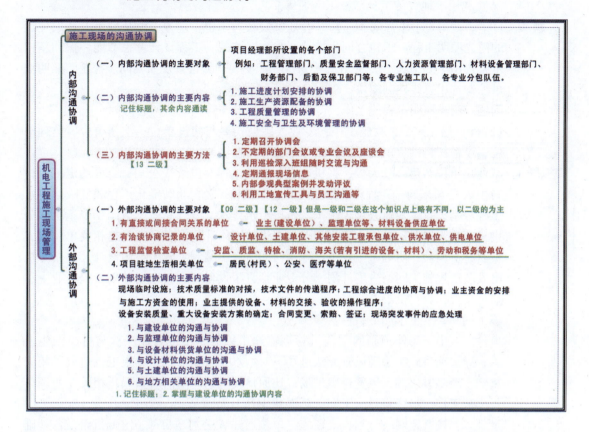

真题1 【13 二级真题】【背景节选】某施工单位承接了 5km10kV 架空线路的架设和一台变压器的安装工作。根据线路设计,途经一个行政村,跨越一条国道,路经一个 110kV 变电站。线路设备由建设单位购买,但具体实施由施工单位负责。该线路施工全过程的监控由建设单位指定的监理单位负责。在施工过程中项目经理仅采用定期召开内部协调会,没有充分利用其他方法和形式加强内部沟通,结果造成施工进度拖延。经过公司内外协调方法和形式的改进,最终使该线路工程顺利完工。

问题:1. 施工单位在沿途施工中需要与哪些部门沟通协调?

2. 施工单位内容沟通协调还有哪些方法和形式?

【解析】1. 施工单位在沿途施工中需要沟通协调的部门有:

(1) 与当地政府及相关部门;

(2) 当地村委会;

(3) 交通部门、电力部门;

(4) 业主、监理工程师及设备供应商。

2. 施工单位内容沟通协调方法和形式有:

(1) 定期召开协调会;

(2) 不定期的部门会议或专业会议或座谈会;

(3) 利用巡检深入班组随时交流与沟通;

(4) 定期通报现场信息;

(5) 内部参观典型案例并发动评议；

(6) 利用工地宣传工具与员工沟通等。

真题2 【09 二级真题】【背景节选】某专业安装公司承包了南方沿海某城市一高层建筑的泛光照明工程。承包合同为设计、采购、施工。工程设计考虑节能环保和新技术，选用了 LED 变色泛光灯，建筑泛光照明要与城市景观照明同步控制，照明场景控制选用总线控制模块。

问题：泛光照明工程施工中，专业安装公司要与哪些单位沟通协调？

【解析】泛光照明工程施工中，专业安装公司要与建设单位、土建单位、监理单位、设备材料供货单位、地方相关单位等沟通协调。

模拟题1 某业主单位新建办公大楼，将机电设备安装工程发包给 A 公司，合同约定工程材料由 A 公司采购，工程设备由业主自行采购。A 公司将智能化工程和虹吸雨排水工程分别进行了专业分包。施工队伍按给水排水、电气和通风空调三个施工队分别进行施工部署。根据土建施工单位提供的网络计划，项目部召集相关单位和人员召开协调会，明确了主要工序施工时间节点，编制了施工组织设计，排布了机电安装工程施工网络进度计划，分专业拟订了设备、材料进场计划。提交业主和监理单位，获得批准。

施工期间，发生了如下事件：

事件一：由于场外预制的空调风管运输途中因汽车不慎毁坏庄稼与村民发生矛盾，导致项目施工管理风管无法进场，对给水排水和电气专业施工也造成了相应影响。经多方协调，风管得以进场，比原计划进场时间滞后 2 天；相关专业调整了部分工作，最终将对总工期的延误减少到 1 天。

事件二：按既定网络计划，土建施工单位通知 A 公司项目部，空调机组设备基础将于 1 周后施工，但由于设备品牌和选型迟迟没有确定，设计图纸滞后，地脚螺栓无法定位。经协调，在原定设备基础施工时间 5 天后拿到了空调机组施工图，相关专业调整了部分工作，最终将对总工期的延误减少到 2 天。

问题：1. 编制施工组织设计前的协调会应有哪些人员参加？

2. 事件一中，需要与哪些单位或人员进行协调？哪些属于内部协调？哪些属于外部协调？

3. 事件二中，需要与哪些单位或人员进行协调？

【解析】1. 编制施工组织设计前的协调会参会人员有：项目部工程管理部门、质量安全监督部门、人力资源管理部门、材料设备管理部门、财务部门、后勤及保卫部门负责人，给水排水、电气和通风空调各施工队负责人及智能化工程分包单位负责人和虹吸雨排水分包单位负责人。

2. （1）外部协调：需要与当地政府、村民、项目部工程管理部门、各专业施工队协调，与当地政府和村民协调。

（2）内部协调。需要与项目部工程管理部门、各专业施工队协调。

3. （1）需要协调的单位或人员：

①需要与业主单位、设计单位、土建施工单位进行外部协调

②需要与项目部工程管理部门、各专业施工队进行内部协调。

③需要与业主单位有合同约定的明确的权利义务关系。

（2）沟通协调应以会议座谈为主，个别交流沟通为辅，平等协商、相互沟通、求得共识。

与设计单位、土建施工单位沟通协调应在业主参与的情况下进行会议座谈，平等协商、相互沟通、求得共识，协调中应主动为对方负责办理的事项提供尽可能的工作便利，这样容易达到协调的目的，也利于施工的顺利进行。

2H320102　施工现场分包队伍的管理

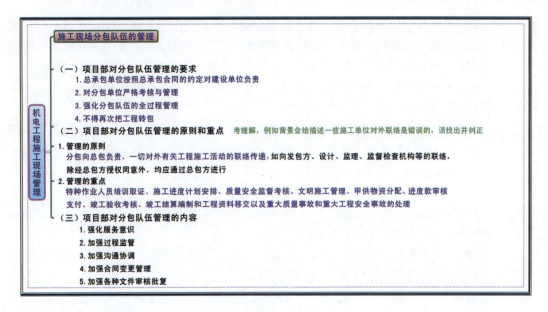

2H320103　施工现场绿色施工措施

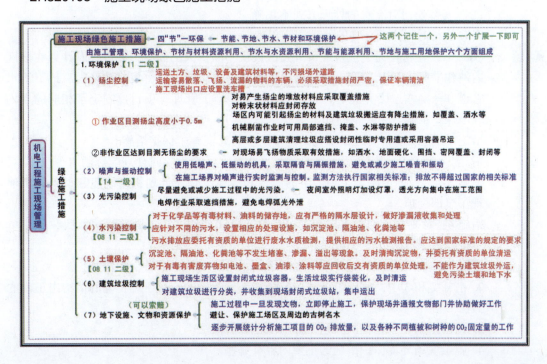

真题 1 【14 一级真题】【背景节选】由于工期较紧。施工总承包单位安排了钢结构件进场和焊接作业夜间施工。因噪音扰民被投诉。当地有关部门查处时，实测施工场界噪声值为 75dB。

问题：写出施工总承包单位组织夜间施工的正确做法？

【解析】夜间施工会对周围居民造成影响，如噪声和光污染，因此一定要采取相应有效的防范措施。

（1）提前向周边居民通报，通过告示告知居民，并取得谅解。

（2）噪声方面：在施工场界对噪音进行实时监测与控制，现场噪音排放不得超过国家标准《建筑施工场界环境噪声排放标准》（GB12523—2011）的规定，噪声控制在 55dB 以下。尽量使用低噪声、低振动的机具，采取隔声与隔振措施。

（3）光污染方面，夜间焊接作业应采取遮挡措施，避免电焊弧光外泄。大型照明灯应控制照射角度，防治强光外泄。

真题 2 【11 二级真题】【背景节选】为便于组织施工，安装公司在业主提供的施工现场旁的临时用地上建造了生产生活临时设施。生产设施包括现场临时办公室、仓库及材料堆放场、管道预制组装场等。生活设施包括职工宿舍、食堂、浴室等。为加快工程进度，管道预制、焊接安排每晚 7 点到 11 点的夜间加班作业。安装公司将临时设施的生活、施工废水通过排水沟直接排放到附近一条小河内，固体废弃物运至指定的垃圾处理场倾倒。

问题：机电安装公司临时设施的主要环境影响因素有哪些？安装公司对废水和固体废弃物的处理方式是否正确？

【解析】（1）机电安装公司临时设施的主要环境影响因素包括水污染源、大气污染源、土壤污染源、噪声污染源、光污染源、固体废弃物污染源、资源和能源浪费等。（补充题，多答不扣分，能想到的全部写上）

（2）安装公司对废水的处理方式不正确。

安装公司对固体废弃物的处理方式正确。

真题 3 【08 二级真题】为了适应经济开发区规模不断扩大的需要，某市政府计划在该区内新建一座 110kV 的变电站。新建变电站周边居住人口密集，站址内有地下给水管道和一幢六层废弃民宅。为加强现场文明施工管理，项目部制定了相应的现场环境保护措施。主要措施如下：

措施 1：施工前，对施工现场的地下给水管道实施了保护措施。

措施 2：为减少六层废弃民宅拆除时产生扬尘，在拆除时计划配合洒水等。

措施 3：为及时清除施工中产生的固体和液体废物，计划将废线缆和设备的废油现场全部烧掉。

措施 4：计划租赁的推土机和挖掘机只能夜间使用，为了防止噪声扰民，施工单位计划将噪声限值在 65dB。

问题：1. 施工前，对施工现场的地下给水管道实施了哪些保护措施？

2. 措施 2 和 3 中，哪些是正确的？哪些是不正确的？对于不正确的请给出正确的做法。

3. 指出措施 4 中存在的问题，并给出正确的做法。

4. 施工现场环境保护措施的主要内容有哪些？

【解析】1. 施工前，对施工现场的地下给水管道实施的保护措施：施工前按业主通知对地下给水管道标出位置，并制定保护方法。如施工时需要停水，必须经有关部门批准和事先告之。

2. 措施2是正确的。措施3是不正确的。正确的做法是：废线缆应收集并运至指定地点处理，废油可采用化学处理（或循环再用）。

3. 措施4中存在的问题是：夜间噪声限值65dB超国家标准（不正确的）。正确的做法是噪声限值应低于55dB。

4. 施工现场环境保护措施的主要内容有：确定重要环境因素（如废线缆、废油、尘土等），加强检查监测控制，配备应急设施和建立管理制度，加强培训教育或交底。

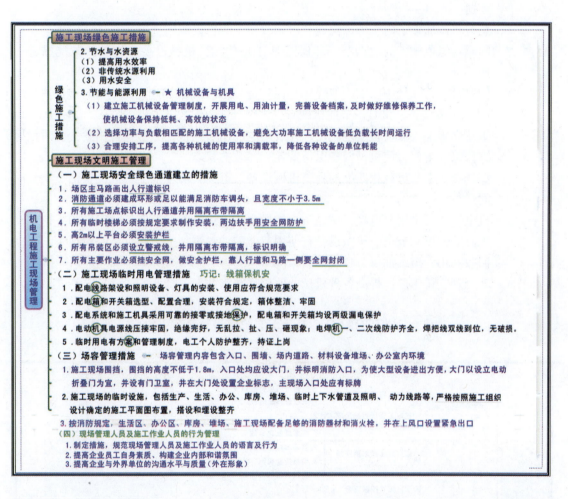

模拟题1 某机电设备安装公司中标一长输管道支线工程某标段，中标工程管道长度为30km。该公司中标签订合同后，拟把工程中的施工作业带清理、修筑施工运输通道、管沟开挖、管沟回填分包给A工程公司，把管道现场防腐和热收缩套（带）补口分包给B专业公司，把管道焊口无损检验分包给C无损检测公司。

机电安装公司召集各分包单位，约定了下述事项：

1. 各分包单位自行编制分包工程施工组织设计或施工方案，单位内部完成审批程序后交监理审批，将监理审批后的方案报总包单位项目部备案。

2. 施工过程中发生的与沿途村民的临时占地、青苗赔偿等沟通协调事项由总包方授权 A 工程公司负责进行。

根据建设单位的要求，管道工程按照绿色施工的理念组织施工，实现"四节一环保"。总包单位编制了绿色施工方案，把机械设备、机具的节能作为一个重点内容。施工中，发生下述事件：

事件一：施工中检查发现，部分管段准备下沟时，B 专业公司已将管段的全部热收缩套（带）补口完成，然而部分管口焊口还未进行检验，造成部分返工。

事件二：长输管道支线路经一个 110kV 变电站时，施工单位考虑、施工方便，将变电站的一片绿地作为施工用地和管段临时堆放场地，受到电力管理部门的处罚。

总包单位加强了内、外部沟通和协调，使工程得以顺利进展。

问题：绿色施工的"四节一环保"具体是什么？机械设备、机具的节能措施有哪些？

【解析】（1）绿色施工的"四节一环保"是节能、节地、节水、节材和环境保护。

（2）机械设备、机具的节能措施有：

①建立施工机械设备管理制度，开展用电、用油计量，完善设备档案，及时做好维修保养工作，使机械设备保持低耗、高效的状态。

②选择功率与负载相匹配的施工机械设备，避免大功率施工机械设备低负载长时间运行。

机电安装可采用节电型机械设备，如逆变式电焊机和能耗低、效率高的手持电动工具等，以利节电。机械设备宜使用节能型油料添加剂，在可能的情况下，考虑回收利用，节约油量。

③合理安排工序，提高各种机械的使用率和满载率，降低各种设备的单位耗能。

2H320110　机电工程施工成本管理

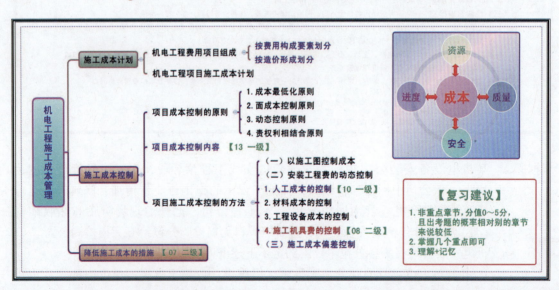

2H320111　施工成本计划

施工成本计划
（一）机电工程费用项目组成
1. 按费用构成要素划分 —— 人工费、材料费、施工机具使用费、企业管理费　巧记：要机器人才
2. 按造价形成划分 —— 分部分项工程费、措施项目费、其他项目费、规费、税金　巧记：分错家，他费劲
★ 分部分项工程费、措施项目费、其他项目费计算时，都要计入人工费、材料费、施工机具使用费、企业管理费、税金、利润（这句话的意思是说，计算前面三个费用时，每个费用都要单独计入后面提到的这几个费用）
（二）机电工程项目施工成本计划
1. 项目施工成本计划的内容
一般由施工项目降低直接成本计划和间接成本计划及技术组织措施组成。
2. 编制施工成本计划的方法
（1）施工图预算与施工预算对比法
（2）中标价调整法
（3）成本见习法
（4）按实计算法
（5）定率估算法

施工成本控制
（一）项目成本控制的原则
1. 成本最低化原则
2. 全面成本控制原则
3. 动态控制原则　巧记：醉拳泰拳
4. 责权利相结合原则
（二）项目成本控制内容
1. 以项目施工成本形成过程作为控制对象 —— 施工项目现场管理机构应对项目成本进行全面、全过程的控制
控制一般包括以下几个阶段 —— 控投标阶段、施工准备阶段、施工阶段、竣工验收阶段
★ 施工阶段【13 一级】（但是知识点不一样，作为参考复习）
（1）加强施工任务单和限额领料单的管理
（2）将施工任务单和限额领料单的结算资料与施工预算进行核对分析
（3）做好月度成本原始资料的搜集和整理，正确计算月度成本，分析月度预算成本与实际成本的差异
（4）在月度成本核算的基础上实行责任成本核算
（5）经常检查对外经济合同的履行情况，不符合要求时，应根据合同规定向对方索赔；对缺乏履约能力的单位，要采取果断措施，立即中止合同，并另找可靠的合作单位，以免影响施工，造成经济损失
（6）定期检查各责任部门和责任者的成本控制情况
（7）加强施工过程中信息收集，为项目签证及后期结算提供强有力依据
2. 以项目施工的职能部门、作业队组作为成本控制对象
3. 以分部分项工程作为项目成本的控制对象

2H320112 施工成本控制

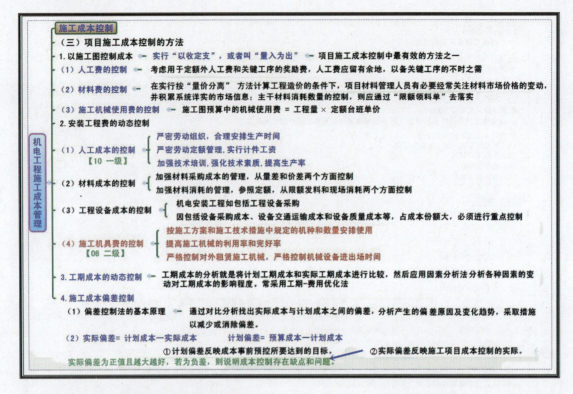

2H320113 降低施工成本的措施

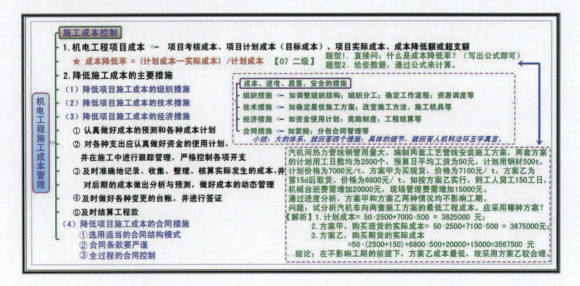

真题1 【08 二级真题】B公司应采取何种措施来控制（热泵机组的吊装的）直接成本？
【解析】B公司应采取的措施有：
（1）按施工方案和施工技术措施中规定的起重机和数量安排使用；
（2）提高起重机的利用率和完好率；

(3) 严格控制起重机的进出场时间。

真题 2 【13 一级真题】项目部在施工阶段应如何控制成本？【按照二级教材作答】

【解析】施工阶段项目成本的控制：

(1) 加强施工任务单和限额领料单的管理。

(2) 将施工任务单和限额领料单的结算资料与施工预算进行核对分析。

(3) 做好月度成本原始资料的搜集和整理，正确计算月度成本，分析月度预算成本与实际成本的差异。

(4) 在月度成本核算的基础上实行责任成本核算。

(5) 经常检查对外经济合同的履行情况，不符合要求时，应根据合同规定向对方索赔；对缺乏履约能力的单位，要采取断然措施，立即中止合同，并另找可靠的合作单位，以免影响施工，造成经济损失。

(6) 定期检查各责任部门和责任者的成本控制情况。

(7) 加强施工过程中信息收集，为项目签证及后期结算提供强有力依据。

真题 3 【10 一级真题】应如何控制劳动力成本。

【解析】控制劳动力成本的措施有：

(1) 严密劳动组织，合理安排生产时间；

(2) 严密劳动定额管理，实行计件工资；

(3) 加强技术培训，强化技术素质，提高生产率。

模拟题 1 某安装工程公司通过投标承包了一项机械厂设备安装工程项目，按建筑安装工程费用组成，除去税金和公司管理费后，工程造价为 1000 万元，按现有成本控制计划，比实际成本还低 10%。公司要求项目部通过编制降低成本计划进行成本管理，实现利润 60 万元。项目部通过对现有成本控制计划中的措施内容认真分析，认为工程中几个重要工序要重新编制施工方案。新方案人工费、材料费、机具使用费、其他费用可在原来基础上降低，由于采取了降低施工成本的主要经济措施，对影响设备安装精度的因素进行了控制，最终实现利润目标。

问题：1. 现行建筑安装工程费用由哪几部分组成？

2. 什么是成本降低率？

3. 降低机电工程项目施工成本的主要经济措施有哪些？

4. 项目部在进行项目成本控制时应考虑哪些原则？

【解析】1. (1) 按费用构成要素划分建筑安装工程费。

建筑安装工程费包括：人工费、材料费、施工机具使用费、企业管理费。

(2) 按造价形成划分建筑安装工程费。

建筑安装工程费包括：分部分项工程费、措施项目费、其他项目费、规费、税金。

2. 成本降低率 = $\dfrac{\text{计划成本} - \text{实际成本}}{\text{计划成本}}$。

3. 降低机电工程项目施工成本主要经济措施是：

(1) 认真做好成本的预测和各种成本计划。在施工中应对成本进行动态控制，及时发现偏差，分析偏差的原因，采取纠偏措施。

(2) 认真做好资金的使用计划，在施工中跟踪管理，严格控制各项开支。

(3) 及时核算实际发生的成本,做好成本的动态管理。

(4) 及时做好各种变更的台账,并进行签证。

(5) 及时结算工程款。

4. (1) 成本最低化原则;(2) 全面成本控制原则;(3) 动态控制原则;(4) 责权利相结合原则。

模拟题 2 某安装工程公司承接一锅炉安装及架空蒸汽管道工程,管道工程由型钢支架工程和管道安装组成。项目部根据现场实测数据,结合工程所在地的人工、材料、机械台班价格,编制了每 10t 型钢支架工程的直接工程费单价,经工程所在地综合人工日工资标准测算,每吨型钢支架的人工费为 1380 元,每吨型钢支架工程用各种型钢 1.1t,每吨型钢材料平均单价 5600 元,其他材料费 380 元,各种机械台班费 400 元。

由于管线需要钢管量大,项目部编制了两套管线施工方案,两套方案的计划人工费 15 万元,计划用钢材 500t,计划价格为 7000 元/t,甲方案为买现货,价格为 6900 元/t,乙方案为 15 天后供货,价格为 6700 元/t,如按乙方案实行,人工费需增加 6000 元,机械台班费需增加 1.5 万元,现场管理费需要增加 1 万元,通过进度分析,甲、乙两方案均不影响工期。

安装工程公司在检查项目部工地时,发现与锅炉本体连接的主干管上有一段钢管的壁厚比设计要求小 1mm,该段管的质量证明书和验收手续齐全,除壁厚外,其他项目均满足设计要求。

检查组要求项目部整改纠正,采取措施,确保质量、安全、成本目标,按期完成任务。

问题:1. 与锅炉本体连接的主干管上有一段钢管的壁厚比设计要求小 1mm,如何处理?

2. 计算每 10t 型钢支架的直接工程费单价。

3. 分别计算两套方案的所需费用,分析比较项目部决定采用哪种方案?

【解析】1. 与锅炉本体连接的主干管上有一段钢管的壁厚比设计要求小 1mm,须经法定检验单位测试,原设计单位核算认可,能够满足结构安全和使用功能方可给予验收,否则应予更换。

2. 每 10t 型钢支架工程人工费:1380×10 = 13800 元

每 10t 型钢支架工程材料费:(1.1×5600+380) ×10 = 65400 元

每 10t 型钢支架工程机械台班使用费:400×10 = 4000 元

每 10t 型钢支架工程单价:13800+65400+4000 = 83200 元

3. 本案例分析计算:

计划成本 = 150000+7000×500 = 3650000 元。

(方案甲) 购买现货的实际成本 = 150000+6900×500 = 3600000 元

(方案乙) 购买期货的实际成本 = 150000 + 6000 + 6700 × 500 + 15000 + 10000 = 3531000 元

结论:在不影响工期的前提下,方案乙成本最低,比计划成本低 19000 元,方案乙的成本比方案甲的成本低 69000 元。施工单位决定采用方案乙从经济角度讲,是正确的。

模拟题3 某施工单位承接某工厂扩建的一个涂装车间机电工程项目，合同工程造价为1300万元。

合同约定工程标准设备由甲方提供，工程材料、非标准设备由乙方采购供货。按建筑安装工程费用组成除去税金和公司管理费后，经公司成本控制中心测算，下达给项目部考核成本为1100万元。

项目部根据内部签订的承包合同要求，综合工程具体情况，按现行建筑安装工程费用进行分析测算，计划成本为1000万元。该项目部从降低项目成本的合同措施入手，对甲方提供消防的联动设备进行了严格的检查和试验，对工程材料、非标准设备采购供货，加大了成本控制的力度，采取了一些有效的保证措施，最后取得较好的经济效益，实现成本降低率为8%。

问题：1. 现行建筑安装工程费用的组成？
2. 降低项目成本的合同措施是什么？
3. 按承包合同要求成本降低额是多少？

【解析】1. 现行建筑安装工程费用组成。

（1）按费用构成要素划分：建筑安装工程费包括人工费、材料费、施工机具使用费、企业管理费。

（2）按造价形成划分：建筑安装工程费包括分部分项工程费、措施项目费、其他项目费、规费、税金。

2. 降低项目成本的合同措施。

（1）选用适当的合同结构模式。在施工项目组织的模式中，有多种合同结构模式，在使用时，必须对其进行分析、比较，要选用适合于工程规模、性质和特点的合同结构模式。

（2）合同条款要严谨。在合同条文中应细致考虑一切影响成本、效益的因素。特别是潜在的风险因素，通过对引起成本变动的风险因素的识别和分析，采取必要的风险对策。

（3）全过程的合同控制。采取合同措施控制项目成本，应贯彻在从合同谈判到合同终结的整个过程中。

3. 成本降低率=（计划成本−实际成本）/计划成本

成本降低额=计划成本−实际成本

所以，承包合同要求成本降低额为：1000×8%=80万元。

2H320120 机电工程施工结算与竣工验收

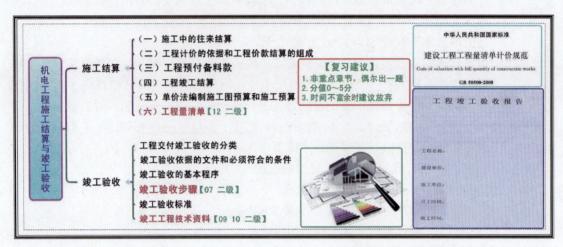

2H320121 施工结算

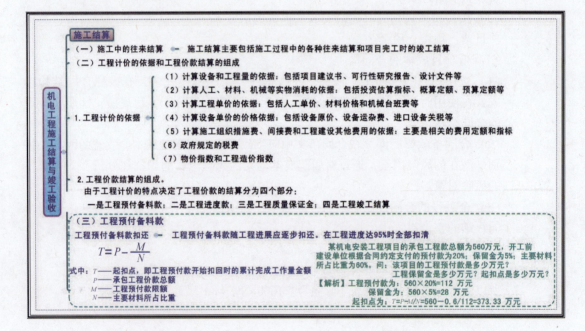

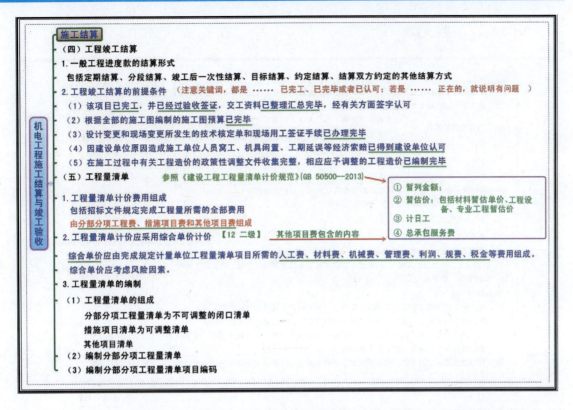

真题 1 【12 二级真题】【背景节选】厂新建总装车间工程在招标时，业主要求本工程按综合单价法计价，厂房虹吸雨排水工程按 100 万元专业工程暂估价计入机电安装工程报价。经竞标，A 公司中标机电安装工程，B 公司中标土建工程，两公司分别于业主签订了施工合同。

问题：虹吸雨排水专业工程暂估价属于什么类型的工程量清单？本工程造价还包括哪些类型的工程量清单？

【解析】（1）虹吸雨排水专业工程暂估价属于其他项目类型的工程量清单。

（2）本工程造价还包括分部分项工程量清单、措施项目清单和规费、税金项目清单。

2H320122 竣工验收

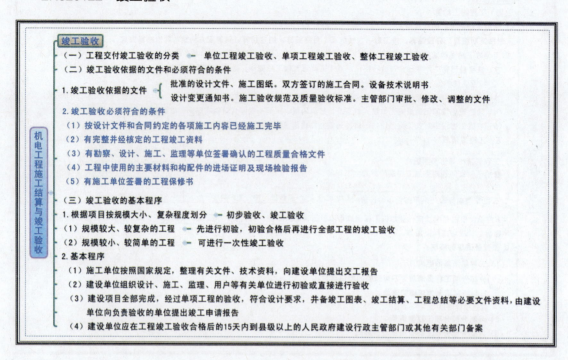

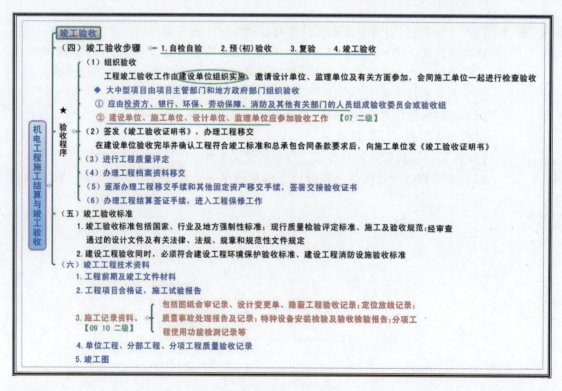

真 题 1【07 二级真题】【背景节选】工程安装全部完毕，项目部经过自检、上级主管部门组织复查后，向监理单位提出了竣工验收申请报告。监理单位组织施工单位对

工程进行了验收。

问题：项目部向监理单位提出竣工申请的做法是否正确？该工程竣工验收应由谁组织？哪些单位参加？

【解析】（1）不正确；

（2）应有建设单位组织，监理单位、施工单位、设计单位参加。

真题2 【09 二级真题】【背景节选】该工程在分项、分部工程质量验收评定合格后，由建设单位组织进行单位工程质量验收评定和竣工验收。

施工单位提交的工艺管道竣工资料中有竣工图、图纸会审记录、设计变更单、分项和分部工程的质量验收记录和焊缝的无损检测记录。建设单位认为该部分资料不全，要求施工单位整改。施工单位全部整改后，通过了该工程的竣工验收。

问题：施工单位应补充哪些工艺管道竣工资料？

【解析】施工单位应补充的工艺管道竣工资料：

（1）工程前期及竣工文件材料（含建筑工程）；

（2）工程项目合格证、施工试验报告；

（3）隐蔽工程验收记录；

（4）定位放线记录；

（5）质量事故处理报告及记录；

（6）特种设备安装检验及验收检验报告；

（7）工程分项使用功能检测记录；

（8）单位工程质量验收记录。

真题3 【10 二级真题】【背景节选】项目经理安排相关人员进行竣工资料整理。整理完的施工记录资料有：设计变更单、定位放线记录、工程分项使用功能检测记录。项目部对竣工资料进行了初审，认为资料需补充完善。

问题：指出施工记录资料中的不完善部分？

【解析】施工记录资料中的不完善部分，缺少了：

（1）图纸会审记录；

（2）隐蔽工程验收记录；

（3）质量事故处理报告及记录；（4）特种设备安装检验及验收检验报告等。

模拟题1 某施工单位承包一铸造生产线项目。安装合同价为560万元，合同工期为6个月，施工合同规定：

（1）开工前建设单位向施工单位支付合同价款20%的预付款。

（2）建设单位从施工单位的结算工程款中按10%的比例扣保修金。保修金额暂定为合同价的5%。保留金3个月全部扣完。

（3）预付款在最后两个月扣回，每月扣50%。

（4）工程进度款按月结算，不考虑调价。

（5）建设单位提供的材料价款在发生当月的工程进度款中扣回。

（6）若施工单位每月完成的产值不足计划产值的90%时，建设单位可按实际完成产值的8%的比例扣回工程进度款。工程竣工结算情况如下表所示。该工程进入第4个月时，由于建设单位资金问题，合同被迫终止。

进度计划与实际产值数据表　　　　　　　　（单位：万元）

时间	1月	2月	3月	4月	5月	6月
计划完成产值	70	90	110	110	100	80
实际完成产值	70	80	120			
业主供料价款	8	12	15			

问题：

(1) 该工程的工程预付款是多少？保修金应扣多少？各月结算的工程款是多少？应签发的付款凭证金是多少？

(2) 合同终止时，业主已支付施工单位工程款为多少？合同终止后业主应向施工单位支付多少工程款？

(3) 合同由于建设单位原因终止，建设单位应承担什么责任？

【解析】（1）工程预付款为：560×20%＝112万元　　保修金为：560×5%＝28万元

各月结算的工程款为：

第一月：结算工程款为：70×(1-0.1)＝63万元

应签发的付款凭证金额为：63-8＝55万元

第二月：结算工程款为：80×(1-0.1) -80×8%＝65.6万元

应签发的付款凭证金额为：65.6-12＝53.6万元

第三月：本月应扣保修金为：28-(70+80)×10%＝13万元

结算工程款为：120-13＝107万元

应签发的付款凭证金额为：107-15＝92万元

(2) 合同终止时业主已向施工单位支付工程款为：112+55+53.6+92＝312.6万元

合同终止后业主共应向施工单位支付工程款为：70+80+120-8-12-15＝235万元

(3) 建设单位应当承担继续履行、采取补救措施或者赔偿损失等违约责任。

模拟题2 某施工单位承建一商住大厦建筑安装工程。合同规定工程量清单计价采用综合单价计价。计算该工程相关费用的条件为：分部分项工程量清单计价1770万元，措施项目清单计价51.34万元，其他项目清单计价100万元，规费80万元，税金68.25万元。

问题：(1) 完成该项目的工程量清单所需费用包括哪些？

(2) 本案例的分部分项工程的综合单价应是多少？什么是综合单价？

【解析】(1) 工程量清单计价应包括按照招标文件规定，完成工程量清单所列项目的全部费用。

包括分部分项工程费、措施项目费、其他项目费、规费和税金。

(2) 综合单价＝分部分项工程量清单计价+措施项目清单计价+其他项目费。

本案例为：1770+51.34+100＝1921.34万元。

综合单价是指完成工程量清单中一个规定计量单位项目所需的人工费、材料费、机械使用费、企业管理费和利润，并考虑风险因素。

模拟题3 某电厂一600MW机组在全部施工项目完成后，成立了启动验收委员会组织该工程的竣工验收工作。

进行了 168h 机组试运行。试运行期间连续满负荷试运行，一次成功。机组运行平稳，汽机振动值在 70μm 以下。脱硫、脱硝、废水处理同时投入运行，达到设计指标。间接空冷系统运行正常。

消防灭火及报警自动系统投入运行。自动投入率 100%。保护投入率 100%。其工程竣工验收如下：

(1) 机组试运行前进行了初验，查处 40 项缺陷需要整改。
(2) 在复验时有 11 项缺陷，由于设备运行而无法停机处理。
(3) 消防系统通过消防部门的验收。
(4) 竣工图由设计单位完成。
(5) 在试运行结束后 40 天，所有资料归档。
(6) 完成了涉网、特殊试验和机组性能试验的项目。

问题：(1) 复验有 11 项缺陷应如何处理？
(2) 该工程竣工验收是否符合竣工验收步骤？
(3) 质量验收记录有哪些要求？

【解析】(1) 对于此类缺陷应列出清单。建设单位组织施工单位分析原因、制订整改计划、落实责任人和整改措施，可以在竣工移交后作为维修项目来处理。在运行方管理下，办理工作票进行处理。整改完成，重新申请复验。

(2) 该工程是按竣工验收步骤（自检自验、预（初）验收、复验、竣工验收）进行的。

(3) 质量验收记录要求有：如实、准确、完整、清晰。不得涂改，空白页应画上斜线。检测记录的内容和格式应根据不同的检测对象、不同的要求合理编制。有错误应立即更正，数据处理符合误差分析的有关技术标准的规定。

（注：质量验收记录这个知识点教材正文没有提到，但是这里有，就直接按照这个来记忆。）

2H320130　机电工程保修与回访

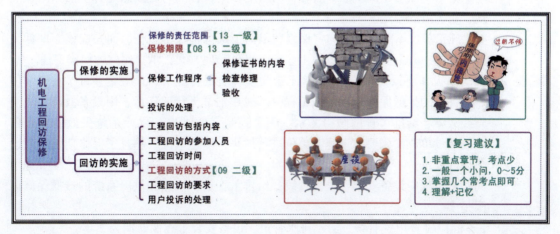

2H320131 保修的实施

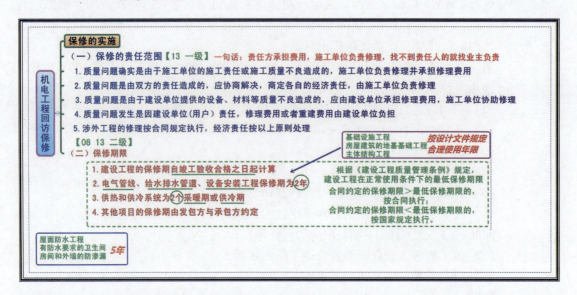

真题1 【13 二级真题】【背景节选】A 施工单位于 2009 年 5 月承接某科研单位办公楼机电安装项目，合同约定保修期为一年。工程内容包括：给排水、电气、消防、通风空调、建筑智能系统。

2011 年 4 月，由建设单位组织对建筑智能化系统进行了验收；项目于 2011 年 5 月整体通过验收。

2012 年 7 月，计算机中心空调水管上的平衡调节阀出现故障，3~5 层计算机中心机房不制冷，建设单位通知 A 施工单位进行维修，A 施工单位承担了维修任务，更换了平衡调节阀，但以保修期满为由，要求建设单位承担维修费用。

问题：A 施工单位要求建设单位承担维修费用是否合理？说明理由。

【解析】（1）不合理。

（2）理由：

①A 施工单位与建设单位虽然有合同约定，但该合同约定显然违背了国家法律法规，是无效的规定。

②A 施工单位不能以合同约定保修期限而拒绝承担保修责任，而是应该立即派人前往检查，并会同有关单位做出鉴定，提出修理方案，承担相应的保修责任。

真题2 【08 二级真题】【背景节选】施工合同按《质量管理条例》规定签订了在正常使用条件下的最低保修期限。该工程生产线在正常运行四年后，因设备故障、电气管线故障、给排水管网阀门漏水、中央控制室的供热和供冷系统失效而导致停产。建设单位发函要求该施工单位进行保修，施工单位以超过了保修期婉拒建设单位的要求。

问题：工程中设备安装、电气管线、给排水管道、供热和供冷系统的最低保修期限是多少？

【解析】（1）电气管线、给水排水管道、设备安装工程保修期为 2 年。

（2）供热和供冷系统为最低两个采暖期或两个供冷期。

真题3 【13 一级真题】【背景节选】在投料保修期间。设备运行不正常甚至有部件损坏,主要原因有:①设备制造质量问题,②建设单位工艺操作失误,③安装精度问题,建设单位与 A 公司因质量问题的责任范围发生争执。

问题:分别指出保修期间出现的质量问题应如何解决?

【解析】按照《建设工程质量管理条例》的规定,建设工程在保修范围和保修期限内发生质量问题时,施工单位应当履行保修义务,并对造成的损失承担赔偿责任。

(1) 质量问题确实是由于施工单位的施工责任或施工质量不良造成的。施工单位负责修理并承担修理费用。

(2) 质量问题是由双方的责任造成的,应商定各自的经济责任,由施工单位负责修理。

(3) 质量问题是由于建设单位提供的设备,材料等质量不良造成的,应由建设单位承担修理费用,施工单位协助修理。

(4) 质量问题发生是建设单位(用户)的责任,修理费用或者重建费用由建设单位负担。

(5) 涉外的工程修理按合同规定执行,经济责任按以上原则处理。

针对本题:第①个原因应该按照(3)处理,因为材料设备是建设单位提供的;

第②个原因应该按照(4)处理,因为这是建设单位的责任;

第③个原因应该按照(1)处理,因为安装精度是施工单位的施工责任。

2H320132 回访的实施

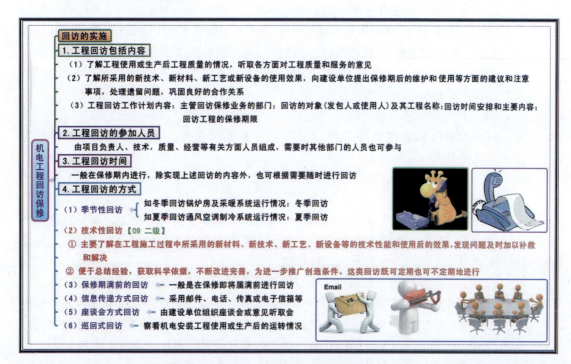

真题1 【13 二级真题】【背景节选】办公楼实验中心采用一组(5台)模块式水冷机组作为冷热源,计算机中心采用10%余热回收水冷机组作为冷热源;空调供回水采

用同程式系统。在各层回水管的水平干管上设置由建设单位推荐、A 施工单位采购的新型压力及流量自控式平衡调节阀；

问题：维修完成后应进行什么性质的回访？

【解析】应进行技术性回访。由于使用了建设单位提供的新型材料，需了解其使用性能和效果。

真题 2　【09 二级真题】【背景节选】某专业安装公司承包了南方沿海某城市一高层建筑的泛光照明工程。承包合同为设计、采购、施工。工程设计考虑节能环保和新技术，选用了 LED 变色泛光灯，建筑泛光照明要与城市景观照明同步控制，照明场景控制选用总线控制模块。在保修期间，专业安装公司对建筑泛光照明工程进行了技术性回访。

问题：在保修期内，专业安装公司进行技术回访有何作用？

【解析】在保修期内，专业安装公司进行技术回访的作用：

（1）主要了解在工程施工过程中所采用的新材料、新技术、新工艺、新设备等的技术性能和使用后的效果，发现问题及时加以补救和解决；

（2）同时也便于总结经验，获取科学依据，不断改进完善，为进一步推广创造条件。

模拟题 1　某公司商场的机电安装工程，由业主通过公开招标方式确定具有机电安装工程总承包一级资质的 A 单位承包，同时将制冷站的空调所用的制冷燃气溴化锂机组、电气、管道等分包给具有专业施工资质和压力管道安装许可证的 B 单位负责安装，设备由业主提供。该制冷燃气溴化锂机组是新产品设备。在与 A 单位签订的施工合同中明确规定 A 单位为总承包单位，B 单位为分包单位。工程合同额 2218 万元，该工程于 2009 年 3 月开工，2010 年 4 月竣工验收；2010 年 5 月 1 日正式营业。B 分包单位于 2010 年 12 月改制合并，总承包单位未组织过工程回访。

问题：（1）2011 年 7 月，业主发现制冷站内制冷管道多处漏水影响制冷功能，责任是谁？费用由谁承担？

（2）制冷站内制冷管道漏水，业主向总承包单位提出，立即派人修理。总承包单位说分包的施工单位已改制合并无法安排，这种做法是否正确？为什么？

（3）针对该工程，总承包单位主要应进行什么方式的工程回访？主要了解哪些内容？

【解析】（1）业主发现制冷站内制冷管道多处漏水影响制冷功能，属安装质量问题，按《建设工程质量管理条例》建设工程质量保修制度的规定，责任方应是总承包单位，费用应由总承包单位承担。

（2）总承包单位说分包的施工单位已改制合并无法安排的这种做法是不对的。按照《建设工程质量管理条例》对建设工程质量保修制度的规定和发包方与承包方的合同约定，因为总承包单位是与业主签订的合同，总承包方应对分包方及分包方工程施工进行全过程的管理，包方的安装质量问题，应该由总承包方负责。

（3）按照工程回访的主要方式，该工程可安排如下回访：

①季节性回访：夏季对通风空调制冷系统运行情况进行回访，发现问题，应采取有效措施，及时加以解决。

②技术性回访：对制冷燃气溴化锂机组新产品设备进行回访，主要了解该设备在工程施工过程中的技术性能和使用后的效果，发现问题及时补救和解决，同时也便于总结经验，不断改进完善，以利于推广应用。

③保修期满前的回访。

模拟题2 2007年1月A施工单位承包某外商投资的工业厂房的机电工程项目，整个机电工程项目于2009年5月通过竣工验收，工程内容有：厂房内通风除尘、空调、消防、电气、给水排水、蒸汽锅炉、蒸汽管道、纯水系统等，其中中央空调冷冻机组、蒸汽锅炉、纯水处理设备及管道材料等为进口，由建设单位采购；纯水处理系统由建设单位指定的专业设计单位设计。

事件一：厂房内通风除尘系统运行一年中空气洁净度始终达不到设计要求，通过检查排除了设备材料和设计原因。

事件二：纯水系统运行半年中，抽取的水质经过化验不能达到标准要求，建设单位要求A施工单位负责整改并承担其费用，但A施工单位经过仔细检查发现是由于设计错误造成的，因此A施工单位答应可以进行整改保修，拒绝承担维修费用。

事件三：在保修期内，由建设单位提供的风机盘管在计算机房发生断裂而漏水，使建筑装修及计算机均遭到损失，经查冷冻水柔性接管及其连接用固定件是由建设单位提供的新型材料信息，由施工单位负责采购供应，属于不合格品，为此建设单位向施工单位发出质量投诉。

事件四：2010年10月建设单位在生产过程中发现质量问题，要求A施工单位进行维修，但A施工单位以合同规定保修期限为一年拒绝修理。

问题：（1）在事件一中，建设单位要求A施工单位按设计图纸对通风除尘系统进行整改，并要求A施工单位承担所整改的全部费用，建设单位的要求是否合理，为什么？

（2）在事件二中，A施工单位的做法正确吗？为什么？

（3）在事件三中，施工单位接到投诉应如何处理？

（4）在事件三中，若由施工单位全面维修，在维修过程中冷冻水柔性接管及其连接用固定件采用了建设单位提供的新型材料，维修完成后施工单位应进行什么性质的回访？为什么？

（5）在事件四中，A施工单位的做法是否合适？为什么？

【解析】（1）建设单位的要求是合理的。根据工程质量保修的规定，承包人未按照标准、规范和设计要求施工造成的质量缺陷，应由承包人负责修理并承担经济责任。

（2）A施工单位的做法正确。根据工程质量保修的规定，由于设计造成的质量缺陷，应由设计单位承担经济责任。当由A施工单位修理时，费用数额应按合同约定，不足部分应由发包人补偿。

（3）施工单位接到用户投诉应尽快派技术责任人员到事故现场会同用户认真调查分析处理。

（4）应进行技术性回访。由于维修所使用的冷冻水柔性接管及其连接用固定件采用了建设单位提供的新型材料，需了解其使用性能和效果。

(5) 施工单位这种做法不合适。根据《建设工程质量管理条例》规定，A 施工单位与建设单位虽然有合同约定，但该合同约定显然违背了国家法律法规，是无效的约定。A 施工单位不能以合同约定保修期限而拒绝承担保修责任，而是应立即派人前往检查，并会同有关单位（包括建设、设计、制造厂、监理等单位）做出鉴定，提出修理方案，承担相应的保修责任。

模拟题 3 某安装公司承包一项空调工程，工程地处江边（距离江边 100m），空调工程设备材料：双工况冷水机组（650RO、蓄水槽、江水源热泵机组、燃气锅炉、低噪声冷却塔（650t/h）、板式热交换机、水泵、空调箱、风机盘管、各类阀门、空调水管、风管、风阀及配件等由安装公司采购。安装公司项目部进场后，针对工程中采用的新设备、新技术编制了施工方案，方案中突出了施工程序和施工方法，并明确了施工方法的内容，并把非开挖顶管技术，分包给 A 专业公司施工，空调水管化学清洗并镀膜，分包给 B 专业公司施工。

安装公司向专业公司提供了相关资料，负责现场的管理工作，确保专业公司按批准的施工方案进行施工。

该项目于 2008 年 5 月开工，2009 年 10 月竣工验收。由于该安装公司长期以来客户反映良好，建立了较完善的施工项目交工后的回访与保修制度，广泛听取用户意见，改进服务方式，提高服务质量。

该项目经理亲自承担回访保修的责任，将回访纳入施工单位的工作计划、服务控制程序和质量体系文件；制订了回访工作计划。

问题：(1) 该空调工程应采取的回访方式有哪些？
(2) 施工单位对保修期内发生的非使用原因的质量问题予以保修的依据是什么？保修期是如何划定的？
(3) 在保修期内由于施工单位发生的质量问题，保修及保修经济责任如何承担？

【解析】(1) 该项目部可采取的回访方式有：回访可采取邮件、电话、传真或电子信箱等信息传递、会议座谈、察看机电安装工程使用或生产后的运转情况等方式，并在以下时间内实施回访：

①半年或一年的例行回访。
②季节性回访。夏季回访通风空调工程、冬季回访采暖工程。
③技术性回访。随机对施工过程中采用的新材料、新技术、新工艺、新设备，回访技术性能和使用后效果，发现问题及时加以补救和解决。
④保修期满前的回访。在保修即将届满前进行回访。

(2) 施工单位应根据施工合同中约定的保修范围及内容、保修期、保修责任、保修费用等，对保修期内发生的非使用原因的质量问题予以保修。保修期为自竣工验收合格之日起计算，在正常使用条件下，不同专业或设备均按规定的保修期限，或双方共同协商的保修期限。

(3) 由于施工单位未按照国家标准、规范和设计要求施工造成的质量缺陷，应由施工单位负责修理并承担经济责任。由施工单位分包出去的工程造成的质量问题，应由施工单位负责。

2H330000 机电工程项目施工相关法规与标准

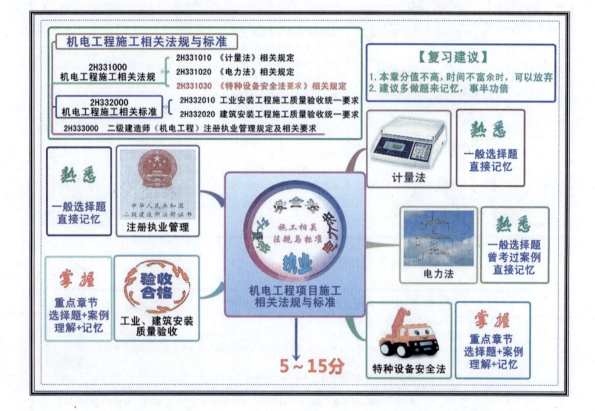

2H331000 机电工程施工相关法规

2H331010 《计量法》相关规定

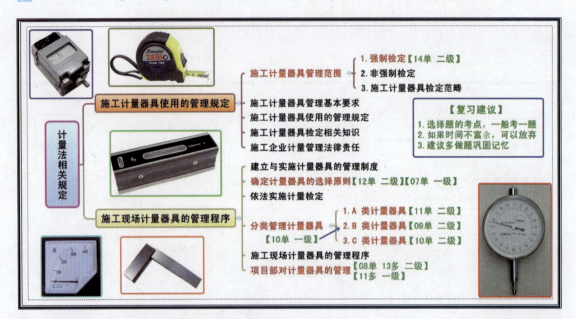

2H331011 施工计量器具使用的管理规定

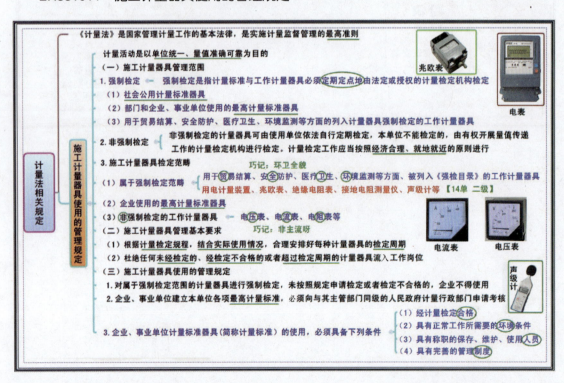

【解 析】 一般考查选择题,直接记忆,无需深究,例如:

真 题 1 【14单 二级真题】下列施工计量器具中,属于强制性检定范畴的是(　　)
A. 声级计　　　　　　　　　　B. 超声波测厚仪
C. 压力表　　　　　　　　　　D. 垂直检测尺
【答案】 A

模拟题 1 《中华人民共和国计量法》是国家管理计量工作的基本法律,是实施计量监督管理的(　　)。
A. 标准　　　　　　　　　　　B. 规范
C. 最高准则　　　　　　　　　D. 基本法规
【答案】 C

模拟题 2 强制检定是指计量标准与工作计量器具必须(　　)由法定或授权的计量检定机构检定。
A. 定期定点地　　　　　　　　B. 定机构
C. 定人　　　　　　　　　　　D. 定周期
【答案】 A

模拟题 3 施工计量器具检定范畴不包括(　　)。
A. 强制检定工作计量器具
B. 非强制检定工作计量器具
C. 施工过程中使用的专用或自制检具
D. 企业使用的最高计量标准器具
【答案】 C

模拟题 4 属于强制检定的计量器具范围的是(　　)。
A. 超声波测厚仪　　　　　　　B. 兆欧表
C. 绝缘电阻表　　　　　　　　D. 接地电阻测量仪
E. X 射线探伤机
【答案】 ABCD

模拟题 5 (　　)属于强制检定的计量器具范围。
A. 电阻表　　　　　　　　　　B. 兆欧表
C. 电流表　　　　　　　　　　D. 电压表
【答案】 B

模拟题 6 《中华人民共和国计量法》规定:用于(　　)的计量器具,依法实施强制检定。
A. 环境监测　　　　　　　　　B. 医疗卫生
C. 贸易结算　　　　　　　　　D. 安全防护
E. 建筑安装
【答案】 ABCD

模拟题 7 企业、事业单位的各项(　　),必须向与其主管部门同级的人民政府计量行政部门申请考核。经考核取得合格证的方可使用。
A. 标准计量器具　　　　　　　B. 工作计量器具
C. 最高计量标准　　　　　　　D. 进口计量器具
【答案】 C

模拟题8 根据( )和实际使用情况，合理安排好每种计量器具的检定周期。
　　A. 计量检定规程　　　　　　　　B. 设计要求
　　C. 计量器具种类　　　　　　　　D. 精度等级
【答案】A

模拟题9 杜绝任何( )计量器具流入工作岗位。
　　A. 精度低的　　　　　　　　　　B. 等级低的
　　C. 未经检定的　　　　　　　　　D. 经检定不合格的
　　E. 超过检定周期的
【答案】CDE

模拟题10 企业、事业单位使用计量标准器具（简称计量标准）必须具备的条件有( )。
　　A. 必须经计量检定合格
　　B. 具有正常工作所需要的环境条件
　　C. 具有称职的保存、维护、使用人员
　　D. 具有充足的资金投入
　　E. 具有完善的管理制度
【答案】ABCE

施工计量器具使用的管理规定

计量法相关规定

（四）施工计量器具检定相关知识

1. 计量检定印、证包括的内容
　（1）检定证书：证明计量器具已经过检定，并获满意结果的文件
　（2）检定结果通知书：证明计量器具不符合有关法定要求的文件
　（3）检定印记：证明计量器具经过检定合格而在计量器具上加盖的印记
　例如：在计量器具上加盖检定合格印（錾印、喷印、钳印、漆封印）或粘贴合格标签

2. 1.5级压力表，允许误差按测量上限算出的引用误差为1.5%

（五）施工企业计量管理法律责任

1. 部门和企业、事业单位的各项<u>最高计量标准</u>，未经有关人民政府计量行政部门考核合格而开展计量检定的，<u>责令其停止使用，可并处1000元以下的罚款</u>

2. 属于<u>强制检定范围的计量器具</u>，未按照规定申请检定和属于非强制检定范围的计量器具未自行定期检定或者送其他计量检定机构定期检定的，以及经检定不合格继续使用的，<u>责令其停止使用，可并处1000元以下的罚款</u>

【解析】一般考查选择题，直接记忆，无需深究，例如：

模拟题1 计量器具经检定机构检定后出具的( )是证明计量器具不符合有关法定要求的文件。
　　A. 检定证书　　　　　　　　　　B. 检定结果通知书
　　C. 漆封印　　　　　　　　　　　D. 钳印
【答案】B

模拟题2 强制检定的计量器具和非强制检定的计量器具未经检定的以及经检定不合格继续使用的，处以( )和罚款。
　　A. 责令停止使用　　　　　　　　B. 没收检定印、证

C. 没收计量器具　　　　　　　D. 追究刑事责任

【答案】A

2H331012　施工现场计量器具的管理程序

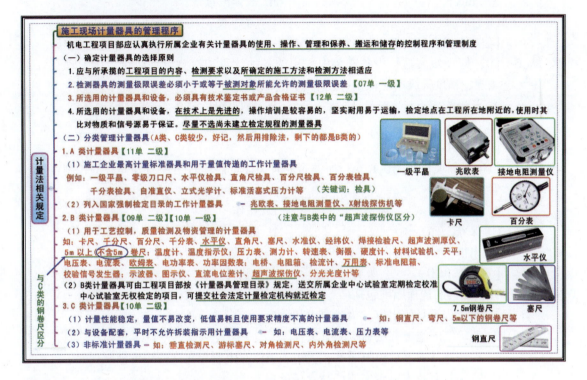

【解 析】高频考点区，一般考查选择题，直接记忆，无需深究，例如：

真 题 1　【12单 二级真题】施工单位所选用的计量器具和设备，必须具有产品合格证或(　　)。

A. 制造许可证　　　　　　　B. 产品说明书
C. 技术鉴定书　　　　　　　D. 使用规范

【答案】C

真 题 2　【11单 二级真题】用于量值传递的A类工作计量器具是(　　)。

A. 直角尺检具　　　　　　　B. 焊接检验尺
C. 经纬仪　　　　　　　　　D. 塞尺

【答案】A

真 题 3　【10单 二级真题】按国家计量局《计量器具分类管理办法》的范围划分，施工企业在用的C类计量器具是(　　)。

A. 接地电阻测量仪　　　　　B. 弯尺
C. 焊接检验尺　　　　　　　D. 水平仪

【答案】B

真 题 4　【09单 二级真题】根据《计量器具分类管理办法》，计量器具按范围划分为A、B、C三类，属于B类的是(　　)。

A. 绝缘电阻表　　　　　　　B. 超声波测厚仪

C. 钢直尺　　　　　　　　　　　D. 5m 卷尺
【答案】B

真题 5　【10单 一级真题】用于工艺控制、质量检测的周期检定计量器具是(　　)。
A. 兆欧表　　　　　　　　　　　B. 液体流量计
C. 样板　　　　　　　　　　　　D. 万用表
【答案】D

真题 6　【07单 一级真题】设备安装中采用的各种计量和检测设备应符合国家现行计量法规，精度等级不应低于(　　)的精度等级。
A. 标准规定　　　　　　　　　　B. 最佳等级
C. 使用等级　　　　　　　　　　D. 被检对象
【答案】D

模拟题 1　机电工程项目部应认真执行所属企业有关计量器具的(　　)和储存的控制程序和管理制度。
A. 借用　　　　　　　　　　　　B. 操作
C. 保养　　　　　　　　　　　　D. 搬运
E. 出售
【答案】BCD

模拟题 2　计量器具的选择原则包括(　　)。
A. 与工程项目的内容、检测要求相适应
B. 所确定的施工方法和检测方法
C. 检测器具的测量极限误差必须小于被测对象所能允许的测量极限误差
D. 必须具有技术鉴定书或产品合格证书
E. 技术上先进，操作培训较容易
【答案】ABDE

模拟题 3　(　　)等计量器具，属于A类计量器具范围。
A. 水平检具　　　　　　　　　　B. 接地电阻测量仪
C. 兆欧表　　　　　　　　　　　D. 经纬仪
E. 千分表检具
【答案】ABCE

模拟题 4　(　　)等计量器具，属于B类计量器具范围。
A. 万用表　　　　　　　　　　　B. 5m以上（不含5m）钢卷尺
C. 水平检具　　　　　　　　　　D. 经纬仪
E. 焊接检验尺
【答案】ABDE

模拟题 5　B类计量器具可由工程项目部按《计量器具管理目录》规定，可以(　　)。
A. 请法定计量检定机构定期来试验室现场校验
B. 提交社会法定计量检定机构就近检定
C. 经库管员验证合格后即可发放使用
D. 由计量管理人员到现场巡视，及时更换
【答案】B

模拟题6 （　　）等计量器具，属于C类计量器具。
　　　　A. 游标塞尺　　　　　　　　B. 弯尺
　　　　C. 对角检测尺　　　　　　　D. 钢卷尺
　　　　E. 温度计
　　　　【答案】ABC

施工现场计量器具的管理程序

（三）项目部对计量器具的管理

1. 施工现场计量器具的使用要求

（1）工程开工前，项目部应根据项目质量计划、施工组织设计、施工方案对检测设备的精度要求和生产需要，编制《计量检测设备配备计划书》【11多 一级】

（2）施工现场使用的计量器具，无论是企业自有的、租用的或是由建设方提供的，均需按照建立的管理制度进行管理 【13多 二级】

（3）每次使用前，需对计量检测设备进行校准对零检查后，方可开始计量测试

（4）使用计量标准时必须严格按该设备使用说明操作，用完擦拭干净、断电，并加盖仪器罩，使仪表处于非工作状态

（5）项目经理部必须设专（兼）职计量管理员对施工使用的计量器具进行现场跟踪管理。工作内容包括：
① 建立现场使用计量器具台账。
② 负责现场使用计量器具周期送检。
③ 负责现场巡视计量器具的完好状态。

2. 施工现场计量器具的保管、维护和保养制度

（1）新购入的钢卷尺必须有
- CMC计量器具生产许可证标志及批准生产编号
- 备有出厂合格证
- 钢卷尺的尺盒或尺带上有标明制造厂（或厂商）、全长和型号
- 尺带两边必须平滑，不得有锋口或毛刺，分度线均匀明晰，不得有垂线现象，尺盒应无残缺等

（2）计量检测设备应有明显的"合格"、"禁用"、"封存"等标志，标明计量器具所处的状态
- 合格 —— 为周检或一次性检定能满足质量检测、检验和试验要求的精度
- 禁用 —— 经检定不合格或使用中严重损坏，缺损的 【08单 二级】
- 封存 —— 根据使用频率及生产经营情况，暂停使用的（★封存的计量器具重新启用时，必须经检定合格后，方可使用）

（3）对电容类仪器、仪表，应经常检查绝缘性能和接地，对长时间不用的电器仪表要定期检查、通电、排潮，防止霉烂

3. 计量器具使用人员的要求

★应经过培训并具有相应的资格，熟悉并掌握计量检测设备的性能、结构及相应的操作规程、使用要求和操作方法

（左侧标注：计量法相关规定）

【解析】重点部分，一般考查选择题，直接记忆，无需深究，例如：

真题1　【13多 二级真题】施工现场使用的计量器具，项目经理部必须设专（兼）职计量管理员进行跟踪管理，包括（　　）的计量器具。
　　　　A. 向外单位租用　　　　　　B. 法定计量检定机构
　　　　C. 施工单位自有　　　　　　D. 有相应资质检测单位
　　　　E. 由建设单位提供
　　　　【答案】ABE

真题2　【08单 二级真题】有封存标志的计量器具是指（　　）的计量器具。
　　　　A. 有严重缺损　　　　　　　B. 检定不合格
　　　　C. 落后淘汰　　　　　　　　D. 暂停使用
　　　　【答案】D

真题3　【11多 一级真题】工程开工前，项目部编制"计量检测设备配备计划书"的依据是（　　）。
　　　　A. 施工组织设计　　　　　　B. 计量检测设备使用说明书
　　　　C. 作业指导书　　　　　　　D. 质量计划
　　　　E. 施工方案

【答案】ADE

模拟题1 计量检测设备每次使用前应( )检查后,方可开始计量测试。
A. 认真清扫　　　　　　　　　B. 对零部件
C. 对使用场地　　　　　　　　D. 校准对零
【答案】D

模拟题2 项目经理部专(兼)职计量管理员对施工使用的计量器具进行的管理内容包括( )。
A. 建立现场使用计量器具台账
B. 负责现场使用计量器具周期送检
C. 负责现场巡视计量器具的完好状态
D. 使用计量器具
E. 采购计量器具
【答案】ABC

模拟题3 新购入的钢卷尺必须有( )。
A. CMC计量器具生产许可证标志　　B. 批准生产编号
C. 尺盒应无残缺　　　　　　　　　D. 出厂合格证
E. 生产日期
【答案】ABCD

模拟题4 计量检测设备应有明显的( )标志,标明计量器具所处的状态。
A. "可用"、"禁用"、"储存"　　B. "合格"、"禁用"、"保存"
C. "可用"、"禁用"、"封存"　　D. "合格"、"禁用"、"封存"
【答案】D

模拟题5 重新启用被封存的计量检测设备,必须( ),方可使用。
A. 确认其有合格证后　　　　　B. 经检定合格后
C. 经主管领导同意后　　　　　D. 确认封存前是合格的
【答案】B

模拟题6 对电容类仪器、仪表,应经常检查( )和接地,对长期不使用的电器仪表要定期检查、通电、排潮,防止霉烂。
A. 外观　　　　　　　　　　　B. 电路
C. 绝缘性能　　　　　　　　　D. 温度
【答案】C

模拟题7 计量器具的使用人员应经过培训并具有相应的资格,熟悉并掌握计量检测设备的( )。
A. 性能　　　　　　　　　　　B. 结构
C. 相应的操作规程　　　　　　D. 使用要求
E. 重量
【答案】ABCD

2H331020 《电力法》相关规定

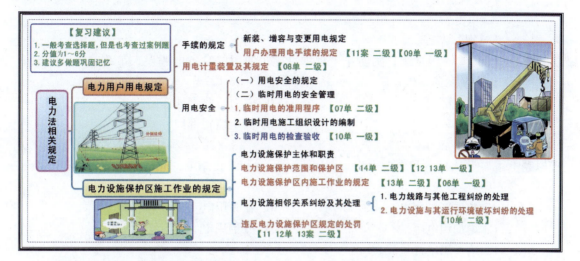

2H331021 电力用户用电的规定

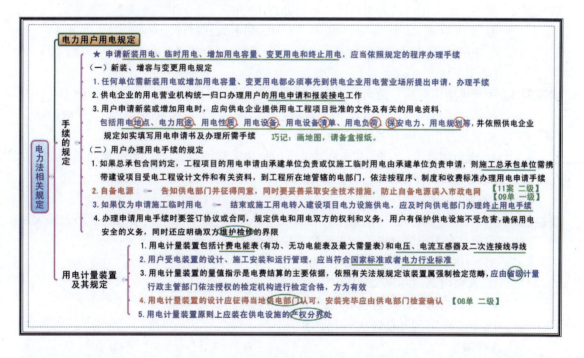

【解析】 重点部分,一般考查选择题,也可以考查案例题,建议理解+记忆,无需深究,例如:

真 题 1 【11案 二级真题】【背景节选】该变电站地处偏僻地区,施工时,暂无电源供给,为加快施工进度,该公司自行采用自备电源组织了施工。
问题:纠正该公司擅自采用自备电源施工的错误做法。
【解析】纠正该公司擅自采用自备电源施工的错误做法:机电工程公司要告知供电部门并征得同意才可采用。同时要妥善采取安全技术措施,防止自备电源误入市政电网。

真 题 2 【08 单 二级真题】该工程的用电计量装置安装完毕后,应由( )部门检查确认方可使用。
A. 供电　　　　　B. 检定　　　　　C. 安全　　　　　D. 计量
【答案】A

真 题 3 【09 单 一级真题】为防止工程项目施工使用的自备电源误入市政电网,施工单位在使用前要告知( ),并征得同意。
A. 供电部门　　　　　　　　　B. 电力行政管理部门
C. 建设单位　　　　　　　　　D. 安全监督部门
【答案】A

模拟题 1 《中华人民共和国电力法》规定,( )和终止用电,应当依照规定的程序办理手续。
A. 申请新装用电　　　　　　　B. 临时用电
C. 增加用电容量　　　　　　　D. 变更用电
E. 购买用电计量装置
【答案】ABCD

模拟题 2 供电企业的用电营业机构统一归口办理用户的( )和报装接电工作。
A. 用电申请　　　　　　　　　B. 用电计划制订
C. 用电维修人员审定　　　　　D. 用电安全检查
【答案】A

模拟题 3 用户申请用电时,应向供电企业提供用电工程项目批准的文件及有关的用电资料包括:用电地点、用电负荷、保安电力、( )等,并依照供电企业规定的格式如实填写用电申请书及办理所需手续。
A. 电力用途　　B. 用电性质　　C. 用电路径　　D. 用电规划
E. 用电设备清单
【答案】ABDE

模拟题 4 总承包单位如果仅申请施工临时用电,那么施工临时用电结束或施工用电转入建设项目电力设施供电,则总承包单位应及时( )。
A. 向供电部门办理变更用电手续
B. 向供电部门办理新装用电手续
C. 向供电部门办理总包单位正式用电手续
D. 向供电部门办理终止用电手续
【答案】D

模拟题 5 办理申请用电手续时要签订协议或合同,规定供电和用电双方的权利和义务,用户有保护供电设施不受危害,确保用电安全的义务,同时还应明确双方的( )界限。
A. 用电时间　　　　　　　　　B. 用电设备使用
C. 用电区域管理　　　　　　　D. 维护检修
【答案】D

模拟题 6 用电计量装置包括( )。
A. 计费电能表　　　　　　　　B. 电压互感器

C. 电流互感器　　　　　　D. 一次连接导线
E. 二次连接导线
【答案】ABCE

模拟题7　《中华人民共和国电力法》规定用户使用的电力电量，以计量检定机构依法认可的用电计量装置的记录为准。用户受电装置的设计、施工安装和运行管理，应当符合(　　)。

A. 设计标准　　　　　　　B. 国家标准
C. 电力行业标准　　　　　D. 施工安装企业标准
E. 用户要求
【答案】BC

模拟题8　用电计量装置的量值指示是电费结算的主要依据，依照有关法规规定该装置属强制检定范畴，由(　　)计量；行政主管部门依法授权的检定机构进行检定合格，方为有效。

A. 部委　　　　　　　　　B. 省级
C. 市级　　　　　　　　　D. 县级
【答案】B

模拟题9　用电计量装置原则上应装在供电设施的(　　)。

A. 供电侧　　　　　　　　B. 用户侧
C. 内部　　　　　　　　　D. 产权分界处
【答案】D

```
┌─────────────────────────────────────────────────────────────┐
│         电力用户用电规定                                        │
│                                                              │
│         （一）用电安全的规定 ── 用户用电不得危害供电、用电安全和扰乱供电、用电秩序│
│           ★ 建造师在施工过程中应遵守用电安全规定，不允许有以下行为：       │
│  电       (1) 擅自改变用电类别                                    │
│  力  用   (2) 擅自超过合同约定的容量用电                            │
│  法  电   (3) 擅自超过计划分配的用电指标                            │
│  相  安   (4) 擅自使用已经在供电企业办理暂停使用手续的电力设备，或者擅自启用已经被供电企业查封的电力设备│
│  关  全   (5) 擅自迁移、更动或者擅自操作供电企业的用电计量装置、电力负荷控制装置、供电设施以及 约定由供电│
│  规            企业调度的用户受电设备。                            │
│  定       (6) 未经供电企业许可，擅自引入、供出电源或者将自备电源擅自并网    │
└─────────────────────────────────────────────────────────────┘
```

【解析】　一般考查选择题，直接记忆，无需深究，例如：

模拟题1　用电用户不得危害供电、(　　)安全和扰乱其秩序。

A. 发电厂　　　　　　　　B. 企业用电
C. 发电站　　　　　　　　D. 电力线路
【答案】B

模拟题2　建造师在施工过程中应遵守用电安全规定，不允许(　　)。

A. 改变用电类别
B. 减少合同约定的容量用电
C. 减少计划分配的用电指标

D. 擅自使用已经在供电企业办理暂停使用手续的电力设备
【答案】D

模拟题3 用电安全规定未经供电企业许可，施工单位不得擅自(　　)电源。
A. 迁移　　　　B. 使用　　　　C. 引入　　　　D. 关停
【答案】C

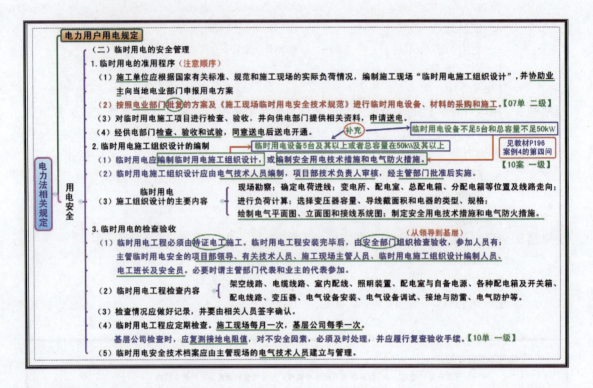

【解 析】 重点部分，一般考查选择题，也可以考查案例题，建议理解+记忆，无需深究，例如：

真 题1【07单 二级真题】A 公司编制的临时用电方案应经(　　)批复。
A. 电业部门　　　　　　　　B. 设计部门
C. 行政部门　　　　　　　　D. 政府部门
【答案】A

真 题2【10单 一级真题】施工现场临时用电工程的定期检查应复测(　　)。
A. 对地绝缘值　　　　　　　B. 接地电流值
C. 对地放电值　　　　　　　D. 接地电阻值
【答案】D

真 题3【10案 一级真题】【背景节选】某施工单位承接一高层建筑的泛光照明工程。选用吊篮施工，吊篮尺寸为6000mm×450mm×1180mm，牵引电动机功率为1.5kW×2，提升速度为9.6m/min，载重630kg（载人2名）。按进度计划，共租赁4台吊篮。因工程变化，施工单位对LED灯和金卤灯的安装计划进行了调整。调整后的LED灯安装需租赁6台吊篮，作业人员增加到24人，施工单位又编制了临时用电施工组织设计。

问题：计划调整后，为什么要编制临时用电施工组织设计？

【解析】因为租赁吊篮由原来的4台增加到（1.5kW×2）6台（1分），临时用电设备大于5台（2分），所以要编制临时用电施工组织设计。

模拟题1 临时用电的准用程序中包括：
①协助业主向当地电业部门申报用电方案；
②经电业部门检查、验收和试验，同意送电后送电开通；
③对施工项目进行检查、验收，向电业部门提供相关资料，申请送电；
④进行临时用电设备、材料的采购和施工。其正确的准用程序是(　　)。

A. ①→③→④→②　　　　　　B. ③→④→①→②
C. ①→④→③→②　　　　　　D. ④→③→①→②

【答案】 A

模拟题2 临时用电施工组织设计应由电气技术人员编制，(　　)审经主管部门批准后实施。

A. 电气工程师　　　　　　　B. 项目技术负责人
C. 项目经理　　　　　　　　D. 监理工程师

【答案】 B

模拟题3 临时用电施工组织设计的主要内容应包括：现场勘察；确定电源进线；变电所、配电室、总配电箱、分配电箱等地点位置及线路走向；进行负荷计算；选择变压器容量、导线截面积和电器的类型、规格；(　　)和电气防火措施。

A. 绘制电气平面图　　　　　　B. 绘制电气立面图
C. 绘制电气接线系统图　　　　D. 制定安全用电技术措施
E. 编制用电经费预算

【答案】 ABCD

模拟题4 临时用电工程必须由(　　)进行施工作业。

A. 施工总包单位　　　　　　　B. 项目施工人员
C. 持证电工　　　　　　　　　D. 当地供电部门

【答案】 C

模拟题5 临时用电工程安装完毕后，由安全部门组织检查验收，参加人员有主管临时用电安全的项目部领导、有关技术人员、(　　)。

A. 工程项目经理　　　　　　　B. 监理工程师
C. 临电用电施工组织设计编制人员　D. 电工班长及安全员
E. 施工现场主管人员

【答案】 CDE

模拟题6 对于临时用电工程，基层公司按照(　　)一次进行定期检查。

A. 每周　　　　　　　　　　　B. 每月
C. 每季　　　　　　　　　　　D. 半年

【答案】 C

2H331022 电力设施保护区施工作业的规定

【解析】 一般考查选择题，直接记忆，无需深究，例如：

真 题 1 【14单 二级真题】用于电力线路上的电器设备是（ ）
    A. 金具   B. 集箱   C. 断路器   D. 叶栅
    【答案】C

真 题 2 【13单 一级真题】《电力法》中的电力设施保护区主要是指（ ）。
    A. 发电厂保护区   B. 电力电缆线路保护区
    C. 变电站保护区   D. 换流站保护区
    【答案】B（注：二级教材在这个知识点上没有一级说得明确，仅供参考）

真 题 3 【12单 一级真题】35kV架空电力线缆保护区范围是导线边缘向外侧延伸的距离为（ ）。
    A. 3m   B. 5m   C. 10m   D. 15m
    【答案】C

模拟题 1 电力设施保护的主体有（ ）。
    A. 电力管理部门 B. 公安部门 C. 司法部门 D. 电力企业
    E. 人民群众
    【答案】ABDE 巧记：野人公馆

模拟题 2 中华人民共和国境内已建或在建的电力设施，包括（ ）及其有关辅助设施，都应受到保护。
    A. 发电设施   B. 用电安全保护设施
    C. 电力线路设施   D. 变电设施

E. 用电故障报警设施

【答案】BCD

模拟题 3 电压在 500kV 的架空电力线路保护区是指：导线边缘向外侧延伸的距离为（　　）。

A. 5m　　　　　　B. 10m　　　　　　C. 15m　　　　　　D. 20m

【答案】D

模拟题 4 未经电力企业同意，不准在地下电力电缆沟内埋设输油输气等易燃易爆管道，管道交叉通过时，有关单位应当协商，并（　　），达成协议后方可施工。

A. 经项目经理同意　　　　　　B. 组织讨论

C. 专家论证　　　　　　　　　D. 采取安全措施

【答案】D

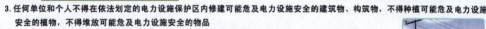

【解析】一般考查选择题，直接记忆，无需深究，例如：

真题 1【13单 二级真题】施工单位在电缆保护区实施爆破作业时，制定爆破施工方案应（　　）。

A. 邀请地方建设管理部门参与　　　B. 报当地电力管理部门批准

C. 及时与地下电缆管理部门沟通　　D. 邀请地下电缆管理部门派员参加

【答案】C

真题 2【06单 一级真题】在编制的电力设施保护区内安装作业施工方案中，要写明施工作业时请（　　）部门派员监管。

A. 电力设施管理　　B. 电力管理　　C. 设施使用　　D. 建设管理

【答案】A

模拟题1　任何单位和个人需要在依法划定的电力设施保护区内进行可能危及电力设施安全的作业时，必须(　　)才可进行作业。
　　A. 设置标志牌后　　　　　　　　B. 采取相应安全措施后
　　C. 经电力管理部门批准后　　　　D. 经电力管理部门批准并采取安全措施后
【答案】D

模拟题2　在电力设施保护区内进行大件吊装或卸载，制定施工方案前先要摸清周边电力设施的实情，例如(　　)等。
　　A. 地下电缆的位置　　　　　　　B. 地下电缆的标高
　　C. 空中架空线路的高度　　　　　D. 空中架空线路的电压等级
　　E. 该电力保护区的主管单位
【答案】ABCD

模拟题3　在施工方案中应专门制定(　　)措施，并写明要求。
　　A. 保护电力设施的安全技术　　　B. 用电设备管理
　　C. 用电时间管理　　　　　　　　D. 用电人员持证上岗
【答案】A

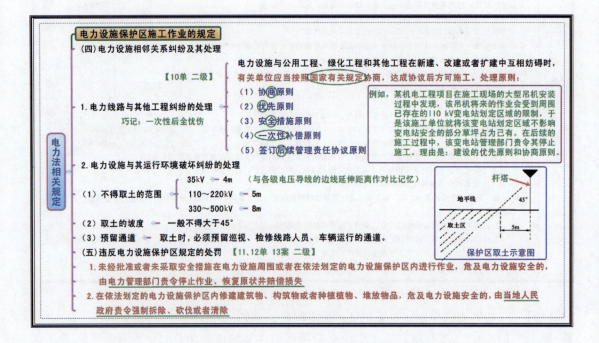

【解　析】重点部分，一般考查选择题，也可以考查案例题，建议理解+记忆，无需深究，例如：

真题1　【13案 二级真题】【背景节选】该线路架设到110kV变电站时，施工单位考虑施工方便，将变电站的一片绿地占为临时施工用地，受到电力管理部门的处罚。
　　问题：电力管理部门对施工单位处罚的内容有哪些？
【解析】责令停止作业、恢复原状并赔偿损失。

真题2　【12单 二级真题】在依法规划的电力设备保护区内危及电力设施安全的建筑物，由(　　)责令强制拆除。

A. 安全管理部门　　　　　　　　B. 电力管理部门
C. 施工管理部门　　　　　　　　D. 当地人民政府
【答案】D

真 题 3　【11 单 二级真题】未经批准在电力设施保护区内修建建筑物，危及电力设施安全的，由(　　)责令停止作业、恢复原状并赔偿损失。
A. 建设管理部门　　　　　　　　B. 电力管理部门
C. 建筑物上级管理部门　　　　　D. 市政管理部门
【答案】B　　(注：此题题干与选项描述不是很合理，仅做参考)

真 题 4　【10 单 二级真题】电力设备与绿化工程互相妨碍时，有关单位应当按照(　　)有关规定协商，达成协议后方可施工。
A. 电力行业　　B. 市政部门　　C. 当地政府　　D. 国家
【答案】D

模拟题 1　电力设施与其他设施相互妨碍的处理，实行(　　)原则。
A. 自卫　　　B. 在先保护　　C. 结合　　　D. 安全措施
E. 协商
【答案】BDE

模拟题 2　架空电力线路保护区内取土规定正确的是(　　)的规定。
A. 预留通道　　B. 开挖深度　　C. 坡度30°　　D. 范围一样
【答案】A

模拟题 3　未经批准或者未采取安全措施在电力设施周围或者在依法划定的电力设施保护区内进行作业，危及电力设施安全的，由电力管理部门责令(　　)。
A. 停止作业　　B. 补办申请　　C. 恢复原状　　D. 赔偿损失
E. 变更施工方案
【答案】ACD

2H331030　《特种设备安全法》相关规定

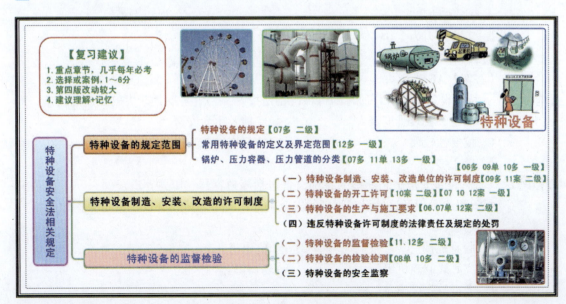

2H331031 特种设备的规定范围

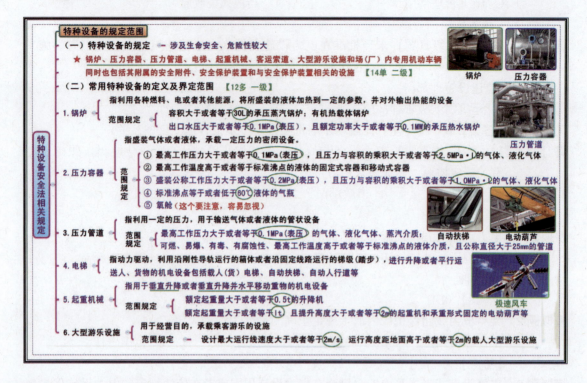

【解 析】 一般考查选择题，直接记忆，无需深究，例如：

真 题 1 【14 单 二级真题】下列设备中，属于特种设备(　　)
  A. 风机　　　　　　　　　　B. 水泵
  C. 压缩机　　　　　　　　　D. 储气罐
  【答案】D

真 题 2 【12 多 一级真题】下列设备中，属于特种设备的是(　　)。
  A. 6 层 6 站乘客电梯　　　　B. 水压 1MPa 的热水锅炉
  C. 工作压力为 1.0MPa·L 的气瓶　D. 35kV 变压器
  E. 3t 桥式起重机
  【答案】AE

模拟题 1 《特种设备安全法》所称的特种设备是指(　　)、危险性较大的设备和设施。
  A. 制造和安装难度较大　　　B. 涉及生命安全
  C. 重要性较大　　　　　　　D. 具有特殊功能
  【答案】B

模拟题 2 《特种设备安全法》所称的特种设备包括压力容器、压力管道、(　　)、起重机械等设备，以及这些设备附属的安全附件、安全保护装置及与安全保护装置相关的设施。
  A. 起重机械　　　　　　　　B. 电梯
  C. 离心式制冷机组　　　　　D. 客运索道
  E. 大型游乐设施

【答案】ABDE

模拟题 3 《特种设备安全法》所指的锅炉，是指利用各种燃料、电或者其他能源，将所盛装的（ ）到一定的参数，并对外输出热能的设备。

A. 液体加热 　　　　　　　　　　B. 物料混合

C. 粉状固体加热　　　　　　　　 D. 液体化学反应

【答案】A

模拟题 4 《特种设备安全法》确定的压力容器类特种设备，是指盛装（ ），承载一定压力的密闭设备。

A. 有毒固体　　　　　　　　　　 B. 放射性散装物料

C. 气体或者液体　　　　　　　　 D. 易燃颗粒物体

【答案】C

模拟题 5 《特种设备安全法》确定的压力管道，是指利用一定的（ ），用于输送气体或者液体的管状设备。

A. 压力　　　　　　　　　　　　 B. 动力驱动

C. 高度位差　　　　　　　　　　 D. 热能

【答案】A

模拟题 6 《特种设备安全监察条例》确定的起重机械类特种设备，是指用于（ ）重物的机电设备。

A. 水平移动　　　　　　　　　　 B. 转动

C. 牵引　　　　　　　　　　　　 D. 垂直升降并水平移动

【答案】D

模拟题 7 电梯是进行升降或者平行运送人、货物的机电设备。《特种设备安全法》所指的电梯，是（ ）的机电设备。

A. 动力驱动　　　　　　　　　　 B. 利用沿刚性导轨运行的箱体

C. 利用柔性绳索牵引箱体　　　　 D. 沿固定线路运行的梯级（踏步）

E. 场（厂）内专用机动运送车辆

【答案】ABD

模拟题 8 大型游乐设施是指用于经营目的，承载乘客游乐的设施。其范围规定为设计最大运行线速度大于或等于（ ），或者运行高度距地面高于或者等于 2m 的载人大型游乐设施。

A. 2m/s　　　　　　　　　　　　B. 3m/s

C. 5m/s　　　　　　　　　　　　D. 7m/s

【答案】A

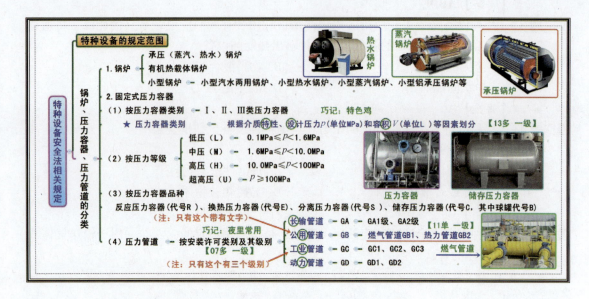

【解析】一般考查选择题，直接记忆，无需深究，例如：

真题1 【13多 一级真题】压力容器按类别划分为Ⅰ、Ⅱ、Ⅲ类的依据有（　　）。
　　A. 容器品种　　　　　　　　B. 设计压力
　　C. 介质特性　　　　　　　　D. 重量
　　E. 容积
　　【答案】BCE　巧记：特色鸡

真题2 【11单 一级真题】按压力管道安装许可类别及级别划分，燃气管道属于（　　）。
　　A. 工业管道　　　　　　　　B. 油气管道
　　C. 公用管道　　　　　　　　D. 动力管道
　　【答案】C

真题3 【07多 一级真题】按《压力管道设计单位资格认证与管理办法》可将管道分类为（　　）。
　　A. 低压管道　　　　　　　　B. 长输管道
　　C. 公用管道　　　　　　　　D. 高压管道
　　E. 工业管道
　　【答案】BCE　巧记：夜里常用

模拟题1 按设计压力 P，压力容器划分为4个压力等级，其中设计压力在大于等于1.6MPa，且小于10.0MPa范围内（$1.6\text{MPa}\leq P<10.0\text{MPa}$）的属于（　　）容器。
　　A. 低压　　　　　　　　　　B. 中压
　　C. 高压　　　　　　　　　　D. 超高压
　　【答案】B

模拟题2 压力管道中的公用管道安装许可类别为GB类压力管道，分为燃气管道和（　　）。
　　A. 城市供水管道　　　　　　B. 动力管道
　　C. 污水管道　　　　　　　　D. 热力管道

【答案】 D

模拟题3 压力管道中的工业管道的安装许可类别为 GC 类压力管道，分为( )个级别。
A. 1　　　　　　　　　　　　B. 2
C. 3　　　　　　　　　　　　D. 4
【答案】 C

2H331032　特种设备制造、安装、改造的许可制度

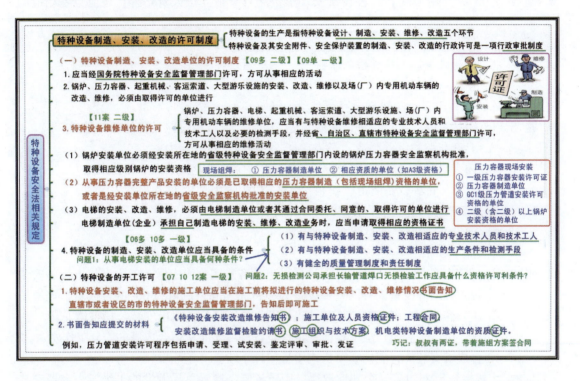

【解析】 重点部分，一般考查选择题，也可以考查案例题，建议理解+记忆，无需深究，例如：

真题1　【07单 二级真题】按照《特殊设备安全监察条例》的要求，本工程的球形储罐应到施工所在地的( )办理许可手续。
A. 安全监察部门
B. 建设行政主管部门
C. 劳动部门
D. 直辖市或设区的市级特种设备安全监察部门
【答案】 D

真题2　【09多 二级真题】《特种设备安全监察条例》规定，必须获得资格许可，方可从事相应作业活动的有( )。
A. 制造单位　　　　　　　　B. 安装单位
C. 使用单位　　　　　　　　D. 维修单位
E. 改造单位
【答案】 ABDE

真 题 3 【09单 一级真题】依据我国相关法律规定,特种设备安装、改造、维修单位必须经( )特种设备安全监督管理部门的许可,取得资格,才能进行相应的生产活动。
A. 国务院　　　　　　　　　　B. 省级
C. 市级　　　　　　　　　　　D. 低级
【答案】A

真 题 4 【06多 一级真题】特种设备安装单位除具有独立法人资格外,还应具备相应的( )条件。
A. 企业资质等级　　　　　　　B. 人员配备
C. 作业设备、工具和检测仪器　D. 管理体系
E. 业绩
【答案】BCD　（教材内容有改动,仅做参考）

真 题 5 【10多 一级真题】特种设备的制造、安装、改造单位应具备的条件是( )。
A. 具有与特种设备制造、安装、改造相适应的设计能力
B. 拥有与特种设备制造、安装、改造相适应的专业技术人员和技术工人
C. 具备与特种设备制造、安装、改造相适应的生产条件和检测手段
D. 拥有健全的质量管理制度和责任制度
E. 通过 ISO 9000 质量体系认证
【答案】BCD

真 题 6 【11案 二级真题】【背景节选】某机电设备安装公司中标一项中型机电设备安装工程,其中静设备工程的重要设备为一台高38m、重量为60t的合成塔,该塔属于压力容器,由容器制造厂整体出厂运至施工现场,机电安装公司整体安装。
问题:机电安装公司应取得何种特种设备许可才能从事合成塔的安装工作?
在合成塔安装前,应向哪个机构履行何种手续?
【解析】1. 机电安装公司应取得国家质量监督检验总局颁发的1级压力容器安装许可证特种设备许可才能从事合成塔的安装工作。
2. 机电安装公司应当在施工前将拟进行的特种设备安装、改造、维修情况书面告知直辖市或者设区的市的特种设备安全监督管理部门,告知后即可施工。

真 题 7 【12案 一级真题】按《特种设备安全法》的规定,锅炉安装前项目部书面告知应提交哪些材料才能开工?
【解析】锅炉安装前项目部书面告知应提交的材料有:《锅炉设备安装改造维修告知书》;施工单位及人员资格证件;施工组织与技术方案;工程合同;安装改造维修监督检验约请书;锅炉设备制造单位的资质证件。

真 题 8 【10案 一级真题】氨制冷站施工前应履行何种手续?
【解析】施工单位应当在施工前将拟进行的特种设备安装、改造、维修情况书面告知直辖市或者设区的市的特种设备安全监督管理部门,告知后即可施工。

模拟题 1 特种设备及其安全附件、安全保护装置的制造、安装、改造的行政许可是一项行政( ),是特种设备安全监察的一项重要行政管理措施。
A. 认定制度　　　　　　　　　B. 认证制度
C. 审核制度　　　　　　　　　D. 审批制度

【答案】D

模拟题2 锅炉安装单位必须经安装所在地的( )特种设备安全监督管理部门内设的锅炉压力容器安全监察机构批准，取得相应级别锅炉的安装资格。

A. 国家 B. 省级
C. 市级 D. 地级

【答案】B

模拟题3 锅炉、压力容器、电梯、起重机械等特种设备及其安全附件、安全保护装置的制造、安装、改造单位，应当经国务院( )许可，方可从事相应的活动。

A. 规划行政主管部门 B. 安全生产监督部门
C. 特种设备安全监督管理部门 D. 建设行政主管部门

【答案】C

模拟题4 锅炉、压力容器、起重机械、客运索道、大型游乐设施的安装、改造、维修以及场（厂）内专用机动车辆的改造、维修，必须由取得( )的单位进行。

A. 备案 B. 营业执照
C. 核准 D. 许可

【答案】D

模拟题5 问题1：从事电梯安装的单位应当具备何种条件？
问题2：无损检测公司承担长输管道焊口无损检验工作应具备什么资格许可利条件？

【解析】1. 从事电梯安装的单位应当具备的条件有：
（1）取得特种设备（电梯）安装许可证；
（2）有与电梯相适应的专业技术人员和技术工人；
（3）有与电梯相适应的生产条件和检测手段；
（4）有健全的质量管理制度和责任制度。

2. 无损检测公司承担长输管道焊口无损检验工作应具备的条件是：
（1）有与检验、检测工作相适应的检验、检测人员；
（2）有与所从事的检验检测工作相适应的检验检测仪器和设备；
（3）有健全的检验检测管理制度、检验检测责任制度。

具备上述条件之后，经负责特种设备安全监督管理的部门核准。

【小结】题型：按《特种设备安全法》的规定，特种设备（锅炉、压力管道、压力容器、电梯）

开工前需要做什么工作？并且应提交哪些材料？

【解析】（1）施工前书面告知。×××安装的施工单位应当在施工前将拟进行安装的×××的情况书面告知工程所在的直辖市或设区的市的特种设备安全监督管理部门，告知后即可施工。

（2）书面告知应提交的材料。包括：《×××设备安装改造维修告知书》；安装改造维修监督检验约请书；施工单位及人员资格证件；×××制造单位的资质证件；施工组织与技术方案；工程合同；

特种设备制造、安装、改造的许可制度

（三）特种设备的生产与施工要求

1. 特种设备出厂时，应当附有安全技术规范要求的设计文件、产品质量合格证明、安装及使用维修说明、监督检验证等文件
（1）锅炉到货后，应检查锅炉生产的许可证明、随机技术、质量文件必须符合国家规定；设备零部件齐全无损坏

出厂的随机文件 附有安全有关 的技术资料 【12案 二级】：
- 包括锅炉图样（包括总图、安装图和主要受压部件图）、受压元件的强度计算书或计算结果的汇总表、
- 锅炉质量证明书（包括出厂合格证、金属材料证明、焊接质量证明和水压试验证明）、
- 安全阀排放量的计算书或计算结果汇总表、锅炉安装和使用说明书、受压元件重大更改资料等

（2）压力容器安装前，应检查其生产许可证明以及技术和质量文件，检查设备外观质量，如果超过了质量保证期，还应进行强度试验

随机技术、质量文件包括：竣工图样、产品质量证明书及产品铭牌的拓印件、压力容器安全技术监察规程要求提供的强度计算书
压力容器产品安全质量监检验证书（未实施监检的产品除外）、移动式压力容器还应提供产品使用说明书（含安装使用说明书）

（3）起重设备安装前，应检查起重设备的生产许可证明，按设备装箱清单检查设备，材料及其附件的型号、规格和数量、出厂合格证书及必要的出厂试验记录。

> 电梯的安装、改造、维修活动结束后，电梯制造单位应当按照安全技术规范的要求对电梯进行校验和调试，并对校验和调试的结果负责。

2. 电梯的制造单位对电梯质量以及安全运行涉及的质量问题负责。
3. 电梯制造单位委托或者同意其他单位进行电梯安装、改造、维修活动的，应当对其安装、改造、维修活动进行安全指导和监控
4. 锅炉、压力容器、电梯、起重机械、客运索道、大型游乐设施的安装、改造、维修以及场（厂）内专用机动车辆的改造、维修竣工后，安装、改造、维修的施工单位应当在验收后30日内将有关技术资料移交使用单位。【07单 一级】
高耗能特种设备还应按照安全技术规范的要求提交能效测试报告
5. 安全技术档案应当包括以下内容：（通读，有印象）
（1）特种设备的设计文件、制造单位、产品质量合格证明、使用维护说明等文件以及安装技术文件和资料
（2）特种设备的定期检验和定期自行检查的记录
（3）特种设备的日常使用状况记录
（4）特种设备及其安全附件、安全保护装置、测量调控装置及有关附属仪器仪表的日常维护保养记录
（5）特种设备运行故障和事故记录
（6）高耗能特种设备的能效测试报告、能耗状况记录以及节能改造技术资料

（四）违反特种设备许可制度的法律责任及规定的处罚

★ 特种设备"四方责任" 主要是指生产和使用单位、检验检测机构、监管部门和政府四个部门的责任 巧记：政府严管生死

特种设备安全法相关规定

【解 析】此部分有几个考点，而且曾经考过案例题，建议理解+记忆，例如：

真 题 1 【12案 二级真题】【背景节选】锅炉进场后，B公司对出厂随带文件进行了点验即开始施工，监理工程师发现文件不齐全，指令B公司停工。

问题：锅炉出厂随带文件主要包括哪些？

【解析】锅炉出厂随带文件主要包括：

（1）锅炉图样（总图、安装图和主要受压部件图）。

（2）受压元件强度和安全阀排放量的计算书（或选用说明书）或计算结果汇总表。

（3）锅炉产品质量证明书（包括产品合格证、主要受压部件材质证明书、无损检测报告、焊后热处理报告和水压试验报告等）。

（4）锅炉安装和使用说明书。

（5）受压元件重大更改资料

真 题 2 【07单 一级真题】特种设备安装、改造、维修竣工后，施工单位应在验收后30日内将有关技术资料移交( )。

A. 使用单位   B. 生产单位   C. 监理单位   D. 检测单位

【答案】A

模拟题 1 特种设备出厂时，应当附有( )等文件。

A. 营业执照   B. 安全技术规范要求的设计文件
C. 产品质量合格证明   D. 安装及使用维修说明
E. 监督检验证明

【答案】BCDE

模拟题2 压力容器安装前，应检查（　　）等。
A. 生产的许可证明　　　　　　B. 技术和质量文件
C. 外观质量　　　　　　　　　D. 强度试验证明
E. 无损检测记录
【答案】ABC

模拟题3 压力容器安装前，应检查如果超过了质量保证期，还应进行（　　）。
A. 强度试验　　B. 密封试验　　C. 磁力探伤　　D. 射线探伤
【答案】A

模拟题4 电梯的（　　）对电梯质量以及安全运行涉及的质量问题负责。
A. 制造单位　　B. 安装单位　　C. 使用单位　　D. 维护单位
【答案】A

模拟题5 电梯制造单位委托或者同意其他单位进行电梯安装、改造、维修活动的，应当对其安装、改造、维修活动进行（　　）。
A. 技术考核　　B. 监控　　C. 安全指导　　D. 质量抽查
E. 评比交流
【答案】BC

模拟题6 特种设备的安装、改造、维修、竣工后，安装、改造、维修的施工单位应当在验收后（　　）日内将有关技术资料移交使用单位。
A. 15　　　　B. 30　　　　C. 45　　　　D. 60
【答案】B

模拟题7 高耗能特种设备在进行技术资料移交时，还应当按照安全技术规范的要求提交有关的（　　）。
A. 安全技术要求　　　　　　B. 质量管理要求
C. 能效测试报告　　　　　　D. 节能运行报告
【答案】C

模拟题8 特种设备的安全技术档案应当包括：设计文件、制造单位、产品质量合格证明、使用维护说明等文件以及安装技术文件和资料；特种设备的（　　）以及节能改造技术资料。
A. 定期检验记录　　　　　　B. 定期自行检查的记录
C. 日常培训记录　　　　　　D. 日常维护保养记录
E. 日常使用状况记录
【答案】ABDE

模拟题9 特种设备"四方责任"主要是指（　　）四个部门的责任。
A. 设计　　　　　　　　　　B. 生产
C. 使用单位　　　　　　　　D. 检验检测机构
E. 监管部门
【答案】BCDE

2H331033 特种设备的监督检验

> **特种设备的监督检验**
>
> **（一）特种设备制造、安装、改造、重大维修过程监督检验的规定** 　　监督对象
> 锅炉、压力容器、压力管道元件、起重机械、大型游乐设施的制造过程和锅炉、压力容器、电梯、起重机械、客运索道、大型游乐设施的安装、改造、重大维修过程，必须经国务院特种设备安全监督管理部门核准的检验检测机构按照**安全技术规范**的要求进行监督检验；未经监督检验合格的不得出厂或者交付使用。
>
> **（二）特种设备的检验检测**
> 特种设备的监督检验是指在特种设备制造或安装、改造、重大维修过程中，在制造或安装、改造、维修单位自检合格的基础上，由国家特种设备安全监督管理部门核准的检验机构按照安全技术规范，对制造或安装、改造、重大维修过程进行的验证性检验，属于**强制性的法定检验**。【08单 二级】　　巧记：孙坚定型
> 1. 特种设备的**监**督检验、**定**期检验、**型**式试验和无**损**检测应当经核准的特种设备检验检测机构进行 【10多 二级】
> 2. 从事监督检验、定期检验、型式试验和无损检测的特种设备检验检测人员资格，应当经国务院特种设备安全监督管理部门组织考核合格，取得检验检测人员证书，方可从事检验检测工作
>
> **（三）特种设备的安全监察**
> 1. 特种设备安全监督管理部门依照本条例规定，对特种设备生产、使用单位和检验检测机构实施安全监察
> 2. 特种设备安全监督管理部门安全监察的重点
> 　　如学校、幼儿园以及车站、客运码头、商场、体育场馆、展览馆、公园等**公众聚集**场所的特种设备
> 3. 对有证据表明不符合安全技术规范要求的或者有其他严重事故隐患、能耗严重超标的特种设备，予以**查封或者扣押**
> 4. 特种设备安全监察人员应当熟悉相关法律、法规、规章和安全技术规范，具有相应的专业知识和工作经验，并经国务院特种设备安全监督管理部门考核，取得特种设备安全监察人员证书
> 5. 由国务院特种设备安全监督管理部门和省、自治区、直辖市特种设备安全监督管理部门，定期向社会公布特种设备安全以及能效状况

（左侧标注：特种设备安全法相关规定）

【解析】 选择题的考点，直接记忆，例如：

真 题 1【10多 二级真题】特种设备的检测范围包括( )。
　　A. 监督检验　　　　　　　B. 定期检验
　　C. 型式试验　　　　　　　D. 质量检验
　　E. 安全检验
　　【答案】ABC

真 题 2【08单 二级真题】特种设备安全监督管理部门对该公司安装过程进行的验证性检验，属于( )检验。
　　A. 监督　　　　　　　　　B. 例行
　　C. 重要　　　　　　　　　D. 强制
　　【答案】D

模拟题 1 特种设备监督检验的对象包括( )。
　　A. 设计过程　　B. 制造过程　　C. 安装过程　　D. 改造过程
　　E. 重大维修过程
　　【答案】BCDE

模拟题 2《特种设备安全法》规定，特种设备的安装、改造、重大维修过程，必须经检验检测机构按照( )的要求进行监督检验，未经监督检验合格的不得出厂或者交付使用。
　　A. 设备产品标准　　　　　　B. 合同的质量条款
　　C. 质量验评标准　　　　　　D. 安全技术规范
　　【答案】D

模拟题3　特种设备的( )，应当经核准的特种设备检验检测机构进行。
　　A. 监督检验　　　　　　　　B. 定期检验
　　C. 型式试验　　　　　　　　D. 原材料检验
　　E. 无损检测
　　【答案】ABCE　　巧记：孙坚定型

模拟题4　从事《特种设备安全监察条例》规定的特种设备检验检测人员应当经国务院特种设备安全监督管理部门组织考核合格，( )，方可从事检验检测工作。
　　A. 通过考评　　　　　　　　B. 获得检验检测技术等级
　　C. 取得检验检测人员证书　　D. 操作技能熟练
　　【答案】C

模拟题5　特种设备安全监督管理部门依照《特种设备安全法》规定，实施安全监察的对象有( )。
　　A. 特种设备施工监理单位　　B. 特种设备生产单位
　　C. 特种设备使用单位　　　　D. 检验检测机构
　　E. 特种设备生产专业技术人员
　　【答案】BCD

模拟题6　特种设备安全监督管理部门安全监察的重点有学校、幼儿园以及车站、客运码头、商场、体育场馆、展览馆、公园等( )的特种设备。
　　A. 公众聚集　　　　　　　　B. 社会关注
　　C. 危害性大　　　　　　　　D. 生活密切相关
　　【答案】A

模拟题7　特种设备安全监督管理部门行使的职权是：了解有关的情况；查阅、复制有关资料；对有证据表明不符合安全技术规范要求的或者有其他严重事故隐患和( )的特种设备，予以查封或者扣押。
　　A. 缺乏日常维护　　　　　　B. 能耗严重超标
　　C. 技术资料不符合规定　　　D. 租赁
　　【答案】B

模拟题8　特种设备安全监督管理部门的安全监察人员应当熟悉相关法律、法规、规章和安全技术规范，具有相应的专业知识和工作经验，并经( )考核，取得特种设备安全监察人员证书。
　　A. 国家注册资格　　　　　　B. 当地特种设备安全监督管理部门
　　C. 国务院特种设备安全监督管理部门　D. 省市级特种设备安全监督管理部门
　　【答案】C

模拟题9　特种设备安全监督管理部门的职责是定期向社会公布特种设备的安全状况和( )。
　　A. 优质产品推广目录　　　　B. 不合格产品品牌和型号
　　C. 能效状况　　　　　　　　D. 重大责任事故及处理通报
　　【答案】C

2H332000 机电工程施工相关标准

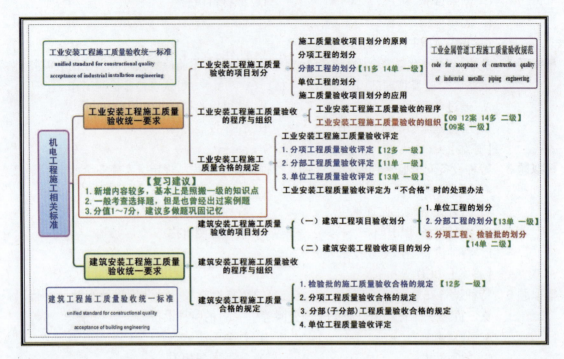

2H332010 工业安装工程施工质量验收统一要求

2H332011 工业安装工程施工质量验收的项目划分

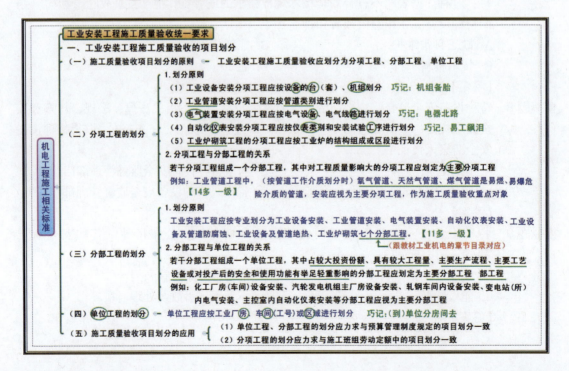

【解 析】 选择题的考点，直接记忆，无需深究，例如：

真题1 【14多 一级真题】工业管道按介质划分应视为主要分项工程的有(　　)。
A. 压缩空气管道　　　　　　B. 煤气管道
C. 冷凝水管道　　　　　　　D. 天然气管道
E. 氧气管道
【答案】BDE

真题2 【11多 一级真题】工业安装工程按专业划分的分部工程包括(　　)等。
A. 工业炉砌筑工程　　　　　B. 设备基础工程
C. 自动化仪表安装工程　　　D. 消防工程
E. 设备及管道绝热工程
【答案】ACE

模拟题1 自动化仪表分项工程应按仪表类别和(　　)划分。
A. 安装试验工序　　　　　　B. 线路种类
C. 管路材质　　　　　　　　D. 自动化程度
【答案】A　巧记：易工飙泪

模拟题2 工业炉砌筑分项工程应按工业炉结构组成或(　　)进行划分。
A. 材质　　　　　　　　　　B. 区段
C. 区域　　　　　　　　　　D. 体积
【答案】B

模拟题3 分部工程中对工程质量影响大的分项工程定为(　　)分项工程。
A. 主体　　　　　　　　　　B. 关键
C. 主要　　　　　　　　　　D. 重要
【答案】C

模拟题4 工业安装中(　　)管道安装应视为主要分项工程。
A. 氧气　　　　　　　　　　B. 天然气
C. 煤气　　　　　　　　　　D. 液化气
E. 给水排水
【答案】ABC

模拟题5 单位工程中主要分部工程的特征具有(　　)。
A. 占有较大的投资份额　　　B. 较大的工程量
C. 较复杂的技术难度　　　　D. 生产工艺的主要设备或流程
E. 对投产后的安全和使用功能影响大
【答案】ABDE

模拟题6 对于投产后的(　　)均具有举足轻重影响的分部工程，视为主要分部工程。
A. 安全和质量　　　　　　　B. 质量和产量
C. 安全和质量　　　　　　　D. 安全和使用功能
【答案】D

模拟题7 工业安装中(　　)分部工程应视为主要分部工程。

A. 通风空调安装 B. 轧钢车间内设备安装
C. 变电站内电气安装 D. 汽轮发电机组主厂房设备安装
E. 化工厂房设备安装
【答案】BCDE

模拟题8 分项工程的划分应力求与（　　）中的项目划分一致。
A. 施工班组劳动定额 B. 企业定额
C. 预算管理制度规定 D. 概算定额
【答案】A

2H332012 工业安装工程施工质量验收的程序与组织

```
工业安装工程施工质量验收统一要求
（一）工业安装工程施工质量验收的程序 —— 应按分项工程、分部工程、单位工程依次进行
（二）工业安装工程施工质量验收的组织
1.分项工程质量验收组织                （注意括号里的！）
  分项工程应在施工单位自检的基础上，由建设单位专业技术负责人（监理工程师）组织施工单位专业技术质量负责人进行验收
2.分部工程质量验收组织
  分部(子分部)工程应在各分项工程验收合格的基础上，由施工单位向建设单位提出报验申请，由建设单位（注意括号里的！）
  项目负责人（总监理工程师）组织施工单位和监理、设计等有关单位项目负责人及技术负责人进行验收
3.单位工程质量验收组织   【09 12案 14多 二级】【09案 一级】
  单位(子单位)工程施工完后，由施工单位向建设单位提出报验申请，由建设单位项目负责人组织施工单位、监理单位、设计单位、
  质量监督部门等项目负责人进行验收
4.工程分包施工验收
  （1）当工程由分包单位施工时，分包单位对所承建的分项、分部工程质量向总承包单位负责，总承包单位参加分包单位分项、
      分部工程的检验，并汇总有关资料
  （2）总承包单位应对分包工程质量全面负责，并应由总承包单位报验
  （3）当安装单位或安装、调试单位不是一个总承包单位时，可以分别或共同提出报验，由建设单位组织验收
```

【解析】重要的考点，可以出选择题或案例题，建议理解+记忆，无需深究，例如：

真题1 【14多 二级真题】工业安装工程完毕后，建设单位组织（　　）参加单位工程质量验收。
A. 建设制造单位 B. 施工单位
C. 设计单位 D. 材料供应单位
E. 质量监督站
【答案】BCE

真题2 【12案 二级真题】【背景节选】某机电工程公司承接了电厂制氢系统机电安装工程。
事件1：设备安装结束后，在施工单位自检验收的基础上，由监理工程师组织施工单位项目专业质量负责人进行了验收。
问题：按照质量验收评定组织要求，指出事件1中存在的错误，并予以纠正。
【解析】（1）事件1中存在的错误是：
设备安装结束后，由监理工程师组织施工单位项目专业质量负责人进行了验收。
（2）正确的做法是：
设备安装结束后，在施工单位自检验收的基础上，由建设单位项目负责人组织施

工单位项目负责人和技术、质量负责人等进行验收。

真题3【09案 二级真题】简述该单位工程的质量验收评定程序。

【解析】（1）单位（子单位）工程完工后，由施工单位向建设单位提出报验申请，由建设单位项目负责人组织施工单位、监理单位、设计单位、质量监督部门等项目负责人进行验收。

（2）当工程由分包单位施工时，分包单位对所承建的分项、分部工程质量向总承包单位负责，总承包单位参加分包单位分项、分部工程的检验，并汇总有关资料。总承包单位应对分包工程质量全面负责，并应由总承包单位报验。当安装单位或安装、调试单位不是一个总承包单位时，可以分别或共同提出报验，由建设单位组织验收。

真题4【09案 一级真题】【背景节选】某公司以EPC方式总承包一大型机电工程。

事件4：单位工程完工后，由建设单位组织总包单位、设计单位共同进行了质量验收评定并签字。

问题：1. 指出事件4中，单位工程验收评定的成员构成存在哪些缺陷。

2. 工程验评后，分包单位应做哪些工作？

【解析】1. 事件4中，单位工程验收评定的成员构成存在的缺陷：缺监理单位、质量监督部门、分包单位。

2. 工程验评后，分包单位应整理工程交工技术资料并移交给总包单位。

模拟题1 分部工程质量验收应在各分项工程验收合格的基础上，由施工单位向（　　）提出报验申请。

  A. 建设单位　　　　　　B. 监理单位

  C. 设计单位　　　　　　D. 质监单位

【答案】A

模拟题2 单位（子单位）工程完工后，由施工单位向建设单位提出报验申请，由（　　）组织施工单位、监理单位、设计单位、质量监督部门等项目负责人进行验收。

  A. 监理工程师　　　　　B. 建设单位项目负责人

  C. 总监理工程师　　　　D. 建设单位负责人

【答案】B

模拟题3 分包单位对承包的项目进行验收时，（　　）参加。

  A. 质监部门　　B. 供应商　　C. 总包单位　　D. 设计单位

【答案】C

2H332013 工业安装工程施工质量合格的规定

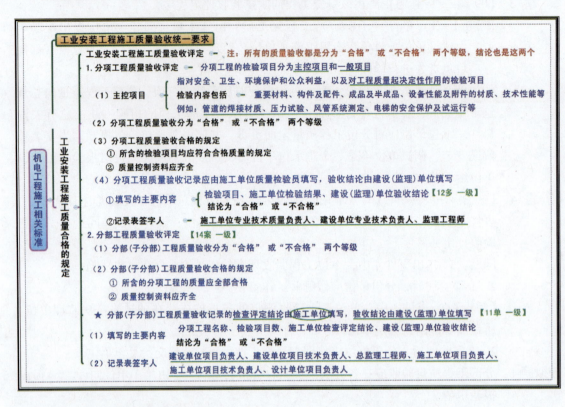

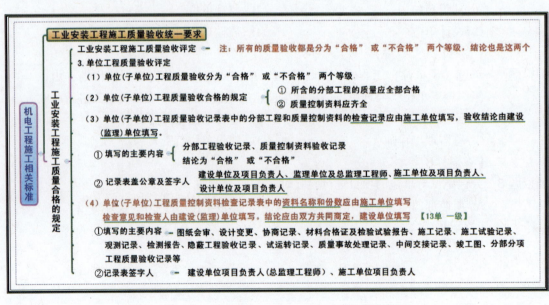

【解 析】 此部分是从一级机电实务照搬过来的新增内容，是重要的考点，可以出选择题或案例题，2014年一级机电实务就考查了案例题，建议理解+记忆，无需深究，例如：

真 题 1 【14案 一级真题】【背景节选】某机电工程公司施工总承包了一项大型气体处理

装置安装工程。气体压缩机厂房主体结构为钢结构。施工过程中发生了如下事件：

事件2：专业安装公司承担的压缩机钢结构厂房先期完工，专业安装公司向机电工程公司提出工程质量验收评定申请。在厂房钢结构分部工程验收中，项目总监理工程师组织建设单位、监理单位、机电工程公司、专业安装公司、设计单位的规定人员进行了验收，工程质量验收评定为合格。

问题：写出压缩机钢结构厂房工程质量验收合格的规定。

【解析】根据背景资料，钢结构可作为分部（子分部）工程进行验收。因此，压缩机钢结构厂房工程质量验收合格的规定主要体现在两个方面：

(1) 压缩机钢结构厂房工程所含分项工程的质量应全部合格；
(2) 压缩机钢结构厂房工程的质量控制资料应齐全。

真题 2 【13单 一级真题】工业安装工程单位工程质量控制资料检查记录表中的结论应由（　　）填写。

A. 施工单位　　　　　　　B. 监理单位
C. 建设单位　　　　　　　D. 质监单位

【答案】C

真题 3 【12多 一级真题】工业安装工程分项工程质量验收记录填写的主要内容是（　　）。

A. 检验项目　　　　　　　B. 施工单位检验结果
C. 设计单位验收结论　　　D. 监理单位验收结论
E. 建设单位验收结论

【答案】ABDE

真题 4 【11单 一级真题】工业安装工程中，分部工程质量验收记录的检查评定结论由（　　）填写。

A. 建设单位　　　　　　　B. 监理单位
C. 设计单位　　　　　　　D. 施工单位

【答案】D

模拟题 1 主控项目是对工程质量起（　　）作用的检验项目。

A. 关键性　　　　　　　　B. 主要性
C. 否决性　　　　　　　　D. 决定性

【答案】D

模拟题 2 下列工业安装分项工程的主控项目有（　　）。

A. 管道的焊接材质　　　　B. 管道压力试验
C. 电梯的安全保护及试运行　D. 管道阀门检验
E. 管道保温

【答案】ABC

模拟题 3 分项工程质量验收记录应由施工单位（　　）填写。

A. 专业施工员　　　　　　B. 质量检验员
C. 工程资料员　　　　　　D. 技术负责人

【答案】B

模拟题 4 分项工程验收结论由( )填写。
  A. 施工单位   B. 监理单位
  C. 建设或监理单位   D. 质监单位
【答案】C

模拟题 5 分项工程质量验收记录表签字人包括( )。
  A. 施工单位专业技术质量负责人
  B. 施工单位项目部技术负责人
  C. 建设单位专业技术负责人
  D. 项目部分管技术质量副经理
  E. 监理工程师
【答案】ACE

模拟题 6 分部工程质量验收的结论由( )填写。
  A. 建设或施工单位   B. 建设或监理单位
  C. 监理或施工单位   D. 设计或监理单位
【答案】B

模拟题 7 分部工程质量验收记录表签字人包括( )。
  A. 建设单位项目负责人   B. 总监理工程师
  C. 施工单位项目负责人   D. 设计单位项目负责人
  E. 质监部门技术负责人
【答案】ABCD

模拟题 8 单位工程质量验收合格的规定为( )。
  A. 单位工程所含分部工程质量全部合格
  B. 子单位工程所含分部工程质量全部合格
  C. 生产线试运转全部符合设计要求
  D. 单位工程质量控制资料齐全
  E. 子单位工程质量控制资料齐全
【答案】ABDE

模拟题 9 单位工程质量控制资料的检查结论应由参加检查的双方( )。
  A. 投票决定   B. 共同商定
  C. 开会议定   D. 报请审定
【答案】B

模拟题 10 单位工程控制资料检查记录填写的主要内容包括( )等。
  A. 图纸会审、设计变更和协商记录
  B. 材料合格证及检验试验报告
  C. 隐蔽工程记录、试运转记录
  D. 质量事故处理记录
  E. 安全事故隐患处理记录
【答案】ABCD

_____分部（子分部）工程验收记录

工程名称		结构类型		层数	
施工单位		技术部门负责人		质量部门负责人	
分包单位		分包单位负责人		分包技术负责人	

序号	分项工程名称	检验批数	施工单位检查评定	验 收 意 见
1				
2				
3				
4				
5				
6				

	质量控制资料	
	安全和功能检验(检测)报告	
	观感质量验收	

验收单位	分包单位		项目经理　　　年　　月　　日
	施工单位		项目经理　　　年　　月　　日
	勘察单位		项目负责人　　年　　月　　日
	设计单位		项目负责人　　年　　月　　日
	监理（建设）单位		总监理工程师 (建设单位项目专业负责人)　　年　月　日

单位（子单位）工程质量竣工验收记录

工程名称		结构类型		层数/建筑面积	/
施工单位		技术负责人		开工日期	
项目经理		项目技术负责人		竣工日期	

序号	项目	验收记录	验收结论
1	分部工程	共　　分部，经查　　分部 符合标准及设计要求　　分部	
2	质量控制资料核查	共　　项，经审查符合要求　　项， 经核定符合规范要求　　项	
3	安全和主要使用功能核查及抽查结果	共核查　　项，符合要求　　项， 共抽查　　项，符合要求　　项， 经返工处理符合要求　　项	

续表

序号	项目	验收记录		验收结论
4	观感质量验收	共抽查　　项，符合要求　　项，不符合要求　　项		
5	综合验收结论			
参加验收单位	建设单位	监理单位	施工单位	设计单位
	（公章）	（公章）	（公章）	（公章）
	单位（项目）负责人　年　月　日	总监理工程师　年　月　日	单位负责人　年　月　日	单位（项目）负责人　年　月　日

2H332020　建筑安装工程施工质量验收统一要求

2H332021　建筑安装工程施工质量验收的项目划分

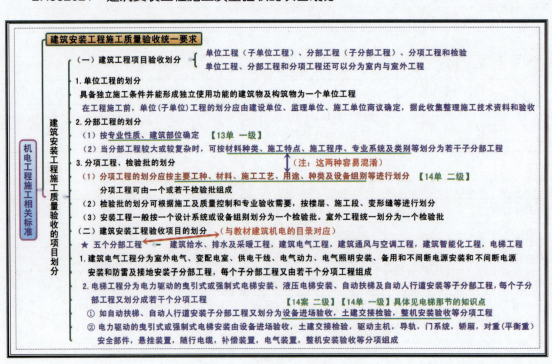

【解析】选择题的考点，直接记忆，无需深究，例如：

真题1【14单 二级真题】建筑安装工程的分项工程可按（　　）划分。
A. 专业性质　　　　　　　　　　B. 施工工艺
C. 施工程序　　　　　　　　　　D. 建筑部位
【答案】B

真题2 【13单 一级真题】建筑安装工程分部工程划分的原则是(　　)。
　　　A. 按主要工种、材料来确定　　B. 按设备类别来确定
　　　C. 按专业性质、建筑部位来确定　　D. 按施工工艺来确定
　　【答案】C

模拟题1 子分部工程可按(　　)进行划分。
　　　A. 平面布置　　　　　　　　B. 材料种类
　　　C. 施工特点　　　　　　　　D. 施工程序
　　　E. 专业系统及类别
　　【答案】BCDE

模拟题2 分项工程可由一个或若干个(　　)组成。
　　　A. 子分项　　B. 子项目　　C. 检验批　　D. 检查批
　　【答案】C

模拟题3 安装工程一般按一个设计系统或(　　)划分为一个检验批。
　　　A. 设备台套　　　　　　　　B. 线路种类
　　　C. 管路直径　　　　　　　　D. 设备组别
　　【答案】D

模拟题4 现行的《建筑安装工程质量验收统一标准》将建筑设备安装工程划分为(　　)个分部工程。
　　　A. 4　　　B. 5　　　C. 6　　　D. 7
　　【答案】B

2H332022 建筑安装工程施工质量验收的程序与组织

建筑安装工程施工质量验收统一要求

（一）建筑安装工程施工质量验收程序
检验批验收→分项工程验收→分部（子分部）工程验收→单位（子单位）工程验收　（从小到大）

（二）检验批和分项工程施工质量验收程序和组织
1. 检验批和分项工程是建筑工程项目质量的基础，施工单位自检合格后，提交监理工程师或建设单位项目技术负责人组织进行验收
2. 检验批、分项工程质量验收是由监理工程师或建设单位项目技术负责人分别组织 施工单位专业质量检查员、项目专业技术负责人等进行验收

（三）分部（子分部）工程施工质量验收程序和组织【10案 二级】
1. 由施工单位项目负责人组织检验评定合格后，向监理单位或建设单位项目负责人提出分部（子分部）工程验收的报告，由监理单位总监理工程师或建设单位项目负责人组织施工单位项目负责人和技术、质量负责人等进行验收
2. 地基与基础、主体结构分部工程的勘察、设计单位项目负责人和施工单位技术、质量部门负责人也应参加相关分部工程验收

（四）单位（子单位）工程施工质量验收的程序和组织
1. 由于《建设工程承包合同》的双方主体是建设单位和总承包单位，总承包单位应按照承包合同的权利义务对建设单位负责 分包单位对总承包单位负责，亦对建设单位负责
2. 分包单位对承建的项目进行检验时，总包单位应参加，检验合格后，分包单位应将工程的有关资料移交总包单位，待建设单位组织单位工程质量验收时，分包单位负责人应参加验收

【解析】选择题或者案例题，建议理解+记忆，例如：

真题1 【10案 二级真题】【背景节选】某机电设备安装公司承担了理工大学建筑面积为 $2\times10^4 m^2$ 的图书馆工程的通风空调系统施工任务。空调系统调试完成后，按施工质量验收程序进行了施工质量验收工作。

问题：按照建筑工程项目划分标准，该通风空调系统应划分为图书馆工程的什么工程？

该工程施工质量验收程序是什么？

【解析】1. 按照建筑工程项目划分标准，该通风空调系统应划分为图书馆的分部工程。

2. 该工程的施工质量验收程序：由机电设备安装公司的项目负责人组织检验评定合格后，向监理单位或建设单位项目负责人

提出分部（子分部）工程验收的报告，由监理单位总监理工程师或建设单位项目负责人组织施工单位项目负责人和技术、质量负责人等进行验收。

模拟题1 建筑安装工程进行质量验收评定的工作程序包括(　　)。

A. 检验批验评　　　　　　　　B. 分项工程验评
C. 分部（子分部）工程验评　　D. 单位（子单位）工程验评
E. 作业队组三检制验评

【答案】ABCD

模拟题2 所有检验批均应由(　　)或建设单位项目技术负责人组织验收。

A. 施工项目部质量员　　　　　B. 企业质量管理部门
C. 项目部主管质量副经理　　　D. 监理工程师

【答案】D

模拟题3 分部工程施工完成后由施工单位(　　)组织内部验评。

A. 专业质检员　　　　　　　　B. 项目负责人
C. 专业技术负责人　　　　　　D. 项目质量负责人

【答案】B

2H332023 建筑安装工程施工质量合格的规定

机电工程施工相关标准 — 建筑安装工程施工质量合格的规定

建筑安装工程施工质量验收统一要求

（一）检验批的施工质量验收合格的规定

1. 检验批是工程验收的**最小单元**，是分项工程乃至整个建筑安装工程质量验收的基础

2. 检验批质量验收合格规定
（1）主控项目和一般项目的质量经抽样检验合格
（2）具有完整的施工操作依据、质量检查记录

3. 检验批的施工质量验收
（1）检查的资料主要有图纸会审、设计变更、洽商记录；材料、构配件、设备的质量证明书及进场检验报告；工程测量记录；隐蔽工程检查记录；施工记录；质量管理资料等

【12 14多 一级】
（2）主控项目和一般项目的检验
主控项目要求必须达到，也即必须全部符合有关专业工程验收规范的规定。
一般项目可以允许有偏差（适当放宽）

检验批的合格质量主要取决于对主控项目和一般项目的检验结果
主控项目是保证工程安全和使用功能的重要检验项目；对安全、卫生、环境保护和公共利益起决定性作用的检验项目；确定该检验批主要性能的项目
例如，管道的压力试验；电气的绝缘与接地测试等均是主控项目

（二）分项工程质量验收合格的规定

1. 质量验收合格规定　　所含的检验批质量均应符合合格规定
　　　　　　　　　　　所含检验批的质量验收记录应完整

2. 分项工程的验收应在检验批的基础上进行，构成分项工程的各检验批验收合格，则分项工程验收合格

3. 分项工程质量应由监理工程师（建设单位项目专业技术负责人）组织施工项目专业技术负责人等进行验收

2H330000 机电工程项目施工相关法规与标准

```
机电工程施工相关标准 ─ 建筑安装工程施工质量合格的规定 ─ 建筑安装工程施工质量验收统一要求

（三）分部（子分部）工程质量验收合格的规定
1. 质量验收合格的规定
  （1）所含分项工程的质量均应验收合格
  （2）质量控制资料应齐全
  （3）设备安装工程有关安全及功能的检验和抽样检测结果应符合有关规定
  （4）观感质量验收应符合要求
2. 分部工程的验收应在其所含各分项工程已验收的基础上进行
3. 分部（子分部）工程质量应由总监理工程师（或建设单位项目专业负责人）组织施工项目经理和有关勘察、设计单位项目负责人进行验收

（四）单位工程质量验收评定
1. 质量验收合格的规定
  （1）所含分部（子分部）工程的质量均应验收合格
  （2）质量控制资料应齐全
  （3）单位（子单位）工程所含分部工程的有关安全和功能的检测资料应完整
  （4）主要功能项目的抽查结果应符合相关专业质量验收规范的规定
  （5）观感质量验收应符合要求
2. 单位工程质量验收也称工程质量竣工验收，是建筑安装工程投入使用前的最后一次验收，也是最重要的一次验收
3. 验收合格的条件除构成单位工程的各分部工程应该合格，并且有关的资料文件应完整合格以外，还应进行以下三个方面的检查：
  （1）涉及安全和使用功能的分部工程应进行检验资料的复查
  （2）对主要使用功能还需进行抽查
  （3）由参加验收的各方人员共同进行观感质量检查，共同决定是否通过验收
```

【解析】 选择题的考点，注意与工业安装工程施工质量验收评定做对比记忆，直接记忆，例如：

真 题 1 【14多 一级真题】建筑安装工程检验批主控项目有（   ）。
  A. 对卫生、环境保护有较大影响的检验项目
  B. 确定该检验批主要性能的项目
  C. 无法定量采用定性的项目
  D. 管道的压力试验
  E. 保证工程安全和使用功能的重要检验项目
  【答案】BDE

真 题 2 【12多 一级真题】下列建筑安装工程检验批项目，属于主控项目的检验内容是（   ）。
  A. 管道焊口外露   B. 管道压力试验
  C. 风管系统的测定   D. 电梯保护装置
  E. 卫生洁具舒适性
  【答案】B （针对新版二级教材在建筑安装工程检验批中的主控项目，只选 B 较符合题意；而在一级或者二级教材工业安装分项工程中的主控项目，选 BCD 较符合题意。）

319

2H333000 二级建造师（机电工程）注册执业管理规定及相关要求

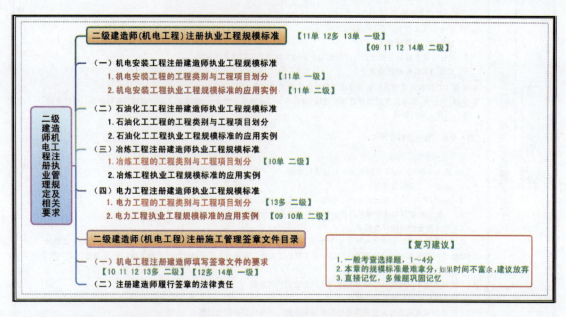

2H333001 二级建造师（机电工程）注册执业工程规模标准

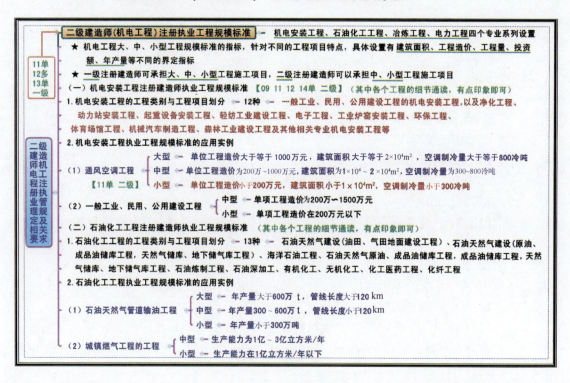

2H330000　机电工程项目施工相关法规与标准

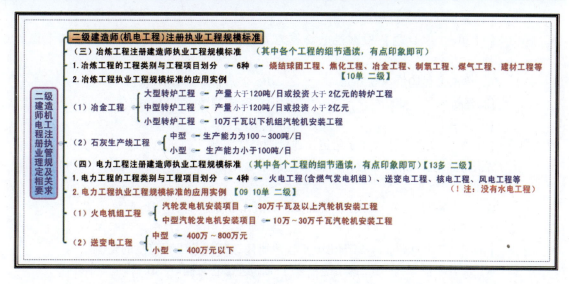

【解　析】　选择题考点，每个工程对应的表格略看，直接记忆，多做题，例如：

真　题　1　【14 单 二级真题】下列工程项目中，不属于机电工程注册建造师执业工程范围的是(　　)。

A. 钢结构工程　　B. 城市照明工程　C. 煤气工程　　　D. 核电工程

【答案】A

真　题　2　【13 多 二级真题】注册二级建造师执业电力工程中，火电机组工程的规模标准包括(　　)。

A. 10 万~30 万千瓦机组冷却塔工程

B. 单项工程合同额 500 万~1000 万元发电工程

C. 20 万千瓦及以下机组升压站工程

D. 20 万千瓦及以下机组附属工程

E. 10 万~30 万千瓦机组消防工程

【答案】ABE

真　题　3　【12 单 二级真题】下列工程中，不属于机电工程专业建造师执业范围的是(　　)。

A. 炉窑砌筑工程　　　　　　　B. 水电设备工程

C. 建筑智能化工程　　　　　　D. 海洋石油工程

【答案】B

真　题　4　【12 单 二级真题】下列建设工程中，机电工程二级建造师可承担的工程是(　　)。

A. 900 万元的通风空调工程　　　B. 400 万元的防腐保温工程

C. 110KV 的变配电站工程　　　　D. 1200 万元的电气动力照明工程

【答案】A

真　题　5　【11 单 二级真题】根据《注册建造师执业管理办法（试行）》，下列工程中，不属于机电工程专业建造师执业的工程是(　　)。

A. 建材工程　　　B. 环保工程　　　C. 净化工程　　　D. 港口设备安装工程

321

【答案】D

真题6 【11单 二级真题】根据机电安装的工程规模标准,属于小型通风空调工程的是( )。
　　A. 单位工程造价 300 万元　　　　B. 空调制冷量 200 冷吨
　　C. 建筑面积 10000m²　　　　　　D. 空调制冷量 300 冷吨
【答案】B

真题7 【10单 二级真题】《注册建造执业管理办法》规定,机电工程中,冶炼专业工程范围包括烧结球团工程、焦化工程、冶金工程、煤气工程、建材工程和( )工程。
　　A. 动力站安装　　B. 起重设备安装　　C. 工业炉窑安装　　D. 制氧
【答案】D

真题8 【09单 二级真题】不属于机电工程注册建造师执业工程范围的是( )。
　　A. 水电工程　　B. 钢结构工程　　C. 送变电工程　　D. 管道安装工程
【答案】A

真题9 【13单 一级真题】下列机电工程,属于注册建造师执业的机电安装工程中的大型工程是( )。
　　A. 电压 10~35kV 且容量大于 5000kVA 的变配电站工程
　　B. 生产能力大于等于 3 亿 m³/库的城镇燃气工程
　　C. 投资大于等于 2 亿元的电炉工程
　　D. 单项工程合同额 1000 万元及以上的发电工程
【答案】A

真题10 【12多 一级真题】根据《一级建造师(机电工程)注册执业工程规模标准》的规定,属于大型工程规模标准的是( )。
　　A. 单项工程造价为 1000 万元的电气动力照明工程
　　B. 城镇燃气年生产能力为 2 亿立方米工程
　　C. 投资为 2 亿元的转炉工程
　　D. 单项工程合同【款】1000 万元的发电工程
　　E. 含火灾报警及联动控制系统为 2 万平方米的消防工程
【答案】ACD

真题11 【11单 一级真题】《注册建造师执业管理办法》规定,下列工程中,属于机电工程注册建造师执业工程范围的是( )。
　　A. 城市供水工程　　B. 城市供热工程　　C. 城镇燃气工程　　D. 信息化工程
【答案】C

真题12 【11单 一级真题】根据《注册建造师执业工程规模标准》的规定,工程规模按生产能力和投资额划分的是( )。
　　A. 冷轧工程　　　　　　　　　　B. 冶金工程
　　C. 石油天然气管道输油工程　　　D. 火力机组工程
【答案】A

模拟题1 按《注册建造师执业管理办法(试行)》规定,不在机电工程注册建造师执业工程范围的是( )等安装工程。

A. 火电设备　　B. 体育场地设施　C. 海洋石油　　D. 城市及道路照明

【答案】D

模拟题2 机电工程注册建造师执业的机电安装工程不包括( )。

A. 净化工程　　B. 建材工程　　C. 动力站工程　　D. 工业炉窑安装工程

【答案】B

模拟题3 机电工程注册建造师执业的冶炼工程包括( )等工程。

A. 烧结球团工程　B. 焦化工程　C. 制氧工程　D. 矿山工程

E. 建材工程

【答案】ABCE

模拟题4 机电安装工程单项工程造价为( )万元,界定为中型工程。

A. ≤1500　　B. 200~1500　　C. 400~1000　　D. >200

【答案】B

模拟题5 管道输油工程输油能力为( )×10⁴t/年的,界定为中型工程。

A. >600　　B. 300~800　　C. 300~600　　D. <300

【答案】C

模拟题6 火电工程汽轮发电机组安装是( )的,界定为中型工程。

A. 30×10⁴kW 及以上　　　　B. 20×10⁴kW 及以上

C. 10~30×10⁴kW 机组　　　　D. 10×10⁴kW 以下机组

【答案】C

2H333002　二级建造师(机电工程)注册施工管理签章文件目录

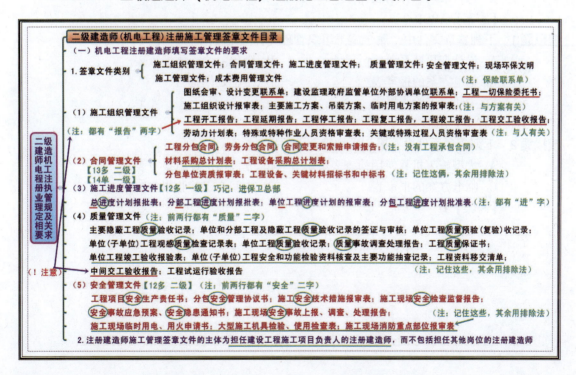

【解析】高频考点,一般考查选择题,直接记忆,无需深究,例如:

真 题 1 【14单 一级真题】下列文件中,属于机电工程专业注册建造师签章的合同管理文件是( )。
A. 工程项目安全生产责任书 B. 分包单位资质报审表
C. 总进度计划报批表 D. 工程款支付报告
【答案】B

真 题 2 【13多 二级真题】机电工程专业注册建造师签章的合同管理文件包括( )。
A. 工程分包合同 B. 索赔申请报告
C. 工程设备采购总计划表 D. 分包工程进度计划批准表
E. 工程质量保证书
【答案】ABC

真 题 3 【12多 二级真题】根据机电工程注册建造师签章文件类别要求,属于安全管理签章文件的有( )。
A. 工程项目安全生产责任书 B. 分包安全管理协议书
C. 工程人身设备保险委托书 D. 现场临时用电申请书
E. 大型施工机具使用检查表
【答案】ABDE

真 题 4 【12多 一级真题】根据《注册建造师施工管理签章文件目录》的规定,机电工程的施工进度管理文件包括( )。
A. 总进度计划报批表 B. 分部工程进度计划报批表
C. 单位工程进度计划的报审表 D. 分包工程进度计划批准表
E. 材料采购总计划表
【答案】ABCD

模拟题 1 下列签章文件中,属于施工组织管理文件的是( )。
A. 设计变更联系单 B. 分包单位资质报审表
C. 临电方案的报审表 D. 工程延期报告
E. 中间交工验收报告
【答案】ACD

模拟题 2 下列签章文件中,属于质量管理文件的是( )。
A. 大型施工机具使用检查表 B. 分包单位资质报审表
C. 临电方案的报审表 D. 中间交工验收报告
【答案】D

二级建造师（机电工程）注册施工管理签章文件目录

（一）机电工程注册建造师填写签章文件的要求

3. 注册建造师施工管理签章文件的填写要求【09、10、11多 二级】

通用要求：
- 表格上方右侧的编号（包括合同编号），由各施工单位根据相关要求进行编号
- 表格上方左侧的工程名称应与工程承包合同的工程名称一致
- 表格中致 XX 单位，例如：致建设（监理）单位，应写该单位全称
- 表格中施工单位应填写全称并与工程承包合同一致
- 表格中工程地址，应填写清楚，并与工程承包合同一致
- 表格中单位工程、分部（子分部）、分项工程必须按规范标准相关规定填写
- 表中若实际工程没有其中一项时，可注明"工程无此项"
- 审查、审核、验收意见或检查结果，必须用明确的定性文字写明基本情况和结论
- 表格中施工项目负责人是指受聘于企业担任施工项目负责人（项目经理）的机电工程注册建造师
- 分包企业签署的质量合格文件，必须由担任总包项目负责人的注册建造师签章
- 签章应规范。表格中凡要求签章的，应签字并盖章
- 应如实填写签章日期

（二）注册建造师履行签章的法律责任

1. 担任建设工程项目负责人的注册建造师并对其签发的工程管理文件承担相应责任
   注册建造师签章完整的工程施工管理文件方为有效
2. 担任工程项目技术、质量、安全等岗位的注册建造师，是否在有关文件上签章，由企业根据实际情况自行规定
3. 分包工程施工管理文件应当由分包企业注册建造师签章
   分包企业签署质量合格的文件上，必须由担任总包项目负责人的注册建造师签章
4. 修改注册建造师签字并加盖执业印章的工程施工管理文件，应当征得所在企业同意后，由注册建造师本人进行修改；
   注册建造师本人不能进行修改的，应当由企业指定同等资格条件的注册建造师修改，并由其签字并加盖执业印章

【解析】一般考查选择题，直接记忆，无需深究，例如：

真题1【11多 二级真题】按机电工程注册建造师施工管理签章文件中的填写要求，正确的有（　　）。

A. 表格中施工单位应填写全称
B. 表格中要求签章的，应签字并盖章
C. 表格中施工项目负责人是指该项目中的注册建造师
D. 分包企业签署的质量合格文件，必须由担任分包项目负责人的注册建造师签章
E. 签章应规范

【答案】ABCE

真题2【10多 二级真题】机电工程注册建造师施工管理签章文件，正确填写的通用要求项是（　　）。

A. 分包企业签署的质量合格文件，必须由担任分包项目负责人的注册机电工程建造师签章
B. 工程地址应填写清楚，并与工程承包合同一致
C. 工程名称应与工程承包合同的工程名称一致
D. 施工单位应填写全称并与工程承包合同一致
E. 单位工程、分部、分项工程必须按规范标准相关规定填写

【答案】BCDE

真题3【09多 二级真题】关于注册建造师施工管理签章文件的填写要求，表述正确的

有( )。

A. 表格中施工单位可填写简称

B. 表中若实际工程没有其中一项时，可注明"工程无此项"

C. 审查、审核、验收意见或检查结果，必须用明确的定性文字写明基本情况和结论

D. 分包企业签署的质量合格文件，应由分包企业的注册建造师签章

E. 表格中凡要求签章的，应签字并盖章

【答案】BCE

模拟题1 注册建造师施工管理签章文件的签章主体是( )的注册建造师。

A. 担任建设工程施工项目负责人　　B. 担任建设工程施工技术负责人

C. 担任建设工程施工安全负责人　　D. 担任建设工程施工质量负责人

【答案】A

模拟题2 分包工程的质量合格文件必须由( )签章。

A. 分包企业注册建造师

B. 分包企业注册建造师和担任总包项目负责人的注册建造师

C. 担任总包项目负责人的注册建造师

D. 担任总包项目质量负责人

【答案】D

模拟题3 注册建造师签字并加盖执业印章的工程施工管理文件进行修改时，应当( )。

A. 由注册建造师本人进行修改

B. 由同等资格条件的注册建造师修改

C. 征得所在企业同意后，由注册建造师本人进行修改

D. 征得监理同意后，由同等资格条件的注册建造师修改

【答案】C

图书在版编目(CIP)数据

机电工程管理与实务/云笔记文化教育编写委员会编写.—武汉:武汉大学出版社,2015.1

(建工笔记之懒人宝典)

全国二级建造师执业资格考试辅导用书

ISBN 978-7-307-15023-2

Ⅰ.机… Ⅱ.云… Ⅲ.机电工程—管理—建筑师—资格考试—自学参考资料 Ⅳ.TH

中国版本图书馆 CIP 数据核字(2015)第 001745 号

责任编辑:胡 艳　　责任校对:汪欣怡　　版式设计:韩闻锦

出版:**武汉大学出版社**　　(430072　武昌　珞珈山)

(电子邮件:cbs22@whu.edu.cn 网址:www.wdp.com.cn)

印刷:武汉市洪林印务有限公司

开本:787×1092　1/16　印张:21　字数:530 千字　插页:1

版次:2015 年 1 月第 1 版　　2015 年 1 月第 1 次印刷

ISBN 978-7-307-15023-2　　定价:68.00 元

版权所有,不得翻印;凡购买我社的图书,如有质量问题,请与当地图书销售部门联系调换。